昆虫絶滅

THE INSECT CRISIS

THE FALL OF THE TINY EMPIRES THAT RUN THE WORLD

オリヴァー・ミルマン
OLIVER MILMAN
中里京子 訳

早川書房

昆虫絶滅

THE INSECT CRISIS

The Fall of the Tiny Empires That Run the World

by

Oliver Milman

Translated by
Kyoko Nakazato
First published 2023 in Japan by
Hayakawa Publishing, Inc.
This book is published in Japan by
arrangement with
The Zoë Pagnamenta Agency
through The English Agency (Japan) Ltd.

装幀／水戸部 功

目次

＊訳者による注は小さめの〔 〕で示した。

プロローグ

激変の最初の兆候は不気味な静けさだった。田園地帯も郊外の庭も都会の公園も、サウンドトラックを失って生気のないイミテーションと化し、通りすがりのミツバチの羽音も、規則正しいコオロギの鳴き声も、飢えた蚊のしつこい羽音も、もはや聞こえなくなった。

風景は、にわかにそれを描いた平面的な油絵のように見え始めたが、その絵の鮮やかさは、生態系のパレットから玉虫色の輝きを放つ蝶やまばゆい甲虫がもぎ取られたために褪せていた。

世界中の昆虫が姿を消したというのに、人間はすぐには反応せず、最初に恐怖の叫び声を上げたのは、奇妙なことに鳥だった。空や森は、消えてしまったアブラムシや蛾などの餌を必死に探し回るルリツグミ、ヨタカ、キツツキ、スズメなどでひしめいた。損失は甚大だった。ツバメのヒナ一羽が成鳥になるには約二〇万匹の昆虫を必要とする。それが皆無になったのだ。合計すると、地球上に存在するおよそ一万種の鳥類の半数が飢えて絶滅し、痩せ細った死骸が地面や不毛の巣の中に散乱した。

鳥、リス、ハリネズミ、ヒトをはじめ、およそ地球に生まれて死する運命にある、ありとあらゆるものの死骸が、谷間や丘、公園、放置された都会のアパートなどに積み重なり始めた。人間の死体の六〇パーセントを一週間で消化できるウジ虫の卵を産むクロバエは姿を消し、蛾やカツオブシムシ科の甲虫など、それまで死骸を分解しようとやってきていた様々な虫たちも同じ運命を辿った。バクテリアや菌類はまだ残っていたものの、仕事のペースははるかに遅く、それらだけでは不十分だった。腐った死骸とその腐敗臭は嫌悪感をもたらしたが、やがて人々はそれにも慣れていった。

まるで周囲の世界が吐き気を催させようと企んでいるかのように、肉片や骨が始末されずに残ることに加えて、糞便の津波が押し寄せてきた。どこを見ても、落ちたところにそのまま留まっている排泄物があるように思えた。かつてオーストラリアの農家は、ヨーロッパからの入植者が最初に家畜を導入した際に、適切な種類の糞虫が存在することがいかに重要であるかを思い知らされた。有袋類の動物の糞になじんでいた在来種の糞虫は家畜の糞が分解できず、オーストラリア大陸は、乾いて固化した家畜の糞が積もる不毛な土壌に覆われたのだ。だが、少なくとも六五〇〇万年前から感謝されずに清掃作業を行なってきた八〇〇〇種におよぶ糞虫が全世界から姿を消した今、この災害は、はるかに大きな規模で再び浮上し、地球の肌は、止めようのない不快な疫病にかかったかのように、野生動物と家畜の糞によってあばただらけになってしまった。おびただしい土地が荒廃し、頑なに土に還ることを拒む倒木や落ち葉も堆積し始めた。

世界中にまず嫌悪感が、そして次に警戒感が広がった。環境保護団体が動き出し、参加者にハチの格好をさせて集会を開き、政治家たちは緊急会議を開いて早急な対応を約束した。何らかの手は打てるように思えた。

だが次に、食糧供給が崩壊した。世界の農作物の三分の一以上は、その受粉を数千種類のハナバチや、蝶、ハエ、蛾、カリバチ、甲虫などに頼っていた。花粉を媒介する昆虫がいなくなると、世界中の食糧生産のベルトコンベアが音を立てて停止し、広大な果物や野菜の畑は朽ちるにまかされた。農家は、害虫を駆除するために農薬を撒布する必要こそなくなったものの、たとえ害虫がやって来たところで、彼らが食べるものなどほとんどないと嘆いた。

スーパーから消え始めたリンゴ、ハチミツ、コーヒーは高価な贅沢品になった。カカオの木の無名の送粉者〔花粉を運ぶ動物〕であるタマバエ科やヌカカ科の小虫がいなくなったことで、チョコレートの供給も途絶えた。人々はこうした喪失を街頭で公然と嘆き、うつ病や不安にさいなまれる人が急増した。

ハナバチがいなくなったために、イチゴ、プラム、モモ、メロン、ブロッコリーなどの身近な食材も失われ、その他の野菜や果物も奇妙な形に変わったり、哀れに縮んでしまったりした。幸いなことに、破局的な飢餓はかろうじて免れることができた。小麦、米、トウモロコシなどの主食作物は、風によって受粉するからだ。

とはいえ、裕福な国でさえ食事は味気ないものになり、栄養状態も低下した。果物、野菜、ナッツ、種子などが手に入らなくなり、膨大な数の人々がオーツ麦や米を中心としたわびしい食事でやりくりしなければならなくなった。マンゴーやアーモンドを口にするのは退廃的な空想となり、かつてそうしていた経験も、やがて人々の記憶から消えてしまった。唐辛子もカルダモンもコリアンダーもクミンもないなか、カレーは過去の料理となった。様々なタイプのレストランも、トマトやタマネギなどの調達に苦労するようになって、一斉に店を閉じた。今では乏しくなったアルファルファを食べていた牛も数を減らしていった。牛の減少は牛乳や乳製品の不足をもたらし、チーズやヨーグルト、アイスクリームも姿を消した。

政府は労働者を大量動員して作物の人工受粉を始めたが、送粉昆虫と植物の間に一億年間にわたって進化してきた共依存関係に比べると、それは甚だしく高額につき、しかも非効率であることが判明した。そんななか、大量の新興企業が勃興して、本物の受粉を再現しようと、ドローンやロボットハナバチの大群を発売した。だが、そうした取り組みも不十分なものに終わった。

ほとんどの災害と同じく、最も甚大な被害を受けたのは、貧しい人々や弱い立場の人々だった。昆虫がいなくなる前から栄養失調に陥っていた八億を超える世界の人々は、受粉作物からの栄養素が不足した今、多くが餓死寸前に追い込まれた。開発途上国では、主に果物や野菜から摂っていたビタミンAが不足して失明する子供が急増した。マラリアと西ナイル熱の呪縛は、嫌われ者の蚊とともに地球上から排除されたが、柑橘類の不足は壊血病の復活をもたらすことになった。飢餓が人間の命を徐々に奪っていくなか、他の病気も蔓延していった。

昆虫は、インド、ブラジル、中国、アフリカ各地をはじめとする世界の様々な地域において、代替医療の基本材料となっていた。ハチミツは抗酸化物質および抗菌物質として心臓病の治療に使われてきていたし、カリバチの毒にはがん細胞を殺す効果があることが判明していた。また、抗生物質耐性の増加に伴い、昆虫は、広く普及することが望める新たな資源として研究者たちに期待され、もしかしたら、次に襲い来るパンデミックを撃退するための特効薬になるのではないかとさえ思われていた。というのも、ノババックス社製の新型コロナウイルス用ワクチンは、ツマジロクサヨトウ〔蛾の一種〕の細胞を利用して開発されたものだったからだ。だが今回の大惨事は、そのような期待も打ち消してしまった。

ほどなくして、地球に暮らす大部分の生命を支えていた支柱が引き抜かれてしまった。野生の顕花植物〔花をつける植物〕のほぼ九〇パーセントは送粉昆虫に受粉を依存している。この手助けを奪われたうえに昆虫がリサイクルして土壌に戻していた栄養分を失った植物は枯れ果ててしまった。庭は荒涼とした砂漠と化し、野生の草原が消え、やがて熱帯雨林の木々も消えていった。人類は、その食物の半分以上を、かつて花を咲かせていた植物から直接得ていたため、飢餓率はさらに高まった。生態系全体が崩壊し、気候変動が加速し、絶滅の連鎖は荒廃した地球に波及していった。残された者たちの苦悩は、ついに極限に達した。

1．精妙なダンス

昆虫が消滅したら、人類の文明はどのくらい長く持ちこたえられるのだろうか？　この疑問は、恐ろしいものであると同時に推測することさえ難しい。恐ろしいのは、耕作農業と生態系が崩壊すると人類はわずか数ヵ月で絶滅しかねない、と生物学者のE・O・ウィルソンが予測しているからだ。魚類、哺乳類、鳥類、両生類の大部分は人類に先立って忘却の彼方に葬られ、そのあとに顕花植物が続く。菌類もまた、他の生物の死と腐敗の恩恵を受けて当初こそ爆発的に増加するものの、結局は死滅する。「世界は数十年のうちに一〇億年前の状態に戻り、主にバクテリア、藻類、そしてごく少数の非常に単純な多細胞植物に占められるようになるだろう」とウィルソンは書いている。[1]

この疑問はまた、推測することさえ難しいものでもある。昆虫は過去四億年間に地球を掻き乱した五回の大量絶滅を経てもしぶとく生き残ってきたことを考えると、そのような悲惨なシナリオは想像さえできないからだ。人間は、かつて一度も昆虫のいない世界に存在したことがなかったため、昆虫がいなくなることや、それが減少することについてさえ、これまでまともに考える必要はなかった。

だが最近、世界各地で昆虫の生息数や種の多様性が大幅に減少しているという調査結果が、堰を切ったように発表され始めた。昆虫の世界は一見理由もなく崩壊しているように見え、その数は様々な調査地点で驚くほど激減している。ある場所では半数に、ある場所では四分の一になり、穏やかな場所に思えるデンマークの田園地帯でも、九七パーセント減という壊滅的な減少率を記録した。昆虫の個体数の激減を示す証拠が積み上がるなか、私たちは今、歴史上初めて、昆虫の減少がもたらす悲惨な結果を理解する必要に迫られている。本書では、昆虫の世界で生じている危機的状況を探り、その原因を明らかにして、プラスチックにまみれた騒がしく美しいこの地球上で生命を支えている小さな帝国の喪失を食い止めるために、何ができるかを考えてゆく。

目まぐるしく変化する世界を見直すと、かつて無限にあったものが、もはや不快に感じるほど危うくなってしまったように思えてくる。世界の富裕層なら、昆虫がいなくなっても、現状の見かけを無期限に引き延ばすために必要となる資源を投入することができるかもしれないが、大部分の人類にとって昆虫がいなくなることは、どのような戦争をも凌駕する苦しい試練となり、迫り来る気候崩壊がもたらす被害にも匹敵する事態となるだろう。「昆虫が消えたら、地球上のほとんどの生物は消滅するだろう。たとえ生き残った人間がいたとしても、楽しい暮らしなど送れないはずだ」と言うのは、サセックス大学生物学教授のデイヴ・グールソンだ。「すべての人間が数カ月で死に絶えるとみなすのは、いささか大げさだと思うが、数百万人が飢えることは間違いない」

昆虫は何百万年ものあいだ、地球環境のほぼすべての局面と精妙なダンスを踊り、人類の文明そのものの基盤を人知れず形成してきた。昆虫は私たちの食物を増やし、私たちの周りにいる他の生物の食物となり、汚い排泄物を取り除き、迷惑な害虫を駆除している。さらに重要なのは、地球を包んで人類全体を支えている地表一五センチの土壌を肥やしていることだ。イースト・アングリア大学の環境生物学教授であるレイチェル・ウォーレンは、昆虫に対する人間の深い依存的関係をインターネットになぞらえる。「生態系では、あらゆるものがこの相互作用の網を通して繋がっています。生物種を一つ失うたびに、このネットワークのリンクが切断されます。ネットワークのリンクが切られれば切られるほど、インターネットの残りの部分は少なくなり、ついには機能停止に陥ってしまうでしょう」

受粉昆虫がいなくなると植物は枯れ、再び育つことはない。その植物の実を食べていた鳥や、木の芽を食べていた鹿なども数を減らし始め、それらの動物を餌にしていた動物も減少する。「食物網全体が崩壊してしまうのです。人間がそんな世界を生き抜くのは無理でしょう」とウォーレンは言う。

これほど依存しているというのに、昆虫に対する愛着はあまり掻き立てられてこなかった。地球上で生息が確認されている全動物種の四分の三までが昆虫であるにもかかわらず[2]、この巨大な集団の中で愛情に近いものを寄せられているのは蝶だけである。人々にとって、カリバチは夏季に登場する悪意に満ちた危険な存在、アリは台所で有毒スプレーを撒いて戦わなければならない邪魔者、そして蚊は苛立たしい厄介者から致命的な脅威までのすべてを体現する敵だ。同定されている他の一〇〇万種に及ぶ昆虫の大部分については、念頭に上ることすらないだろうが、たとえ上ったとしても、風変わりな目立たない虫か、無価値な存在だとみなされるのがおちだろう。

短い生涯のあいだに頑丈な口吻（こうふん）で他の昆虫を突き刺して麻痺させ、その内臓を液化して吸収するムシヒキアブの科にはおよそ七五三〇種が含まれ、この科だけで、類人猿、ゾウ、イヌ、ネコ、家畜、クジラなどをひっくるめた哺乳類全体の種の数を上回る。宿主であるラクダの鼻の穴で成熟するウマバエの一種（*Cephalopina titillator*）は、一五〇種いるウマバエ科に属するスペシャリストのほんの一例だ。一方、チャールズ・ダーウィンが嫌悪感をもよおして「慈悲深い全能の神が彼らを創ったとはとても思えない」と手紙に記した捕食寄生を行なうカリバチは、少なくとも五〇万種に及んでいる。もしも、これらの忌み嫌われているカリバチやアブ、ひいてはすべてのハエ目（もく）の昆虫〔蚊、ハエ、アブ、ブユなどを含む〕が消えてしまったら、何が失われることになるのだろうか？

「ハエ目が消えたらどうなるかですって？　チョコレートが消えます」と言うのは、ロンドン自然史博物館のシニア・キュレーター、エリカ・マカリスターだ。[3] 彼女は熱心なハエ目の昆虫の擁護者で、以前、昆虫学者たちが開いたゴーカート集会にハエの扮装で参加し、様々な扮装をした人の中から排泄物の扮装をした同僚研究者を適切に探し出して追いかけたことがある。「ニンジン、ピーマン、タマネギ、マンゴーをはじめ、他の多くの果物にとって、ハエは本当に重要な送粉者です。もちろん、チョコレートにとっても。ハエはハナバチより長い時間働くし、寒さもそれほど気にしない。私たちはようやくそうしたことに気づき始めたところなんです」。イエバエ、小虫〔ハエ目の複数の科にまたがる体長一～五ミリほどの小さな昆虫で、ユスリカ、ヌカカ、ブユなどを含む〕、蚊、ミバエなどが属する双翅目とも呼ばれるハエ目には、約一六万種が含まれている。ハエ目の種の数は、少なくとも、世界中の海に生息する様々な魚の種を全部集めた数の四倍以上に達する。この多種多様なグループは、頭上を飛び回ったり、フルーツボウルの茶色くなったバナナにたかったりする厄介な害虫というより、緻密に調整された環境技術者の集団とみなすべきだろう。

　アフリカや南米では、針の先ほどの小さな小虫がカカオの花に入り込み、世界一〇〇〇億ドル規模のチョコレート産業を崩壊の危機から救っている。何千種類ものクロバエ、ニクバエ、ミズアブは、動物の死骸、朽ちた葉、排泄物などをタダで処理している。科学者たちは、ウジ虫を利用して抗生物質を使わずに壊疽を治療する方法を開発したり、[4] アメリカミズアブの幼虫から油を抽出して、自動車やトラックを動かすバイオディーゼルに変えたりしてきた。[5] マカリスターは言う。「こうした虫たちは、ほんとに素晴らしい仕事をしているんです。私たちが気づいてもいない様々な仕事を。彼らがいなかったらどうなるか想像できますか？　排泄物の沼を泳ぐあなたの横を、あなたのおじさんの死体がプカプカ流れてくるって事態になりますよ」
ハエ目の昆虫は人目につかない並外れた送粉者だ。ベッコウハナアブの一種、*Volucella zonaria* は、腹部にマルハナバチのような黒と黄色の輪がある重量級のハナアブで、マカリスターに言わせると「空飛ぶ戦車」だ。この虫は振動受粉を行なうことができる。つまり、花弁につかまって激しく振動することで、植物の葯（やく）〔雄しべの先端〕に固着した花粉を外すことができるのだ。これができるハナバチの種は少ないため、ハエ目の昆虫がいなくなれば、トマトやブルーベリーなどを今のようにたらふく味わうようなことはできなくなるだろう。

植物の中には、特定のハエ目の昆虫に完全に依存しているものもある。南アフリカの西海岸には、ツリアブモドキ科の一種である *Moegistorhynchus longirostris* という並外れた昆虫がいる。体内に引き込むことができない口吻の長さは自分の体長の数倍にあたる最大七センチもあり、飛ぶときにはブラブラ揺れる邪魔な器官になる。この虫は自分の長い口吻にぴったりフィットする長い筒状の花のまわりを飛び回り、ダーウィンが一八六二年に、マダガスカルから長い筒状の花弁の奥に蜜を蓄える蘭を受け取ったときに提唱した進化論をさらに裏付けている。[6] ダーウィンは、その蘭と一緒に、とんでもなく長い舌を持つ蛾が進化したに違いないと推測したのだ。そうした蛾の一種は、この進化理論家の死後数十年経ってから、ようやく発見されたのだった。「南アフリカのこの昆虫がいなくなったら、たちまち八種類の植物が絶滅します。ハエ目の昆虫には受粉に関する膨大な歴史があるのに、これまでほとんど無視されてきてしまったんです」とマカリスターは言う。

ハエ目の昆虫は、それ自体が魅力的な存在になりうる。ある種の虫は潜在的な交尾相手に食べ物をプレゼントするし、別の種の虫は精妙なダンスを披露する。ハエ目の昆虫を美しいと感じる人さえいる。ミシェル・トラウトワインは美大に通っていたとき、作品展示の一環として、細長い体、長い触角、二対の膜状の翼を持つ積翅目（せきしもく）の一種であるカワゲラの巨大な生物学的イラストを発表した。そしてそのときに、人生の転機を迎えたのだった。「美大の教授は嫌悪感を露わにしました」と彼女は振り返る。その教授は、真っ白なキャンバスに濡れたキャットフードを塗りたくった学生の作品のほうをずっと気に入っていた。「〝もうこれまで。美大は辞める〟って思ったことを覚えています」。トラウトワインは「ハエ目の昆虫に夢中」になり、今ではカリフォルニア科学アカデミーの専門分野で第一線の昆虫学者として活躍している。

カワゲラが見栄えの良い生物として称賛されるようなことはまずないだろうが、そうした称賛を浴びるハエ目の昆虫はいなくもない。オーストラリアのクイーンズランド州に生息する ***Lecomyia notha*** というミズアブは、紫色と青味がかったオパールのような玉虫色の輝きを放つ外骨格を持つ。鮮やかな金色の腹部を持つもう一種のハエ目の昆虫は、歌手のビヨンセにちなんで ***Plinthina beyonceae*** と名付けられた[7]。「昆虫学は、本当に美しくて審美的に満足できる分野」なのだとトラウトワインは言う。彼女がハエ目や昆虫全般に惹かれた理由は、それらが「地球に暮らすエイリアン」のような存在だからだそうだ。

「何百万、何千万といった数で存在し、どれだけいるのかもまだわかっていません。一匹ごとが入り組んだ生活史を持つエイリアンの生命体のようなもので、その生活史は、フィクションとして描こうとしても描けないほど奇妙なものが多いんです」とトラウトワインは言う。昆虫は驚くほど多様だが、その体のデザインは見事に一貫しており、みな頭部、胸部、腹部の三つの体節からなり、三対の関節のある脚、複眼、触角、外骨格を備えている。

この構造は、大きな動物が行なったら畏怖の念を抱かせるような技を可能にする。ドラキュラアリは、大あごを時速三二二キロの高速で開閉することができる。これは地球に暮らす全動物最速の動作だ。その類縁にあたるアフリカのマタベレアリは、怪我をした仲間を巣に運び、六本足の救急隊員さながら傷の手当てをする姿が目撃されている。[8] ある種のイモムシは、寒さをしのぐために自ら不凍液を生成する。ミツバチはゼロの概念を理解し、数字を足したり引いたりすることができる。[9] 昆虫は、数が膨大なため得体の知れない厄介な存在であり、奇妙な見た目のためホラー映画の邪悪なキャラクターを思い起こさせるが、いなければ私たちが滅びてしまうほど重要だ。そうした生物たちは今、ひっそりと存亡の危機に見舞われているように見受けられる。

昆虫の減少を危惧する警鐘は、今ほどではないとはいえ、以前から断続的に鳴らされてきた。一九三六年という早い時点で、米国昆虫学会初の女性会長だったエディス・パッチが、果物や野菜に対する殺虫剤の使用拡大を非難するスピーチを行ない、次のように述べている。「一般の人々が、人類に対する昆虫の貢献に十分な注意を払ってこなかったことは明らかです。私たちは衣食の大部分、産業のかなりの量、そして楽しみの多くを昆虫に頼っているという事実を実際に理解している人はほとんどいません」[10] そして、こう予言した。「もし［人類の］目標が危険な昆虫を根こそぎ壊滅させることにあるとしたら、人類の頭脳はそうした取り組みのための装置をやがてもたらすことでしょう」

それからの年月、人類は、気候変動によって沿岸部の都市を水没させたり、巨大な山火事を起こしたりしようと意図的に決めたわけではなかったのと同じように、その集団的頭脳を意識的にあらゆる種類の昆虫の根絶に向けてきたわけではなかった。それでも、結果的にはそうなってしまった。昆虫の生息地の破壊、有害化学物質の撒布、さらには加速する地球の温暖化によって、私たちは知らず知らずのうちに多くの昆虫に対して地獄絵図を作り出し、昆虫に頼るあらゆるものを危険にさらしている。ヘルシンキ自然史博物館の生物学者、ペドロ・カルドソは、「私たちは、昆虫だけでなく、私たち人間にとっても問題のある世界を作り出している」と語る。

昆虫危機の正確な規模を知ることは、長い間、測定実施の不可能性という霧に阻まれてきた。名前が付与された昆虫は一〇〇万種に及ぶ。だが、昆虫は小型で隠蔽性が高く、広範囲にわたる追跡調査が行なわれていないため、この数はまだ発見されていない種や名前が付けられていない種に比べるとほんの一部に過ぎない。推定値には、目を見張るような三〇〇〇万種から、より現実的な五五〇万種までのバラツキがある。[11] おそらくは、あらゆる種類の奇妙で素晴らしい生物がいるだろう。「そこに何がいるかなんて誰にもわからない」とグールソンは言う。

分類学者は、生物種に名前を付けて、より大きな生物集団というパズルのどこに位置するのかを解き明かす生物学者だ。一見同じように見える種を区別する作業一つをとっても、彼らはシーシュポスの重労働〔果てしなく続く辛い仕事〕を思わせる事態に直面する。私たちの大部分にとって、アリは黒いかシナモン色、ハエは大きいものか小さいものかの違いはあるが、それ以上の区別をすることはまずない。専門家は分類の際、昆虫の生殖器を見つめることに多くの時間を費やす。ハエの専門家であるマカリスターは、「私たちは生殖器をいじる専門家です。ハエを切り開いて、タマタマを調べるのが何より好きなんです」と自嘲する。

このような骨の折れる作業に加えて、今や分子生物学に惹かれるようになった学生たちが、分類学は古臭い切手収集の博物学版のようなものだとみなして進路に選ばなくなっていることを考えると、地球上のすべての昆虫を記述する仕事が終わりを見ることはおそらくないだろう。マカリスターはこうまとめる。「一種類のサルを研究している人が五万人いて、五万種類のハエがたった一人によって研究されているような状況なんです」。生殖器を通してハエの同定に成功するたびに、科学はさらに多くの候補者を分類学者の机上に積み上げる。二〇一六年、一〇〇万点以上に及ぶ昆虫標本のＤＮＡ分析を完了したカナダの科学者たちは、カナダには従来の推定値の約二倍に相当する昆虫約九万四〇

○○種が存在することを発見して愕然とした。[12] カナダに世界の一パーセントの昆虫が生息しているとすれば、地球上には約一〇〇〇万種の昆虫が生息していることになる。研究者たちは物思いに沈んだ。

ここまでの説明からも、私たちが無脊椎動物の世界に住んでいることは明らかだろう。全動物種のうち、背骨を持つのはわずか五パーセントしかいない。地球を埋め尽くしているのは、人間でもヒツジでも、はてはネズミでもなく、甲虫だ。その数は三五万種に及び、今も新種が判明し続けている。昆虫の全個体数についてわかっていることも、すぐに不足を思わせるものではない。スミソニアン協会によると、世界には約一〇〇〇京匹（一のあとにゼロが一九個つく数）の昆虫が生息しているという。[13] イナゴの大群一つには最大一〇億匹の個体が含まれる。英国の南部だけでも、一年間に約三兆五〇〇〇億匹の飛翔昆虫が移動してきており、その質量は空飛ぶトナカイ二万頭分に相当する。[14]

世界中のシロアリを集め、ぎゅっと丸めて巨大なボールにしたら、バイオマス〔生物量〕と呼ばれるこの熱を帯びた塊の重さは、地球上のすべての鳥の重さを超える。[15] この工業化された現代に人間が人口と胴回りの双方を膨らませ始める前は、世界中のアリを集めた重さも、全世界の人間の体重を上回っていただろう。アイオワ州立大学の二人の科学者は二〇〇九年に「今日（こんにち）の人類は昆虫の海を漂っている」と記した。[16]「数とバイオマスだけを見ても、昆虫は地球上で最も成功している動物である」と。

昆虫はまた、意外なほど丈夫で適応力に富んでいる。サハラ砂漠に生息するアリの一種は、最大七〇℃までの高温に耐えられる。その対極に位置するのは南極に生息するナンキョクユスリカの幼虫で、マイナス一五℃の低温に耐えられ、酸素がなくても一カ月もの長期間生存できる。イエローストーン国立公園の温泉では、人間なら茹で上がってしまうような高温の中で、小さなミギワバエ科のハエが生息・繁殖している。マルハナバチは、キリマンジャロ頂上の標高に近い海抜五五〇〇メートルという高地で発見されている。[17] トンボは、最新鋭のヘリコプターでも墜落させるような強風の中でも安定してホバリングすることが可能だ。ダイコクコガネには、人間にたとえると二階建てバスを六台持ち上げる力がある。

昆虫界は奇想天外なことを進んで受け入れていると言えるかもしれない。昆虫は、外骨格にある気門と呼ばれる穴を通して呼吸し、三六〇度の視野を持つトンボのように、精緻な複眼でものを見る。ハリナシバチは人間の汗や涙を餌にするし、ある種の蝶はペニスに目を持ち、[18] アブラムシの中には、すでに子を宿している子を産むことによって、実質的に孫を産むものさえいる。昆虫の個体数も通常かなり弾力性があり、変化しやすい環境に対応して大きな波を乗り越えることができる。だが、昆虫は大量に存在するとはいっても、使い捨てにできるわけではない。彼らはみな、受粉や分解、食物連鎖などに何らかの形で関わっているからだ。

膨大な数の昆虫を環境から無理やり引き離そうとすると、人間を含む生命の網全体が狂ってしまう。崩壊は昆虫界の内部でも起こる。昆虫の約一〇パーセントは寄生生物で、他の昆虫に寄生することも多い。もし、ある種のカリバチが操り人形の奴隷にするイモムシや卵の宿主にするイモムシを見つけられなかったり、ある種のハエがアリの脳を乗っ取って首を落とすことができなかったりしたら、彼らも脅威にさらされることになる。この危険なシナリオは、科学者たちが昆虫の生態というパズルのピースを埋め始めた今、次第に明らかになってきた。警告射撃が発せられたのは、二〇一四年に、入手可能な調査をまとめた統計結果が発表されたときだった。[19] 国際自然保護連合（ＩＵＣＮ）に記録されている無脊椎動物種の三分の一が減少傾向にあり、個体数の減少は過去四〇年間に世界全体で四五パーセントに及んだと指摘されていたのである。その減少率は脊椎動物の二倍近くに上っていた。

イナゴ、バッタ、コオロギなどが属する直翅目（ちょくしもく）のほぼすべての種の個体数が減少傾向にあり、巨大な甲虫目（鞘翅目）を構成する種の大部分も個体数を減らしている。IUCNのデータを調べた研究は、「このような動物の減少は、生態系の機能と人間の幸福度低下に波及するだろう」と警告し、地球上の第六回目の大量絶滅として知られる事態の中にこの災難を位置づけた。六回目の大量絶滅とは、人類がもたらした大煙突とブルドーザーの手によって進行している、恐竜の滅亡以来前例のない規模の自然破壊のことだ。

この大騒ぎの大量絶滅イベントには、トラ、サイ、ゾウ、ホッキョクグマといった抗しがたい象徴が存在する。〝カリスマ的メガファウナ〟〔「カリスマ的大型動物」の意で、一般受けするため環境活動によく利用される用語〕という不快な呼称で呼ばれることもあるこれらの動物たちの窮状は、メディアの論調や保護資金を独占している。地球の生物多様性の破壊を食い止めるための努力の成否は、これら一握りの大型動物の運命にかかっているとよくみなされ、こうした動物は、映画や広告、ぬいぐるみ、スポーツチームのロゴなどに始終取り上げられている。

昆虫学者のサイモン・レザーが言うところの、この〝制度化された脊椎動物主義〟は、より文学的な領域において、ジョージ・オーウェルの『動物農場』の次の文を彷彿とさせる。「すべての動物は平等である。だが一部の動物は他よりもっと平等である」〔山形浩生訳〕。私たちは、ある種の動物には惹かれて目を潤ませるが、別の動物からは肩をすくめて引き下がる。昆虫が属するのは、たいてい後者のカテゴリーだ。

昆虫は、軟体動物や蠕虫〔ミミズなどの細長い体を蠕動させて移動する虫〕、そして地球上の大半の種を構成する他の背骨のない生物とともに科学界や名声から比較的見過ごされてきたため、昆虫学者たちはこの流れを変えようと、ショーマンシップを発揮してきた。新種のツノゼミは、その角の〝奇抜なファッションセンス〟に基づいてレディー・ガガにちなんだ名前が付けられ[20]、ある甲虫にはアーノルド

・シュワルツェネッガー、またあるカリバチにはピンク・フロイドにちなんだ名前が付けられた。それでも、多くの人にとって昆虫に心を開くのは簡単ではない。

米国の自然保護団体「ザーシーズ無脊椎動物保護協会」〔以下「ザーシーズ協会」。日本では「クセルクセス協会」とも呼ばれる。「ザーシーズ・ブルー」は米国で初めて絶滅した蝶の名前〕の常任理事で、定期的に学校でアウトリーチ活動を行なっているスコット・ホフマン・ブラックによると、幼い子供たちには、昆虫に魅了され、昆虫と触れ合いたがる傾向が見られるという。だが、中学生になる頃には、そうした態度は変わってしまうそうだ。「多くの子が、昆虫を恐れたり、嫌いになったり、嫌悪感を抱くようになる。これは、親や仲間、そして教師からさえ教えられたものにちがいない」と彼は言う。また、メディアによる昆虫の取り上げ方も影響しているようだ。二〇二〇年、毎年交尾相手を求めて飛翔するハアリの大群が英国に出現した際、《リヴァプール・エコー》紙は、「マージーサイドを襲う〝ホラー映画のような〟ハアリの大群」という見出しを掲げた。[21] 子供たちは恐怖のあまり悲鳴を上げたと報じられ、ある男性はその光景をヒッチコックの映画にたとえたという。私たちは、自然の豊かさを恐れるように教えられてきたのだ。本来は、その逆を恐れるべきなのに。

私たちが何を失っているのかを知らなかったのは、どうでもいいと思っていたからかもしれないし、単に何が危機に瀕しているのかを知らなかったからかもしれない。怠慢と無知は、いつの間にか紛らわしく結びついてしまった。

だが、一見何もないところから、すべてが変わったのだった。昆虫の危機に対して世間が目を覚ます機会には波があり、いまだに完璧とはとても言えないが、その転換点となった時点は、どうやら突き止めることができそうだ。それは、二〇一七年一〇月一八日のことだった。

その日、サンフランシスコに本部を置くオープンアクセス〔著者側が費用を負担することにより、誰でも無料で閲覧できる論文発表形式）の学術雑誌《PLOS One》に、オランダ、英国、ドイツの科学者十数名が共同執筆した論文が掲載された。タイトルは「保護区における飛翔昆虫の総バイオマス、二七年間に七五パーセント以上減少」という、飾らずに的を射たもので、その内容はこの悲惨なタイトルを肉付けしていた。[22] ドイツ国内にある六三カ所の自然保護区で昆虫個体数の変化を調査したこの稀な長期研究は、大激変をつまびらかにしていた。一九八九年以来、トラップで捕獲された飛翔昆虫の年間平均重量が七六パーセントも激減していたのだ。昆虫の数が最も多くなる夏の最盛期にはさらに状況が悪化して、その減少率は八二パーセントにも及んだという。

論文によると、総合的な減少は、天候や土地利用の変化だけでは説明できなかったという。昆虫たちは保護され積極的に管理されている保護区にいたにもかかわらず、周辺の農地における農薬の使用や、畑を区切る顕花植物の植生の消失などの被害を受けたように見受けられる。とはいえ、このいわば〝生態学的な罠〟仮説は決定的なものではない。それより差し迫っていた疑問は、ドイツのような国の保護区でも忘却の彼方に消えつつあるのなら、いったい昆虫はどこに行けば安全に過ごせるのか、ということだった。

研究者たちの口調は暗かった。この研究に携わったオランダの生態学者、ハンス・デ・クルーンは「減少傾向が弱まらずに続いたらどうなるかは、想像することすらできない」と述べた。それでも想像してみることにしたのが、共同研究者のグールソンである。「私たちは広大な土地を、大部分の生物にとって住めない場所にしているらしい」と彼は言い、将来の世代は「甚だしく不毛になった世界」を受け継ぐことになるだろうと付け加えた。

この調査結果は世界中を飛び回り、ハエ、蛾、ハナバチ、蝶たちの苦境にかつてない関心を呼び起こしただけでなく、聖書にちなむ用語使用の波も引き起こした。《ガーディアン》紙の大見出しは、

「昆虫数の激減が〝生態系のアルマゲドン〔世界の破滅〕〟を警告」というもの。《ヒンドゥー》紙の見出しは「昆虫の黙示録（アポカリプス）〔破滅的大災害〕——ドイツのバグ・ウォッチャーが警鐘を鳴らす」。《ニューヨーク・タイムズ》紙も「昆虫のアルマゲドン」という用語を使い、さらに一年後には雑誌版で「昆虫の黙示録がやってきた」と宣言した。《ナショナル・ジオグラフィック》誌の表紙には甲虫や蛾の写真がずらりと並び、「彼らがいなくなったら寂しくなるぞ」と悲しげに宣言していた。[23]

世の人々には「インセクタゲドン」という混成語が紹介され、この言葉はすぐに様々なメディアで取り上げられるようになった。哲学者のティエリー・オケは、「ゾウムシへの思いやりを！」と題した《ル・モンド》紙の記事で、「化学的に昆虫を攻撃することにより攻撃されているのは生命である」と厳かに語った。[24]

大きな注目を集めたのは、クレーフェルト昆虫学会の地味な会員たちだった。この学会の会員は主に様々な分野で研究を行なっている現役の科学者たちで（マスコミで〝アマチュア〟とよく形容されるのは心外だろう）、オランダ、ドイツ、英国の科学者グループが企画したこの研究のデータを収集した縁の下の力持ちだ。マスコミが大挙して押し寄せるなか、さらに新たなカメラクルー（オーストラリア放送協会だった）が現われたとき、学会の昆虫キュレーターであるマーティン・ゾークは、こうした騒動は「厄介だ」と彼らに伝えた。ゾークは、「世界中からこんなにたくさんのメールや質問が来るとは思わなかった」と打ち明ける。[25]

長い白髪をたくわえてジョン・レノンばりの眼鏡をかけ、しわくちゃの服とサンダルを好んで履くゾークは、期せずして、この研究と昆虫激減に対する懸念双方における顔になった。だが彼は控え目な人物で、なぜ今まで誰も昆虫について長期にわたる標準化された調査をしようとしてこなかったのかと、いささか戸惑っている。「まるで目隠しをして車を運転しているようなものだ」と彼は言う。

「運が良ければ大丈夫だろうが、そうとは限らない。情報が少なければ、それだけリスクも高くなる。なぜ、僕ら以外にそうしようとした者がいなかったんだろう」

ヴィクトリア朝時代の大胆不敵な昆虫採集家の時代から、科学者たちは昆虫の行動に関する興味深い疑問に答えを出したり、魅力的な新種を発見したりする努力を重ねてきた。だが、無数とも思われる昆虫を実際に数えようとする苦役、すなわち、トラップへの往復を繰り返し、数値を集計し、三年ごとの研究資金供与サイクルをやりくりして何十年もどうにかこのプロジェクトを支えてゆくのは、無意味で退屈な作業に見える。一年の半分をパプアニューギニアの熱帯雨林で巨大なナナフシと蝶の調査に費やしているチェコ人の生態学者、ヴォイチェフ・ノヴォトニーは「世の中には面白いことがたくさんあるのに、そんなことをするのはとてもつまらないことに映るだろう」と言う。

だが突然、ゾークと彼の共同研究者たちは、みんなが遅ればせながら重要性に気づいたサッカー試合のスコアを記録する必要性を見抜いていた唯一の人間のようになってしまった。これら雑多な背景を持つ、昆虫に魅入られた会員のライフワークの本拠地は、かつて絹の生産で有名だったドイツ北西部の都市、クレーフェルトにある廃校の校舎だ。東に数キロ行ったところにはライン川の帯が風景を切り取るように流れ、西側はオランダ国境に近い。クレーフェルト学会は一九〇五年から昆虫の捕獲、観察、記録活動を行なっており、会員はこの期間を通して、昆虫の分類や行動に関する出版物を数千点も発行してきた。

学会の建物の二階は、アルコールの入った瓶内に液浸された標本の保管場所に使われている。ゾークによると、分厚いカーテンで光が遮断されたかつての教室には、推定一億点以上の昆虫標本がラベル付けされて保管されているそうだ。別の場所では、およそ一〇〇万匹の昆虫が乾燥され、昆虫針で留められて、フレームに格納されている。そこにいるのは、ライン川流域やそれを越えた地域から集められた蝶、甲虫、ハナバチ、ハナアブ、トンボなどの昆虫だ。

重要なのは、研究者たちが、確実にクリーンな比較ができるようにするため、過去四〇年間にわたって田園地帯全域に同じトラップを設置し、同じ管理された条件下で調査を行なってきたことだ。このトラップは、一九三〇年代にその原型を作ったスウェーデンの昆虫学者、ルネ・マレーズにちなんで「マレーズトラップ」と呼ばれており、両翼を開いて飛ぶテントのような形をしている。テント内に入った昆虫は光の当たっている場所に飛ぶ。そこでアルコールの中に落ち、一日に数グラム分（ティースプーン半分程度）の虫の山を作るわけだ。

クレーフェルトのチームは、毎年毎年、同じ自然保護区で昆虫を集め、その量を記録してきた。自然保護区は、鳥や小型の哺乳類、野の花に満ちた草地で、ドイツ全土に広がる農地の中にパッチワークのように点在している。何かがおかしいことに気づいたのは、二〇一一年、そして再び二〇一二年のことだった。「昆虫が多数生息していて、一〇〇〇グラム以上の採集量が記録されてしかるべきだったある場所で、年間を通して三〇〇〜三五〇グラムの昆虫しか採集できなかったんだ。ショックだったよ」とゾークは言う。昆虫の個体数に関する学会の記録は技術革新の時代を通して続けられ、手書きのメモは、タイプライターで打ち出した文書、フロッピーディスクに保存したファイルへと変わっていった。これらの記録を掘り起こしたゾークと共同研究者は、標準化されたトラップが使われるようになった最初期の一九八九年から、昆虫の量が大幅に減少していることに気づいたのだった。

そこで彼らは外部の科学者の協力を得て、悪化しつつある昆虫の運命を解明しようとした。こうして、それまでニッチな変わり者の集団と思われていた学会チームは、一万年前にヨーロッパ大陸からマンモスがいなくなって以来、いや、おそらくは恐竜が絶滅して以来、最も重大な生物の消滅の証拠を集めることになったのである。だが、ドイツで記録された大幅な減少も、ゾークにとっては完全に耳新しい発見というわけではなかった。彼や他の昆虫学者たちは、しばらく前から、昆虫が減っていることについて互いに話を交わしていたからだ。廃校に保管されていた埃だらけの書物の中でも、第二次世界大戦より前の時点で、会員たちによって昆虫の減少傾向が指摘されていた。「ただ、こんな規模で起きているとは疑ってもみなかった」とゾークは明かす。

潜在的な昆虫の危機は今や、悲惨な環境破壊のもう一つの例として明らかになったのだった。「ドイツでの調査が行なわれるまで、一般の人々は昆虫に問題が起きていることについてまったく知らなかったし、昆虫に価値があるということさえほとんど知らなかった」とグールソンは言う。彼は、かつてどこにでもいた種の多くが英国南部から姿を消していることに気づいて愕然とし、一九九〇年代から本格的にマルハナバチの研究を始めたのだった。「今や一部の悲しんでいる昆虫学者以外の人も懸念を抱くようになったのは喜ばしいことだ。人々は目を覚まし始めている」と彼は言う。

クレーフェルトの研究は、バイオマスを計測している点に特徴がある。これは、昆虫の生態変化の総量を追跡するうえで便利な方法であり、捕捉した虫を一匹ずつ識別して数えるといった厳密な作業よりスピーディーに行なえる。だが、この方法はさらなる疑問も呼び起こす。捕捉した昆虫の全体的な重量が減少した原因は、マルハナバチや大型のカブトムシといった大きな個体が減少したためで、他の種は比較的安定しているのでは？　それとも、すべての種が下降傾向にあるのか？　失われたのは種全体なのか、それとも一部にすぎないのか？

ゾークは、焦点を当てるべきなのは単なるバイオマスではなく、「種の不可逆的な喪失」だと主張し、一〇〇年前の記録では、クレーフェルト地方に二〇種以上のマルハナバチが生息していたことを指摘する。現在、その数は半減してしまった。

絶滅は、環境に対して私たちが抱いている幸福感への手痛い打撃だ。生命のタペストリーからかけがえのない糸を抜き去り、重要な機能を果たしたり、世界をより生き生きとした興味深い場所にしたりしてくれていた生物を奪ってしまう。ペリンズ・ケイブ・ビートル〔*Siettitia balsetensis*、フランスに生息していたゲンゴロウの一種〕やクセルケスカバイロシジミ〔英語名は、前述した「ザーシーズ・ブルー」〕のような失われた昆虫は、絶滅したドードーほど有名ではないかもしれないが、唯一無二の存在の消滅は取り返しがつかない。

昆虫、クモ、ムカデなどを含む大きな門である節足動物類は、隠れた迷路のような性質を持っているため、驚くほど簡単に種全体が絶える可能性がある。地面を見渡したときに目に入る枯れ葉の山、小石、木など、一見何の変哲もないものも、実際には多彩な種類の昆虫が住むミクロの宇宙だ。地面から上に目を向け、土から樹皮、森の樹冠などを見てゆくと、それらはさらに無数の種類の昆虫の住処になっていることがわかる。

もしその区画がスターバックス建設のために整地されたり、大豆を集約的に栽培するための農地に変えられたりすると、一般的な昆虫の多くが死滅するだけでなく、ニッチな生息地のスペシャリストも同じ運命をたどる。そうした稀少な昆虫の中には他の場所に生息しているものもあるだろうが、そうでなければ、私たちの世界から永遠に排除されてしまう。目に映らない昆虫の生態の規模はあまりにも広く深いため、絶滅はもちろんのこと、貴重な蘭の花畑を踏みしだく酔っ払ったヘラジカででもあるかのように無意識に地球上を歩き回る私たちがもたらす個体数変動の経過を追うのは難しい。

存在していたことさえ知られずに絶滅してしまった昆虫の種は数知れない。「センティネル絶滅」は、新種の生物が名前を付けられる前に一掃されてしまったエクアドルのアンデス山脈の麓にある尾根にちなんで名付けられた概念だ。こうした絶滅は、大規模な昆虫の危機に際して、研究者たちを暗闇の中の手探り状態に置くことになる。

昆虫絶滅劇の第一幕か第二幕は、もうすでに始まっているのかもしれない。「研究者たちから人類への昆虫絶滅に関する警告」という不吉な題が付けられた二五名の研究者による論文を読むと、世界の昆虫種のうち名前が付けられているのは五分の一ほどしかなく、そのほとんどが単一の標本に基づくものだという。[26] この論文では、パリの国立自然史博物館のクレール・レニエが陸生巻貝の絶滅を基に導き出した計算式と彼女が過去に行なった研究を用いて、大量工業生産時代以降に絶滅した昆虫の種の数は、全体の五パーセントから一〇パーセントにまで達すると指摘している。この率を昆虫の種の数に換算すると、二五万種から五〇万種になる。つまり、蒸気機関や白熱電球が登場してからの地質学的に見てほんの微々たる期間が破滅の時代となってしまった昆虫は、この期間に存在して科学的に名前が付けられていた種の最大半数にまで及ぶのだ。「我々は多くの生態系を回復不可能な状態に追い込んで昆虫の絶滅を招いている。人類にとって昆虫の減少は、不可欠でかけがえのないサービスを失うことになる。昆虫種を救うための行動をとることは、生態系と人類の生存にとって喫緊の課題だ」と論文は指摘する。

私たちは、過去の絶滅についてはわからなくても、将来起こりうる損失についての知識は備えているかもしれない。とは言っても、それが慰めになるわけではない。国連が二〇一九年に発表した画期的な調査の結果では、今後数十年の間に動物界全体で一〇〇万種が絶滅の危機に直面することになるという概要が示された。[27] これら絶滅してゆく種の半数は昆虫だ。つまり、一九世紀後半から二一世紀半ばまでの間に、一〇〇万種の甲虫、蝶、ハナバチ、その他の昆虫が永久に姿を消してしまう可能性があるのである。もしこのような事態が現実に起きたら、喪失は膨大なものになる。現存する魚類、鳥類、哺乳類のすべての種の合計を超える種が失われてしまうのだ。

だが、昆虫全体の個体数の減少も、絶滅する種の数と同じくらい重大だ。警鐘を鳴らした二五人の科学者からなる論文が指摘しているように、減少しているのは稀少種や絶滅危惧種に限らない。一般的な昆虫も数を減らしており、周辺環境に大きな影響を与えている。

異なるレバーを引くと、連鎖反応が引き起こされる。膨大な節足動物の中には、ワラジムシ、ヤスデ、トビムシなどがいて、植物性の腐敗物を噛み砕いたり、根の表面の菌類を食べたり、植物が生長するための栄養分を放出したりしている。糞虫のような廃棄物を食べる昆虫は、彼らがいなかったらそのままになる排泄物や腐敗した植物、死骸などから栄養分を取り出してくれる。また、テントウムシやクサカゲロウなどの昆虫は、アブラムシのような作物の害虫を捕食する。シロアリはその工学的才能によりトンネルを掘って硬い地面に穴を開け、水や養分の吸収を助けて、不毛の地を肥沃な畑に変えてくれる。

このようなスペシャリストの種がすべて失われたら、土壌や植物の健康維持といった生態系の重要な機能は低下する。とはいえ、ある種の動物は、昆虫を大量に食べる。たとえば、アオガラの親は、一羽のヒナの食道に一日一〇〇匹ものイモムシを詰め込まなければならない。ニッチな種の昆虫がいくつか失われたとしても、個体数の多い他の昆虫を食べることができれば、困る鳥はほとんどいないだろう。だが、昆虫全体の数が大幅に減るとなると話は別だ。個々の昆虫の特性には驚嘆させられるが、生態系における昆虫の役割は、ほぼ常に大量に存在してこそ発揮される。昆虫の世界は広さだけでなく、深さも重要なのだ。

もちろん、迫害されているのは昆虫だけではない。危機に瀕している一〇〇万種の生物を同定した国連報告書はまた、地球上の土地の四分の三が人間の活動によって急激に変化し、プラスチック汚染は一九八〇年から一〇倍に増加し、工業化時代には地球上の森林面積の三分の一が削られたことも明らかにしている。今や人間の存在はあまりにも重くのしかかるようになり、ようやく私たちは、そのことが自らをも圧迫していることに気づき始めた。「欠かすことのできない、相互に結びついている地球の生命の網はますます小さくなり、ほころびが生じている。この損失は人間活動の直接的な結果であり、世界のあらゆる地域で人類の幸福に対し直接的な脅威を突き付ける構成要素となっている」と、国連評価委員会の共同議長を務めたヨーゼフ・ゼタレは語る。[28]

このような生物多様性の縮小は、それを助長し、それと重なり合う気候変動の危機に匹敵するどころか、間違いなくそれを超える緊急事態だ。最近、昆虫に関する学術的な警告が相次いでいるのは、気候変動が問題として浮上してきた経緯に似ているところが多々ある。ようやく事態が災害を引き起こす崖っぷちに差し掛かるにつれて、ほとんど無視されてきたいくつかの警鐘に、懸念を抱くクリティカルマス〔存在を無視できない集団になるための分岐点を超えた集団〕が遅ればせながら追いついたのだ。私たちは今、この不安のクライマックスに、じりじりと登り詰めているのかもしれない。長年クモや昆虫に夢中になってきた生物学者のペドロ・カルドソは、特に捕食寄生を行なうカリバチのファンで、「宿主の精神をコントロールする彼らの生きざまは、たとえようもなくクールだ」と語る。だが、昆虫の減少を研究してきたこの一〇年間は、孤独を感じることが多かったそうだ。「哺乳類や鳥類ばかりが注目されているのは、ちょっともどかしい。生態系で起きていることの引き金となるのは、実は小さな連中なんだ」と彼は言う。

だが最近になって、カルドソはある変化に気づいた。ガーナで草木の間を覗き込んだり、フィンランドで虫捕り網を振ったりしていると、地元の人々が近寄ってきて、今では見られなくなったものについて話しかけられるようになったという。その内容は、かつてここに集まっていたテントウムシ、あそこで羽ばたいていた蝶などについて自発的に吐露する嘆きだ。「そうした声が、意外な人々から寄せられるんだ。昆虫に関心があるなどと自分では思ってもいなかった人たちから」とカルドソは言う。彼はこう付け加えた。「論文が次々に発表されていることは、僕らの大義を推し進める力になっている。ついに世間の人々は、何が起きているかに気がつくようになったんだ」もちろん、昆虫をめぐる活動の規模は、まだまだ気候変動に関する活動には及ばない。「グレタ・トゥーンベリみたいな子が出てきてくれるといいんだがね」。カルドソはそう口にした。

クレーフェルトの爆弾論文が発表されてから約一年後、ある昆虫学者が「今まで読んだなかで最も心が掻き乱された論文の一つ」と評した研究結果が浮上した。その内容は、昆虫の危機がヨーロッパだけでなく、アメリカ大陸にも及んでいることを示すものだった。

現在ニューヨーク州北部を拠点にしている生態学者のブラッド・リスターは、一九七〇年代半ばにプエルトリコの熱帯雨林の研究調査に出かけ、昆虫やその捕食者である鳥、カエル、トカゲなどについて記録した。その地、エル・ユンケ熱帯雨林は、プエルトリコの東端に近いシエラ・デ・ルキージョ山脈の斜面にあり、絶滅危惧種のアカビタイボウシインコや、独特の鳴き声を持つコキーコヤスガエル、様々な種類のヘビなどが生息する豊かな生物多様性を誇っている。調査に際して、リスターは防水性のジャケットを用意しなければならなかった。というのも、エル・ユンケには年間六〇五〇億リットルもの雨が降り注ぐのだ。

当時リスターは昆虫の採集に、アルフレッド・ラッセル・ウォレスやチャールズ・ダーウィンの時代のものとさほど変わらない初歩的な粘着トラップを使っていた。プラスチックのプレートに「タングルフット」〔「もつれ足」の意〕という名の粘着性化合物を塗り、林床や林冠に置く。日が暮れる頃には、プレートは黒々とした昆虫の塊に変わっていて、リスターは懐中電灯の明かりで昆虫を採集し、乾燥させて重さを量った。「当時は作業にとても時間がかかったものだ」とリスターは振り返る。それから三五年経って、メキシコ国立自治大学の生態学者である共同研究者のアンドレス・ガルシアと一緒に熱帯雨林を訪れたとき、リスターはすぐに、何かが変わってしまったことに気がついた。というより、何かが消えてしまったことに気づいたのだ。かつては蝶の群れがいた大きな水たまりには、生物がいなくなっていた。頭上を飛び交う鳥もほとんどいなかった。

粘着性のプレートを使った実験を再現したときには、疑念がさらに深まった。「初日の実験を行なった後、アンドレスが〝昆虫はどこにいるんだ？〟と言ったので、私は〝それは、いい質問だな〟と答えた。何もいないように見えていたからね。何かおかしなことが起こっている兆候だった」

一九七〇年代のときは、粘着性のプレートが虫に埋もれてしまっていたのだが、今回それは、設置するたびに、数個のみじめな標本が付着しただけで戻ってきた。気を滅入らせることに、そうした状況は毎日続いたのだった。研究結果を発表したときには、最初の調査結果とのゾッとする差が明らかになった。[29] 地表では、昆虫のバイオマスが九八パーセントも激減し、葉の茂った樹冠でも、八〇パーセント減少していたのである。「驚愕だったね」とリスターは言う。

二人はまた、緑色の細身の爬虫類で喉が燃えるように赤いアノールトカゲも捕獲し、一九七〇年代に比べて、捕獲した個体の合計質量が三〇パーセント以上も減少していることを発見した。これは、熱帯雨林が「アップワード栄養カスケード」によって崩壊状態にあることを示唆しているとリスターは言う。「これは、オオカミやトラといった支配的な捕食者がいなくなって、その下の食物連鎖がゆがみ、周囲の環境が変化するという典型的な栄養連鎖ではなく、その逆のボトムアップ・バージョンなんだ」

昆虫がいなくなる事態は、生態系版ジェンガタワーの土台にあるブロックを取りすぎて、その上のブロックが崩れてしまうようなものだ。鳥もカエルもトカゲも、食べるものがなくなったために、個体数が減ってしまったのである。エル・ユンケはスペインによる植民地支配の時代から保護されてきた場所であるため、リスターとガルシアは、化学薬品を使用する農業などの人間の干渉は、減少を引き起こした原因から除外できると考えた。彼らが原因として指摘したのは、地球温暖化だった。

この研究を発表したとき、リスターには当初、報道が事態を誇張しすぎているように思えた。「《ワシントン・ポスト》紙が〝昆虫の黙示録〟として報道したのを目にしたときには、〝おいおい、私の名に傷がついてしまったじゃないか〟と思ったよ。でも、今ではその表現は適切だったかもしれないと思っている。私はもっとずっと過激になった。昆虫の世界的な崩壊を目の当たりにしているのに、人々は、それが自分たちにとって意味することの緊急性をまだ感じていないのだから」

三連発目の悲惨なニュースが届いたのは、リスターとガルシアの研究が発表されてからわずか数カ月後のことだった。オーストラリアを拠点とする二人の生態学者、フランシスコ・サンチェス＝バーヨとクリス・ウィックホイスが発表したこのメタ分析論文〔複数の研究結果を統合し、統計的手法を用いて分析する総説論文〕では、地球の長い生命史の中でも類を見ないほどの大惨事に世界中の昆虫が見舞われているという、これまでにない大胆な主張がなされていた。[30]このメタ分析により明らかになった驚くべき主な所見は、全昆虫種の四〇パーセントが世界的に減少していることに加えて、三分の一は絶滅危惧種となっており「今後数十年の間に」絶滅する可能性がある、というものだった。さらに、昆虫の絶滅速度は哺乳類や鳥類の八倍で、全世界の昆虫総量は年率二・五パーセントという猛スピードで減少していると指摘されていた。

世界中の昆虫減少に関する七三篇の論文を分析した著者らは、糞虫と並んで最も打撃を受けているのは鱗翅目（蝶や蛾など）と膜翅目（ハナバチ、カリバチ、アリなど）で、トンボ目（トンボやイトトンボなど）やカワゲラ目などの水生昆虫目も「すでにかなりの割合で種が失われている」と指摘した。

この研究は、いわば国際的な絶望のコーラスで、米国ではマルハナバチが減少し、日本では蝶の数が減り、イタリアでは糞虫が消え、フィンランドの川ではトンボがいなくなったことが指摘されている。また、査読付きの科学論文ではほとんど見かけない率直な終末論的表現が使われ、「我々が食物生産方法を変えない限り、昆虫は総じて数十年のうちに絶滅の道をたどるだろう」と指摘し、昆虫の生物多様性における「悲惨な状況」の原因は、生息地の破壊、農薬の使用、外来種、気候変動にあるとしている。さらには「このことが地球の生態系に与える影響は、控えめに言っても壊滅的だ」という。

論文が指摘した最大の懸念は、この昆虫の危機が、限られた生息地や特定の宿主植物に依存する〝スペシャリスト〟の種だけでなく、「かつては多くの国で普通に見られた一般的な〝ジェネラリスト〟の種」も巻き込んでいることだ。減少傾向がみられる孤立したホットスポットだけではなく、すべてのタイプの昆虫に広範な圧力がかかっていることが示唆されるという。この論文の骨子となっている昆虫の急激な減少は、他の多くの生物種を巻き込んだ大量絶滅が進行しているという文脈の中に位置づけられている。だが、昆虫の崩壊は、現在生じている他の生物の崩壊を上回るだけでなく、六六〇〇万年前に恐竜を絶滅させた絶滅イベントさえも凌駕するものだと指摘する。

論文は、「我々が、ペルム紀後期と白亜紀以来となる地球上で最大の絶滅イベントを目の当たりにしていることは明白だ」と主張して、二億五二〇〇万年前に起きた出来事を思い起こさせる。おそらくその時代は生き物にとって地球の歴史の中で最も恐ろしい時代で、一連の火山噴火が「大絶滅」として知られる巨大な絶滅イベントを引き起こし、最大九六パーセントまでの海洋生物種が七〇パーセントの陸生脊椎動物とともに絶滅したと考えられている。それはまた、これまでで最悪の、そしておそらくは唯一の昆虫の大量絶滅イベントでもあった。このような大災害が繰り返される可能性がある以上、「自然の生態系の壊滅的な崩壊を回避するための断固とした行動が求められる」と論文は警告し、その理由として、昆虫の数の多さと、それが地球上のほとんどすべての生物の生命活動を維持するために無数の役割を果たしていることを挙げる。「本当にあらゆる昆虫にとって危機的な時代だ。とはいえ、ある種のグループの状況がどうなっているのかはわからない。誰も研究してこなかったのだから」とサンチェス＝バーヨは言う。ハナバチや蝶といった一部の昆虫グループが困難に直面していることをすでに知っていた彼も、甲虫、トンボをはじめとする他の昆虫も危機に瀕していることを知ったときには「大きな驚き」を覚えたそうだ。

この大災害の概要は、昆虫が絶滅の危機に瀕しているという懸念をメディアの間にさらに掻き立てることになり、それに応じて人々も懸念を募らせるようになった。自分の専門分野がニュースで大きな話題になったことに驚いた昆虫学者たちは、昔調べた生息個体数のデータをつつき出したり、長年仲間うちで検討してきたことが遅ればせながらも認められたと感じたりしていた。

セバスティアン・ザイボルトも、そんな科学者の一人だった。彼は、ドイツのブランデンブルク州、テューリンゲン州、バーデン・ヴュルテンベルク州の三〇〇カ所に及ぶ草原と森林において生物多様性の健全性を調べるチームの一員として、二〇一七年の時点で一〇年間近くを調査に費やしてきていた。クレーフェルトの研究が発表されて大きな反響を呼んだとき、彼のチームは自分たちも昆虫データの宝庫を手にしていることに気づいた。ミュンヘン工科大学の研究者であるザイボルトは言う。「みんなで座ってその論文を読みながら、〝僕らの研究期間はそれほど長いものではないが、素晴らしいデータを持っているんだから、調べてみようじゃないか〟ということになったんだ」

森林地帯の調査では、フライト・インターセプト・トラップが使用されていた。これは、木と木の間に張られた透明なビニール製のバリアに飛翔昆虫が衝突し、漏斗を伝って、その下に設置された収集瓶に落ちるというものだ。また、草原では、毎年六月と八月にスイーピング用の網が使用されていた。作業には時間がかかった。採集した昆虫をミュンヘンの研究室に運び、エタノールで保存した後、グループごとに分けていたからだ。昆虫に加えてクモも含めた一〇〇万匹以上の節足動物が集められ、分類学者に送られた。チームは、これらの標本を二七〇〇種類の異なる種に分類することができた。

その一〇年間に昆虫が辿った道筋は驚くべきものだった、とザイボルトは言う。共同研究者のヴォルフガング・ヴァイサーは、それを別の言葉で表現した。「恐ろしい」と。草原では、種の数が三分の二に減り、昆虫全体のバイオマスは三分の一に激減していた。[31] 森林地帯でも、種の数が約三分の一になり、バイオマスも四一パーセント減少していた。意外ではないかもしれないが、最悪の結果を示したのは耕作地に囲まれた草原だった。しかし種について言えば、捕食性、植食性、腐食性含めて、すべての昆虫がその種を減らしていた。森林地帯では、植食性以外のすべての種が減少していたが、これは主に、樹木の混合比率が大きく変化し、針葉樹が広葉樹に置き換わったためだった。

今回メディアには、悲惨な結果を報じる備えがあった。クレーフェルト研究の雷が落ちてからほぼぴったり二年後の午後七時に発表されたこの研究は、一時間以内にドイツの全国ネットのテレビニュースで報道され、それから数日以内には、ドイツ、フランス、スイス、オーストリアの主要紙で取り上げられていた。ツイートが殺到するにつれ、ザイボルトには、人々が自分の大切なものが危機に瀕していると感じていることがわかった。「トラやサイはもちろん美しい動物だが、どこか別のところに住んでいる生き物だ」と彼は言う。「人々にできるのは、自分の庭や地域に生息する生き物を気にかけること。日々の暮らしで自分が判断を下していることに意識を向けるのは重要だ」

注目を集める昆虫の研究が相次いだことで、研究者の間には、非科学的なレベルのヒステリーだとして批判的な意見を抱く者も出てきた。脊椎動物の調査対象が全種の三分の二に及ぶのに比べ、IU

ＣＮによる昆虫の保護状況の評価対象は全昆虫の一パーセントにも満たない。にもかかわらず緊急事態を宣言するというのは時期尚早にも思える。ザイボルトの研究には、他の研究と同様に、注意が必要な事項や未知の事項が含まれている。ドイツ以外の地域における昆虫の減少率については明らかにしていないし、そもそも一〇年という研究期間は決して長いものではない。もし、次の一〇年間に、甲虫とハエとハナバチが息を吹き返したとしたら？

とはいえ、この研究をクレーフェルトの研究と合わせて考えてみることにしよう。ドイツのある地域で昆虫の量が四分の三減り、別の地域では、調査期間が短いとはいえ、バイオマスがほぼ同じくらい激減し、昆虫種の三分の一が消滅してしまったのだ。医学検査、航空安全、学校のテスト結果など、他のどんな分野であっても、これほどの恐ろしい傾向が示されたら、一連の緊急介入手段が発動されることだろう。だが昆虫の場合は、まるでゴドーを待つかのように、次の研究を待ち続けてきた。いずれにしても、昆虫の危機は、どのような形であれ、一般の人々の口に上るようになった。私たちの足元をウロチョロしたり、庭を飛び回ったりする生物の窮状は、二度と見過ごせないものとなったのだ。そして世界を見渡せば、誰かに名指しされ大声で叫ばれるのを待っているたくさんの証拠があることが明らかになったのである。

2. 勝者と敗者

庭の石をひっくり返せば、きっとアリが何匹かいるだろう。ワラジムシもいるかもしれない。木の皮をつつけば、クモや甲虫が出てくることもあるだろう。科学者たちもまた、自分ならではのより計画的な方法で、昆虫の世界に起きていることを掘り起こそうとしている。だが、彼らがこれまでに発見したものは、悲惨な状況であることが少なくない。

米国では、数千点に及ぶ博物館や野外の標本を分析した研究で、ここ数十年の間に四種類のマルハナバチの個体数が九六パーセントも激減し、生息域も八〇パーセント近く縮小したことが判明している。[1]二〇一七年には、大草原や草地が、農地、都市近郊の住宅地、道路などに転用されたことにより、ラスティーパッチド・バンブルビー（*Bombus affinis*）が米国政府に正式に絶滅危惧種として認定された最初のマルハナバチになった。同じような状況にいるマルハナバチは他にもいる。たとえば、フランクリンズ・バンブルビー（*Bombus franklini*）はオレゴン州南部とカリフォルニア州北部の狭い範囲にしか生息しておらず、二〇〇六年以来目撃されていない[2]〔二〇二一年八月に、絶滅危惧種に指定された〕。

特殊な生息環境に依存するハナバチは苦境に陥っているようだ。腹部のメタリックブルーが印象的なブルー・カラミンサ・ビー（*Osmia calaminthae*）は、生息地であるフロリダ州中央部にある砂堆から完全に消滅したと考えられていたが、最近になって再発見された。この砂堆は、フロリダ州に残る最も古い低木環境の一つだったが、農業や住宅造成のためにほとんど消滅してしまった。現在、このハチはわずか四一キロ四方の小さな世界に閉じ込められている。

国境を越えてカナダに行くと、アメリカン・バンブルビー（*Bombus pensylvanicus*）の個体数が、一〇〇年前に比べて八九パーセントも少なくなっている。[3] カナダから姿を消しつつある昆虫は他にも多々いる。カナダ国立昆虫類コレクションのある関係者は「何千もの種が、コレクションから消えてしまった。何年も発見されていない」と言う。[4]

再び少し南下して米国に戻り、ニューハンプシャー州にある保護林に行くと、そこでは一九七〇年代半ば以降、甲虫の個体数が平均八三パーセントという驚くべき率で「急減」していることが科学者たちによって突き止められている。[5] 絶滅した甲虫の科の数は一九に及ぶ。科は種の多様性を代表するものだが、この保護林における様々な昆虫の科の数の減少率は、四〇パーセント近くになる。ニューイングランドのホワイトマウンテン山脈に位置するこの荒涼とした地域は、カバノキ、カエデ、トウヒなどが生い茂る、米国北東部で最も手つかずのまま残っている森林地帯の一つだ。鹿や熊、ヘラジカなどの大型動物も生息するこの環境では、蛾やカリバチ、甲虫などの昆虫が飛び交う。甲虫を探していた研究者らは、ウィンドウトラップを九つ設置した。これは、透明なガラスやプラスチックを張った木枠を地上五〇センチほどの高さに設置し、底面に石鹸水や不凍液を入れたバットを置いたもので、林床に生息する甲虫は、ニワトリのように短い距離なら飛行できるが、トラップがあるとガラスにぶつかって混合液の中に落ちてしまう。

この調査は、信じがたい下降傾向を見出すことになった。一九七〇年代、このトラップでは常に数千匹のアリヅカムシ亜科の甲虫が捕獲できていたのだが、二〇一六年には「まったくいなくなってしまったんです」と現在ペンシルヴェニア州立大学に所属し、調査当時はウェズリー大学にいた主任研究員のジェニファー・ハリスは言う。「減少のレベルは、本当にすさまじいものでした」。最大の減少率を記録したのは標高の低い場所で、そこは森林のより標高の高い場所に比べて、ゆうに二℃も気温が高かった。その結果、プエルトリコで行なわれた調査と同じように、農業地域や都市部から遠く離れた地域の昆虫減少の原因は気候変動にあることが示唆された。

甲虫は、この森や他の森で多岐に富む重要な役割を果たしている。木が伐採されると、甲虫は木を嚙み砕いてバラバラにし、その隙間に菌類が入り込んで分解が促進される。これにより、木に含まれていた窒素やリンが分配されて、より広く森林に補充されるのだ。また、甲虫の中には他の昆虫を捕食することにより、その数を抑えているものがいる。甲虫は、この精妙な相互作用のダンスの中で、林床の落ち葉の分解を助けているトビムシを食べる。甲虫がいなくなると、トビムシが増殖して分解が進むため、林床の炭素貯蔵量が減少してしまう。トビムシはまた炭素を分解する微生物を餌にしている。これらの関係は複雑で、まだ分かっていないことも多いが、甲虫が失われると、気候危機の対応に悪影響を及ぼす可能性があるのだ。

「甲虫は森の中で数え切れないほどの役割を果たしている。彼らの仕事が担えるような他のグループは思いつかない」と語るのは、ハリスとともに研究を行なったベテラン生物学者のニコラス・ローデンハウスだ。生態系からこれらの昆虫の大部分を取り除いた場合の影響はなかなか明らかにならないものの、明白なリスクは「食物網の激変」だと言う。少年時代に森でルナモス〔北米に分布するヤママユガ科の大型の蛾〕を見つけたり、裏庭でクワガタを見つけたりしたことをしみじみ思い出した彼は、次のように語った。「私たちは今、動物相が甚だしく損なわれた世界に生きている。悲しいことだ。世界は以前より面白味に欠け、バリエーションも乏しくなってしまった」
この新たな世界はまた「機能的にも異なり」、劣化しているとローデンハウスは指摘するが、まだその影響は科学者たちによって解明されてはいない。それでも、米国の研究者たちは、クレーフェルトの研究が発表される数十年も前から、昆虫の減少傾向自体については気づいていた。「ドイツの研究が発表されたとき、多くの人が〝くそっ、早く自分の研究を発表しておけばよかった〟と思ったものだ」とローデンハウスは言う。
この他にも、地域に即した〝インセクタゲドン〟は、アメリカ大陸の全域で次々に発生している。オハイオ州の蝶の個体数は、二〇年間で三分の一減少した。[6] カンザス州のある場所では、同じ期間のあいだにバッタの数が同程度減少している。[7] カリフォルニア州では、毎年海岸に一斉に移動してくる蝶、オオカバマダラの数が、一九八〇年代に記録された総数の一パーセント程度にまで激減した。[8]
今や、一見無敵に思われる大群が壊滅しているのだ。膜状の翅を持つ、ひ弱な見かけの水生昆虫であるカゲロウは、毎年夏になると幼虫の状態から抜け出して巨大な群れを形成する。その驚異的な大群に含まれる個体数は八〇〇億匹にものぼり、気象レーダーにも捕捉されるほど大気を曇らせる。とりわけミシシッピ川の北端や五大湖周辺では大群となり、除雪車で路上のカゲロウを駆除しなければならない町もあるほどだ。そのため、レーダーのデータに目を通した科学者たちは、二〇一二年以来、ミシシッピ川北端やエリー湖周辺の地域全体においてカゲロウの個体数が五〇パーセント以上も減少していることを知って愕然とした。[9] カゲロウの減少は水質汚染の結果である可能性が高い。この論文を執筆した研究者らは「現在の個体数減少傾向が続けば、北米最大の水路のいくつかから広範囲に消滅する事態になりかねない」と警告している。世界に目を向けると、サンチェス＝バーヨとクリス・ウィックホイスの論文が、トビケラ、トンボ、水生甲虫〔ゲンゴロウやミズスマシなど〕などを含む水生昆虫の三分の一が絶滅の危機に瀕していると推定している。

これは、すでに挙げた見事なカテゴリーの昆虫たちだけでなく、それ以外の水生昆虫にとっても厳しいニュースだ。水生昆虫の中には、魚のようにエラを発達させたものもいる。また、水生甲虫のマメガムシ（*Regimbartia attenuata*）は、カエルに食べられても、その胃の中を泳いで肛門から這い出すことにより生き延びることができる。水生昆虫は食物連鎖の根本的な土台を形成している生物だ。幼虫時代には藻や枯れ葉を食べ、長じると、魚や水鳥、トンボやコウモリなどのメニューに上る。彼らはまた、水質の重要な指標にもなっている。河川が汚染されると、いなくなる傾向があるからだ。英国では、淡水に住む水生昆虫の分布が、水質規制のおかげで過去五〇年の間に広がった。コーネル大学の昆虫学者であるコリー・モローは、「それぞれの種は生息する環境の中で独特の役割を担っており、決して自分たちだけで生きているわけではありません」と言う。「すべての生物は、歩いたり飛んだりする熱帯雨林のようなものだと考えてみてください。種を失うと、それに関連するすべての多様性を失うことになるんです」

ヨーロッパの昆虫は、判明している限り、北米よりさらに厳しい状況にある。一八九〇年から一九八〇年までに捕獲された一二万四の蝶を調べ、数百万回の目撃情報から得られたその後のデータと合わせて検討した研究報告によると、オランダでは蝶が少なくとも八四パーセントも激減したという。[10]だが、オランダの研究者たちは、真の減少率はさらに大きいものと推測して、暗澹とした気分になっている。オランダの北部と南部の自然保護区に設置した数十個のトラップを使って行なわれた別の調査では、二〇一七年までの二〇年間を通して、広範囲に蝶が減少していることが判明した。毎年の減少率は、大型の蛾は年平均三・八パーセント、甲虫は五パーセント、そしてトビケラは目を見張る九・二パーセント。この数字は、昆虫が忘却の彼方に向かって着実に進んでいることを示唆しているように見える。

他のグループ、たとえば半翅目（カメムシ目）の昆虫（この目の英語の通称は「トゥルー・バグ（真の虫）」だが、「バグ」はあらゆる昆虫を指す言葉としてハイジャックされてしまった。実際には、アブラムシやセミなどを擁する半翅目を指す）やカゲロウなどの数量は変化していないように見えたが、結論は悲観的なものだった。大型の蛾のバイオマスは六一パーセントも減り、オサムシのバイオマスは四二パーセント減少していた。研究者たちは「この結果は、ドイツやその他の地域で報告されている昆虫のバイオマスの最近の傾向に広く同調している」と指摘している。

とはいえ、世界で最も詳細な昆虫の記録が残されているのは英国だ。この国の人々の昆虫に対する熱心な関心は一七〇〇年代の初頭に遡る。その象徴となっているのが、幼虫から成虫への奇跡とも思える変態に驚嘆した詩人や芸術家からなる集団「オーレリアン」だ。ヴィクトリア朝時代までには、昆虫採集が非常に人気のある社会一般の趣味となり、大勢の愛好家が網を手にして田舎に押し寄せ、捕まえた昆虫をシルクハットの中にしまう者まで現われた。

この時代のイメージといえば、蝶に情熱を傾ける風変わりな牧師の姿が思い浮かぶだろうが、昆虫は二〇世紀に入ってからも多くの著名人の心を捉えていた。小説家ヴァージニア・ウルフの作品には蝶が、ジークフリード・サスーンの詩には蛾が登場する。第二次世界大戦中にそれぞれ英国の首相を務めたウィンストン・チャーチルとネヴィル・チェンバレンは、蝶の収集を趣味にしていた。名門銀行家の御曹司だったウォルター・ロスチャイルドは、極小の衣装をまとわせたノミのコレクションを所蔵し、その中には新郎と新婦の出で立ちをしたものまであった[11]。

昆虫を捕獲してピンで留めるという流行が、単に観察することに変わったとき、英国では、他の国では生じなかったやり方で研究活動が始まった。経験豊富な昆虫学者と活力あるボランティアの「市民科学者」が一体となって、昆虫の動向について私たちが現在知っていることの多くを紡ぎ出したのである。

その先頭に立ってきたのが、世界最古の農業研究機関であるロザムステッド研究所だ。この研究所は、ロンドンの北に位置する通勤都市ハーペンデンにある一六世紀の荘園の敷地内に設置されており、肥料が作物に与える影響を測定する一八四三年に開始された「ブロードボーク実験」で名を馳せ、長く続いている科学実験の世界記録を打ち立てている。

ロザムステッド研究所の昆虫調査では、一九六四年以来、二種類の昆虫トラップネットワークを継続的に運営してきた。当初は蛾やアブラムシなどの移動性昆虫に焦点を当てていたが、現在ではより広範な昆虫グループを対象にしている。ライトトラップ・ネットワークでは、英国とアイルランドに毎年約八〇基のライトトラップが設置されており、そのほとんどがボランティアによって運営されているが、調査を監督しているのはロザムステッド研究所だ。ライトトラップが発する光は波長の範囲が広く、通過する蛾にとっては、とりわけ魅力的なものとなる。他の様々な種類の昆虫もトラップに捕らわれ、調査開始以来捕獲した昆虫は合計約一五〇〇種に及んでいる。さらに目を惹くのは、これとは別に設置されている吸引トラップのネットワークだ。イングランドとスコットランドに点在する合計一六基のこのトラップは、高さ一二メートルの掃除機を逆さにしたような形をしている。トラップにはファンが内蔵されていて、通過する昆虫（主にアブラムシ）が容器の中に吸い込まれる仕組みだ。

これらの努力の結果明らかになったのは不幸な事実だった。捕獲された蛾の合計個体数は一九六八年から二〇〇七年の間に四分の一以上減少していた。[12] 最も大幅な減少を見たのは英国南部で、その割合は四〇パーセントに及んだ。捕獲された二億二四〇〇万匹の昆虫についてロザムステッド研究所の研究者が最近行なった分析によると、蛾は四七年間に三分の一近く減少したものの、一九六〇年代以降には増減の波があった。アブラムシはわずかに減少していたが、研究者たちは長期的な傾向は比較的安定していると考えている。

意外なことに、蛾の数は、英国の沿岸部、都市部、森林の生息地では激減していたものの、農業地域では減っていなかった。気候変動による気温の上昇も、新たな種を呼び込むことにより、全体数を押し上げたはずだ。たとえば、ジャージー・タイガーモス（*Euplagia quadripunctaria*）は、ふるさとのチャネル諸島から、最近暖かくなったロンドンに移住してきている。だが、献身的な研究者やボランティアの努力にもかかわらず、このときおり交絡するパズルを完全に解明するための十分な資金は依然として不足している。それでも、喪失自体は一目瞭然だ。「私たちは種を失いつつある。これは明らかに悲劇的なことだ」と、ロザムステッド研究所の昆虫調査を率いるジェイムズ・ベルは言う。「昆虫が減少していることは、科学者の間でも広く認められていると思う。疑問の余地はない。まったくないんだ」

蛾はよく、衣装戸棚の衣類を好んでムシャムシャ食べまくる粉っぽい破壊者だと悪く言われるが、これはあまりにもひどい一般化である。衣類を食べるのは、成虫ではなく蛾の幼虫で、それも、ごく一部の蛾にすぎない。たとえば、米国には約一万五〇〇〇種の蛾が生息しているが、ウールのセーターやカシミアのスカーフを脅かすのはそのうちのたった二種類だ。

蛾は、人気の高いハナバチに大きく隠されてしまっているが、実はハナバチが見落としている植物を維持している重要なジェネラリストの送粉者だ。英国のノーフォーク州で行なわれた研究では、追跡調査した蛾の約半数が、ハナバチやハナアブ、蝶がほとんど訪れない植物を含む数十種類の植物の花粉を運んでいることが見出されている。[13] 残念なことに、人知れず働く蛾も、その美しい親類である蝶も、今やますます増大する脅威に晒されている。

ロザムステッド研究所のジェイムズ・ベルは、ラテン語で「チェス盤」を意味する「フリティルス」を語源とするフリティラリー・バタフライ〔ヒョウモンチョウ族の蝶〕の観察をよく楽しんだものだったが、その数は現在、めったに見かけないほど激減している。シロチョウ科の蝶は今でも庭で見かけるが、枯れ葉の中で冬眠するときに姿を目立たなくさせる茶色の斑点を持つシータテハ（***Polygonia c-album***）は、あまり見かけなくなった。彼は子供のころの世界が激変してしまったように感じている。「昔は自転車で走っているときによく虫を飲み込んだものだが、もうそんなことは起きなくなってしまった」と彼は言う。「以前はたくさんのカリバチに刺されていたが、今はまったく刺されなくなった」とも。そうしたことに思いを馳せれば、昆虫の帝国が消滅しつつあることを示す同じような逸話を思いつく人は少なくないだろう。

ベルのような科学者は、死に絶えたり、いなくなったりした昆虫を解明することによって、これらの疑念を実際に晴らすことができる限られたグループに属しているが、大部分の昆虫研究者は、研究費を得るのに苦労している。毎回毎回、研究費は大型哺乳類の研究に向けられ、彼らは候補から外されてしまうのだ。オーストラリアにあるニューイングランド大学の生態学者、マヌ・ソーンダースは「このような状況が何十年も続いていることこそが、地球上のほとんどの昆虫について、未だにほとんど何もわかっていない理由です」と言う。「これは悪循環です。資金を得るためには、資金の必要性を証拠によって正当化することが求められますが、資金が得られなければ、証拠を提供することができないのですから」

長期的な研究が少ないことは、昆虫減少の規模に関する意見を分断させ、昆虫の世界の一部が失われる結果起こることについても、様々な疑問をもたらしている。昆虫より大きな生物種はどうなるのか？　森や川、さらに言えば都市はどうなるのか？　食糧生産はどうなるのか？　Ｅ・Ｏ・ウィルソンなどの研究者たちは、大惨事のレベルを経験に基づいて推測しているが、確固とした答えはまだ得られていない。「もし英国に生息する昆虫種の三分の二が絶滅したとしたら、その結果、実際に何が起きるだろうか」ベルは考えを巡らす。「その答えを出すのは無理だ。私に言えるのは、起こることの質についてだけだが、それは悪いものになるだろう」

英国では、この「悪いもの」の証拠が積み上がりつつある。二〇一九年にヨーク大学の科学者たちが行なったもう一つの蛾の調査で判明したのは、英国では一〇年につき一〇パーセントずつ蛾の数が減少しているということだった。[14]これまで蛾の生息数には、劇的な大活況と破綻の波が生じてきた。一九七六年には猛暑により蛾の数が急増したものの、一九八〇年代以降は一貫して緩やかな減少が続いている。他方、二〇一四年に行なわれた別の蛾の研究では、一九七〇年代以降、二六〇種が大幅に数を減らしたのに対し、一六〇種は大幅に数を増やしたという結果が出ている。[15]

英国では蝶の個体数が過去五〇年の間にほぼ半減したが、ハナバチや花に訪れるカリバチについては、二〇種以上がヴィクトリア時代以降完全に姿を消している。他の種の減少も進み、かつて英国全土で見られたグレート・イエロー・バンブルビー（*Bombus distinguendus*）も、現在はスコットランドの北端と西部にしか生息していない。花粉を媒介する昆虫の減少は、英国全土にわたって進行しているように見え、野生のハチバチとハナアブ三五三種の三分の一に及ぶ種が一九八〇年より生息域を減らし、その減少は稀少種に集中していることが調査で明らかになった。[16]農作物の受粉を担う昆虫は、私たちの食の安全に欠かせない。「彼らの現在および将来の保全状況は大きな懸念を抱かせるものだ」と研究論文は警告している。

また、英国生物多様性ネットワークが行なった広範囲にわたるアセスメントによると、英国の昆虫の平均的な分布は一九七〇年以来一〇パーセント減少したという。同報告書は「昆虫は他の分類群より大きな減少率を示しているという証拠が増えている」にもかかわらず、「無脊椎動物と植物に寄せられる特定の関心の程度は、哺乳類や鳥類に比べて明らかに低い」と指摘している。

サセックス大学の生物学者であるグールソンは、二〇一九年にワイルドライフ・トラストに対する報告書の中で、この無関心を「気づかれていない黙示録」と表現した。[17] この報告書は、過去五〇年間で世界的に昆虫の生息数が五〇パーセント、あるいはそれ以上に減少している可能性があると指摘したものだった。「昆虫の減少の原因については盛んに議論されているが、それらに生息地の喪失、様々な農薬への慢性的な曝露、気候変動が含まれていることはほぼ確実だ」と彼は書く。「その結果は明白だ。もし昆虫の減少に歯止めがかからなければ、陸地と淡水の生態系は崩壊し、人間の健やかな暮らしに深刻な影響を及ぼすことになるだろう」と。「この崩壊は、他の動物種、植物、有機物が関わる複雑な相互作用を引き裂いているだけではなく、昆虫の世界を潰してより均質な塊にする一種の重しとしても働いている。そこでは、多岐にわたる魅力的な種が、人新世の苦境を生き抜くすべを備えた、より小さく、ほぼ間違いなく凡庸な生物群にとって代わられることになる」

遺伝的多様性をマッピングする科学者たちは、昆虫の遺伝情報の多様性は、人間の密度が高くなると、他の動物グループより大きな影響を受けることを発見した。ある調査によると、世界のハナバチの多様性は一九九〇年代に減少し始め、博物館などの収集活動で確認されるハナバチの種類は、年間約一九〇〇種を数えていた一九五〇年代に比べてほぼ半減しているという。[18]

一見ささやかな人間の干渉でさえ、地球上の最も辺鄙（へんぴ）な場所で昆虫の個体数を押しつぶしている。研究者たちは最近、南極大陸に近い海域にある遠隔の島々にヨーロッパの雑草植物が持ち込まれたことが原因で、そこに生息する昆虫の均一化が進んだことを発見した。昆虫学者のサイモン・レザーは

「私たちは環境を均質化している」と言う。「大豆を大量に栽培して除草剤を使用することは〝大豆のスペシャリストたちよ、集まれ〟というシグナルを送っているようなものだ。そうしたスペシャリストたちは、大豆を食べる甲虫やアブラムシといった害虫だ。様々な天敵は、もっと多様な生息地を必要とする傾向がある」

このように自然界を捉え直すと、世界のすべての昆虫が絶滅するというのではなく、人間がもたらした変化に対応できない昆虫が退場することになるという状況が見えてくる。そうした昆虫には人間の文明に大きな貢献をしてくれている者たちが多々含まれている。私たちは愚かにも、彼らがいた環境を、嫌われがちな生物に有利な場所にしてしまっているのだ。ルイジアナ州立大学の昆虫学者であるティモシー・ショーウォルターは「昆虫がいなくなるわけではないが、地球はゴキブリや蚊だらけになってしまうかもしれない」と言う。「人間は世界を維持不能な場所にしてしまうかもしれない。それでも昆虫は生き残るだろう」

そのため、昆虫の危機は、グラフ上の一本の下降線としてよりも、数多くの異なる線からなり、あるものは一定で、あるものはジグザグを描き、中には上昇するものさえあるが、私たちが興味深いとか有益だとか考える種の多くは下降線をたどっていると考えたほうが有益だ。もしある種のハナバチや蝶が減少しても、イエバエやイナゴが急増すれば、昆虫の全体数はあまり変わらないかもしれないが、この入れ替わりが歓迎されることはないだろう。数字だけではわからないことがたくさんあるのだ。マヌ・ソーンダースは「これは、多くのメディアが無視している科学の厄介な部分なんです」と言う。「一般の人々はシンプルな答えを求めていると思いがちですが、本当にそうでしょうか？人々に関心を持ってもらうために、科学を矮小化する必要はありません」

科学が昆虫損失の影響と取り組んでいても出血状態は続き、大方の場合、介入手段はとられていない。このような不活発な態度は、オーストラリアの生態学者デイヴィッド・リンデンマイヤーが二〇一三年に発表した論文に、よくまとめられている。[19] この論文は、保護の目的で絶滅危惧種がモニターされていたにもかかわらず、支援行動がとられなかったために、局地的あるいは全面的な絶滅に至った例を挙げている。

その最も悪名高い例の一つが、クリスマス・アイランド・ピピストレル（*Pipistrellus murrayi*）だ。これは体重三グラムほどの小さなコウモリで、木々の洞をねぐらにしていた。かつてこのコウモリはインド洋に浮かぶオーストラリア領のクリスマス島でよく見られたが、一九九四年から二〇〇六年の間に個体数が八〇パーセント減少した。このコウモリをモニターしていた野生生物の担当者は、手遅れになる前に飼育下での繁殖プログラムを確立するようにオーストラリア政府に嘆願したが、そうする代わりに委員会が設置されて、とるべき選択肢を検討することになったのだった。その後数カ月が経ち、モニターはさらに強化された。だが、ようやく繁殖のためにコウモリを捕獲する許可が下りたとき、反響定位（エコーロケーション）によって位置が確認できたコウモリは、たった一匹しかいなかった。

研究者たちは必死になってこのコウモリを捕まえようとしたが、試みは失敗に終わった。コウモリの最後の声は、二〇〇九年八月二六日に録音されている。国際自然保護連合は、この種について説明した際「この録音は、野生の種の絶滅の瞬間を記録した数少ない機会の一つである可能性が高い」と指摘している。時間の浪費により絶滅を招いたこの一件と他の事例をまとめたリンデンマイヤーの論文のタイトルは「Counting the Books while the Library Burns（図書館が燃えている最中に本を数える）」である。生物多様性がズタズタになっている今の時代に、このタイトルはしっくりくる。昆虫の世界の一部は間違いなく燃えていて、恐ろしいことに、数えられていない本はたくさんある。セバスティアン・ザイボルトは「たとえすべてがわかっていないとしても、何かは始めるべきだ」と言う。

「あと一〇年も二〇年も待っていたら、手遅れになるかもしれない。多くの昆虫がいなくなった世界がどんなものになるか想像はできないが、そんなものは見たくないね」

リンデンマイヤーはオーストラリアで、ヴィクトリア州のセイヨウナナカマドの森の保全を強く提唱している。それにより、伐採者に狙われることの多いこの木の洞に巣を作る稀少な固有種の有袋動物、フクロモモンガダマシの絶滅を防ごうとしているのだ。この小さな動物は、傲慢な人間の干渉によって絶滅の危機に瀕しているオーストラリアの多くの種の一つである。生息地は猛烈な勢いで伐採され、野良猫などの外来種は年間何十億もの在来種の鳥や哺乳類を食い荒らし、人の住む大陸の中で、もともと地球上で最も乾燥した大陸であるオーストラリアには、気候変動が襲いかかろうとしている。

ハエを顔から払いのける動作が「オージー・サルート（オーストラリアの挨拶）」と名付けられているほどハエが大量に発生するオーストラリアでは、最近まで、昆虫が危機に瀕しているとはまったく考えられていなかった。実のところオーストラリアは、昆虫保護に成功した偉大な例の一つを誇る国だ。ロードハウナナフシ（***Dryococelus australis***）は、ロード・ハウ島に生息していた人間の手のひらほどもある昆虫で、別名「ツリーロブスター」とも呼ばれている。この種はクマネズミの侵入によって絶滅したと思われていたのだが、島の東海岸から二〇キロほど離れた海域に突き出した岩の孤島で数十匹が生息しているところを発見された。こうして、絶滅したとみなされて何十年も経ってから飼育下での繁殖に成功し、無事復活したのである。

だが、オーストラリアの昆虫の暮らしは、これまで考えられていたよりもはるかに不安定に見える。コガネムシの仲間で、赤や緑のカラフルな色にちなんでその名が付いたクリスマス・ビートル〔和名、ゴウシュウキンイロコガネ〕は、かつて毎年一一月から一二月にかけて出現するおなじみの昆虫だった。一九三六年には、クイーンズランド州の地元紙が「ビルとビルの隙間から聞こえる羽音は、遠くを飛ぶ飛行機の轟音を思わせる」と報道するほど大群を作っていた。[20]
現代のオーストラリア人の多くは、これほどの大群を目にすることなく育ってきたことだろう。せいぜい年末のホリデー期間中に二、三匹のクリスマス・ビートルを目にすることがあるという程度かもしれない。だが今や、オーストラリアの一部の地域ではクリスマス・ビートルが完全にいなくなってしまったようだ。徹底した調査はまだ行なわれていないものの、ある地域ではこの甲虫がほとんど消滅したという気がかりな話が交わされている。しかし、フクロモモンガダマシの類縁であるブーラミスがかかわる昆虫については、より確かなデータがある。科学者により二〇一八年に行なわれた調査で、五〇パーセントから九五パーセントのブーラミスが、一度に産む幼獣のすべてを飢餓により失っていることが判明したのだ。[21]彼らの主な食料源はボゴンモス（*Agrotis infusa*）という蛾だ。この蛾は、ブーラミスが生息する高山地帯まで長距離移動することで知られているが、その個体数が激減してしまったのである。オーストラリアには約二五万種の昆虫が生息しているが、体系的にモニターされているのは、ボゴンモス、グリーン・カーペンター・ビー（*Xylocopa aerata*）、そして上向きの犬のヨガのポーズに似た姿勢をとるキーズ・マッチスティック・グラスホッパー（*Keyacris scurra*）などの一部の選ばれた昆虫に留まっている。だが今や、オーストラリアの野生動物を脅かす新たな戦いが始まったようだ。その脅威は、オーストラリアのユニークな動物たちにも波及してゆくだろう。オーストラリア国立昆虫コレクションのディレクターであるデイヴィッド・イエーツは「心配なのは、昆虫の個体数が減ると、それを食料にする鳥やトカゲといった大型動物の個体数も減ってしまうことだ」と語る。[22]
最も厳しい昆虫の苦境が報告されているのは、オーストラリア北東部にある熱帯・亜熱帯地域だ。そこは様々な昆虫でひしめく万華鏡の世界で、しばしば怪物のような昆虫も生息している。世界最大の蛾であるヘラクレスサン（*Coscinocera hercules*）も、東海岸に帯状に広がる熱帯雨林を住処にしている。この蛾は翅を広げるとディナープレートほどの大きさになるが、口はない。巨大な幼虫時代に飲み込んだ餌で生き続けるからだ。翅の裏には目のような模様があって、捕食者を遠ざけている。

クイーンズランド州の湿潤熱帯地域はまた、オーストラリア最大の一八センチという開帳〔翅を左右に広げた長さ〕を持つケアンズトリバネアゲハ（*Ornithoptera euphorion*）や、まるで漫画のように、頭から飛び出した細長い棒の先に目が付いているシュモクバエなどの生息地でもある。ドロバチは泥の巣を作り、孵化してくる幼虫にスナックとして与えるために麻痺させたイモムシを詰め込む。獰猛なツムギアリは、木や低木の葉むらの中に自らの基地を作る。幼虫から絹を絞り出して葉を束ね、チームワークの力を発揮して不幸な犠牲者を捕えたあと、この基地に持ち込んでバラバラに分解するのだ。

この生きた昆虫博物館は、ジャック・ハーゼンプッシュの生計の糧となっている。ハーゼンプッシュは三〇年ほど前に、イニスフェイルという町の北にある低地の熱帯雨林の所有地で昆虫を採集して、珍しい蝶の繁殖を始めたのだったが、ほどなくして、この楽しい森の趣味が収入の糧になることに気づき、妻と息子と共にオーストラリア昆虫農場を立ち上げた。年間数百匹の昆虫を輸出する許可を得ているこの農場は、様々な昆虫を繁殖してコレクターに提供しているほか、昆虫のコレクションを教育目的に使用している。学校を訪問すると、壮麗なメタリックブルーの翅を持つオオルリアゲハ（*Papilio ulysses*）や、体長五〇センチの巨大なナナフシ（*Ctenomorpha gargantua*）に子供たちが集まってくる。「これが世界最大だと思っていたんだが、中国にやられてしまったよ」とハーゼンプッシュは恨みがましい素振りをまったく見せずに言う。[23]「とにかく、オーストラリアでは最大なんだ」

ハーゼンプッシュが繁殖させた昆虫の中で、より傑出した存在であるヨロイモグラゴキブリ

（*Macropanesthia rhinoceros*）は、意外にも、クイーンズランド州の人々の間で人気の高いペットになっている。茶色の鎧で覆われた歩くヘルメットのようなこの頑丈な生物は、世界最重量の約三五グラムという体重を誇るゴキブリで、その名の通り、地面に一メートルほど穴を掘って定住地を作り、そこで一〇年の生涯を送る。「ゴキブリというより、小さなアルマジロだね。こんなに大きいのだから。見事な昆虫だよ」とハーゼンプッシュは言う。

先史時代の野生の断片の中で営まれてきたこの素朴なライフスタイルは、昆虫の盛況を毎年変わらずもたらし、そのリズムを感じ取ってきたハーゼンプッシュは、こうした状況が変わるようなことはないものと確信していた。だがこの五年ほどは、いつもと違っていた。昆虫ライトをつけると、以前は何百匹もの虫が集まってきたのに、今では五〜六匹しか現われない。ハナバチも蛾も減っている。クリスマス・ビートルに至っては、九〇パーセントも減ったとハーゼンプッシュは推測する。「ひどい有様だ」と彼は言う。

最悪に思われたのは二〇一八年だった。その年は、木々さえ種子をつけなかった。こうした状況は、地域の象徴的存在であるヒクイドリを含む生態系全体にとって脅威となる。ヒクイドリは、ダチョウに次いで世界で二番目に重い巨大な飛べない鳥だ。ヒクイドリは、鋭い爪を持つことで有名で、それは、人間にとって世界で最も危険な鳥であるという、やや誇張された印象の証拠に使われている。だがこの鳥は、果実を食べて種子を撒布する重要な存在でもある。生態系が崩壊すると、ヒクイドリが倒れ、その結果、ヒクイドリが繁殖を助ける植物も脅かされることになる。

ハーゼンプッシュは、なぜ昆虫が減少しているのかと頭をひねる。地域にはバナナ、サトウキビ、パパイヤなどを栽培している農場があるが、そのいずれも昆虫農場の近くにはないという。「ここはほぼ手つかずの自然が残る低木林地で、昆虫が減少する理由などないんだが」と彼は言う。「この傾向が続くとすれば心配だ。そうなったらどうすればいいんだろう。多分、何か別の仕事を探すことになるんだろうね。だが、私の最大の懸念は環境だ」ハーゼンプッシュは、地域の降雨量が最近減ったことが要因の一つだと考えているが、昆虫を趣味で収集している人たちやオーストラリア周辺の昆虫学者とも連絡をとっており、そうやって耳にしたことに懸念を募らせている。「彼らもまた、たくさんの甲虫が数を減らしていることに気づいていた。そして、その理由が説明できる者はだれもいない。これは単なる周期的な変化の一つだと願いたいね」

世界の熱帯地域に隠されている秘密をこじ開けることは、昆虫が瀕している危機の規模をより深く理解する重要な転機となるだろう。最も多くの昆虫の種が生息しているのは熱帯地域だが、この多種多様な生命の集合体はほとんど研究されておらず、無数の種が未だ科学によって名前も付けられていないままになっている。だが、気候変動、生息地の喪失、そして工業的な農業ビジネスによる他の劣化が影響を及ぼしているのではないかという懸念には、十分な根拠がある。

この覆い隠された昆虫の領土については、少しだけ垣間見るチャンスがあった。ブラジル・アマゾン川流域のパラー州に生息する一〇〇種近くの糞虫を調査した研究で、二〇一五年に発生したエルニーニョ現象後に、大幅な減少が確認されたのだ。[24] エルニーニョ現象は、東太平洋の海面水温が周期的に高くなって、気象パターンに影響を与える現象だ。糞虫の最大の減少が見られたのは、火災の影響を受けた熱帯雨林だった。また、コスタリカの低地熱帯雨林で行なわれた別の長期的研究では、二〇年間に蝶や蛾の幼虫の密集度と多様性が減少していることが判明した。[25] 異常降雨の増加と気温の上昇が原因である可能性が高いと研究者たちが考えているこれらの幼虫の減少は、幼虫の天敵や、それらの生態系における役割も低下させている。

米国の生態学者ダニエル・ジャンゼンは、一九五〇年代からメキシコや中米の昆虫を研究しており、一九六三年に初めてコスタリカを訪れて以来、定期的に同国の同じ研究地点に立ち戻っている。自らの名を冠した蛾やカリバチを何種類も持つ妻で研究パートナーのウィニフレッド・ハルヴァックスとともに、二人は数千にも及ぶ種を丹念に記録してきた。二人はまた、コスタリカ北西部にある世界遺産「グアナカステ保全地域」の設立にも貢献した。生息地の消滅と気温上昇による昆虫の減少は疑いようもないとジャンゼンは言う。年老いたガソリンスタンドの店員たちと立ち話をしたときには、彼らが十代だったときにはいたのに今では消えてしまった虫たちの名前が挙がったそうだ。それらは、コオロギ、カゲロウ、蛾、小虫などに及んでいた。

「でも、私は数を数えることに人生を費やしているわけではない。あなたが、歩行者や車を数えるのに人生を費やしているわけではないのと同じようにね。それでも、数が減ったときには、気づくものだ」とジャンゼンは言う。二〇一九年にジャンゼンとハルヴァックスは、《バイオロジカル・コンサヴェイション》誌に掲載された『Where Might Be Many Tropical Insects?（熱帯に生息する昆虫の多くはどこにいったのか?）』と題する論文の中で、熱帯地域の山頂の干からびつつある雲霧林や、熱帯低地の土壌や水域から昆虫が姿を消している様子を目にしたことについて綴っている。[26] 彼らは、もし私たちが「植物、菌類、線形動物に加えて、節足動物の世界との絶え間ない戦いを続けるなら、人類の社会は非常に大きな損失を被ることになるだろう」と書き、警鐘を鳴らすにはさらなる証拠が必要だという意見を一蹴している。「家は今燃えている。温度計はいらない。必要なのは消防ホースだ」と。

しかし、昆虫の危機の規模を完全に把握することの難しさ、さらには、この状況を危機と呼ぶべきなのかどうかという問題が、一部の科学者を悩ませている。昆虫の危機に対する警鐘が鳴らされ始めてから間もなく、それを打ち消そうとする勢力が疑念の声を上げ出した。

様々な分野の科学者たちが、昆虫の危機という話題について、二つの大きな反論を掲げて立ち上がった。反論の一つは、昆虫の減少を示す調査結果には欠陥があるか、局所的なものにすぎない、というもの。もう一つは、虫が消えたという騒動は大げさであり、優れた科学にとって有害であるというものである。こうした学者たちは反論記事を書いて学術雑誌に投稿し始めた。それらの雑誌の中には、そもそも昆虫の減少を示唆する論文を掲載したものさえあった。一三人の科学者からなるグループは、《インセクト・コンサヴェイション・アンド・ダイヴァーシティ》誌のある号で、「これらの論文の一部は、データの誤った解釈や過剰な主張をしていて、比較的質が低いものがある」と書いた。[27] そして「一般の人々は今や昆虫の保護を以前より認識するようになった」と認めたうえで、「昆虫の減少を憂慮する声明の真実性が精査に耐えられなければ、このスポットライトは諸刃の剣となるかもしれない」と綴った。

この批評では、昆虫の緊急事態を宣言する際の落とし穴がいくつか強調されていた。すなわち、歴史的な昆虫の個体数についてはほとんどわかっていないため、長期的な減少の予測は、人類が熱心に干渉し始めた時点より前の昆虫の状態を基にした推測に頼らざるを得ないこと。また、個々の昆虫の調査を行なうのは事実上不可能であるため、サンプルに頼ることになるが、これは誤解を招く可能性があること。さらに、調査は地理的に散在しているため、未知の場所で昆虫に何が起こっているかは誰にもわかりえないことである。

もう一つの反論は、ヘッドラインをリストアップしてメディアの報道を批判したものだった。たとえば、BBCの「世界的な昆虫の減少は〝害虫の大発生〟を招く危険性がある」というようなヘッドラインは「誇張された、ありえないストーリー」を押し付けていると指摘している。[28] この批判は三人の科学者が《バイオサイエンス》誌に投稿したもので、〝陰々滅々な〟昆虫の世界的減少を示すために、主に北米とヨーロッパという地理的に限定された地域での調査結果が不適切に外挿されていると嘆き、これでは昆虫保護に対する一般の支持を活性化させることはまずできないだろうと述べている。

三番目のしっぺ返しは「地球上の多くの地域で、数多くの昆虫分類群が明らかに減少している」ことを認めながらも、ほとんどのデータは昆虫にとってもともと不利な、人間が支配する地域で得られたものであることを指摘し、昆虫の数の減少は、広範な危機に苦しんでいる哺乳類や魚類といった他の生物たちより悪い状況にあると言えるのか、と疑問視している。[29]

まだ調査が世界中で行なわれてはいないとき、そして、すべての種が減少傾向にあるわけではないことが明らかになっているときに、昆虫が直面している被害が万国共通のものであると断言することは信用を損ないかねない。フィンランドの森林に生息する蛾や、スペイン南東部の受粉昆虫、オーストラリアの砂漠に生息するアリなどは増加しているという調査結果もある。オレゴン州立大学の生物学者タイソン・ウェプリッチは、これらの増加傾向は「一般的な減少傾向を証明する例外」だという。それでも、これらの事実は昆虫の運命が複雑に絡み合っていることを示している。

とりわけ嘲笑の的になったのは、プエルトリコの熱帯雨林で昆虫の数が激減しているとする研究や、世界中で四〇パーセントに及ぶ昆虫の種が減少しているという分析結果だった。リスターとガルシアによるプエルトリコにおける研究は、昆虫の数が長期的に減少し続けているのは気候変動のストレスによるものだとしているものの、研究で二つの気温記録を統合して使ったことが、そのような結果をもたらしたのだと批判されている。というのもリスターとガルシアは、一九八九年にハリケーン・ヒューゴによって被害を受け、その後、より暖かい測定値を示す場所に移動した観測所のデータも使っていたからだ。

ルキーロの熱帯雨林で何十年も研究を続けているティモシー・ショーウォルターによると、リスターとガルシアが行なった研究は、ショーウォルター自身が行なった林冠の節足動物の調査を、より広い森林を代表したものとみなしていたという。だが、事実はそれとは異なり、ショーウォルターは無作為の木から昆虫を採集していたわけではなく、セクロピア属の特定の木から昆虫のサンプルを採取していたのだった。そのため、彼らの推論は誤っているとショーウォルターは言う。彼は、熱帯雨林における昆虫個体数の増減は、干ばつやハリケーンによる好不況のサイクルに左右されるのではないかと考えている。意外かもしれないが、ハリケーンが発生すると、植生が急速に回復して新たな草木が芽生えるため、昆虫の個体数が増えることがよくあるのだ。「この研究は、ある意味で、データを集める必要性を喚起する役割を果たした」とショーウォルターは言う。「ただ、我々のデータを曲解して伝えることによりそれを行なったという点は残念だ」

これに対してリスターは、一九九二年以降の観測所のデータはそれ以前の測定値と比較できるように修正されており、近くにある別の測定器で観測した気温との合致についても考慮したという。さらにリスターは、ショーウォルターの過去の研究では、サンプルは無作為の木々から採取されていたと主張する。

リスターは、「熱帯性の暴風雨が森林の生態系に様々なレベルで影響を与えることについては誰も否定できないが、私たちの研究によれば、それらは多くの場合一時的なものであり、常に存在する過酷な気候温暖化の影響に重なり合うものだ」と述べ、データを曲解して伝えたという非難に対しては、ガルシアとともに「可能な限り強く反論する」と付け加えた。だが少なくとも、対立する生物学者たちは、この地域や他の地域におけるさらなるデータが必要だという点で意見の一致をみている。

もう一つの論争の的となったサンチェス＝バーヨとウィックホイスの研究は、その辛辣な表現と破滅的な所見により、科学界の多くの者に衝撃を与えた。フィンランドの環境科学者のチームは、この論文が冷静さを欠いていると批判したうえ、減少傾向を示した研究だけを〝一緒くたに〟分析したことにより、結果をゆがめてしまったと主張した。このフィンランドの研究者たちは、『バッドデザインによる人騒がせな警鐘』というタイトルの論文著者に対するレターの中で、「衰退を探せば、衰退は見つかる」と書いている。[30] もう一人の批判者であるマヌ・ソーンダースは、この研究論文は「決してアクセプトされるべきではなかった」とまで述べた。

この論文を掲載した学術誌《バイオロジカル・コンサヴェイション》では、論文を批判するレターと擁護するレターが行きつ戻りつした。大方の議論は科学者の常に従って礼儀正しく行なわれ、その内容はデータや統計の不正流用、サンプリングバイアスなどに関する技術的な議論に満ちていた。それでも、非難の対象となったサンチェス＝バーヨにとっては楽しい経験ではなかったろう。「昆虫が危機に直面しているという事実が明らかになったことに対して、この変化の事実を信じようとしない昆虫学者や生態学者たちが陰険な反応を示したのは間違いない」と彼は言い、昆虫学者の「大多数」は彼の研究に賛同していると強調する。そして、彼と共同研究者は世界的に昆虫が一貫して減少していると大げさに主張したわけではなく、世の中に出回っている証拠を検証しただけだと指摘した。

「我々が誇張を行なったと考えるのは、事実を受け入れられない者たちだけだろう」

この一件は、職業的厳密さや学術的な評判をめぐる単なる自尊心のせめぎあいではなかった。すべてではないにしても、大部分の昆虫学者は昆虫の減少に気づいており、それを認知してもらうために奮闘していたからだ。「この一件で忘れられがちなのは、危機的な状況は、すでに判明していたということです。そのことは何十年も前からわかっていました」とソーンダースは言う。しかし、だからといって、これから〝インセクタゲドン〟などという言葉が嬉々として飛び交うことになるということにはならない。

口の重さは、どの科学分野にもつきものだ。この三〇年間に悲惨な結果が続出した気候科学の分野でさえ、氷床の崩壊や巨大なハリケーンについて声高に叫ぶことには抵抗がある。科学者はそうするようにはできていないのだ。英国王立昆虫学会の会長であるクリス・トマスは、一般市民や報道関係者から寄せられる昆虫の減少に関する問い合わせの数は、昆虫にまつわる他のどんなテーマより「大差」で多いと述べる。だがトマスはまた、他の二人の科学者と名を連ねてレターを科学雑誌に投稿し、断片的あるいは偏ったデータに基づく昆虫の減少を「誇大宣伝」することは、「後になって主張の一部が誇張されていたことが判明した場合には、究極的に裏目に出る可能性がある」と警告した。

この姿勢は科学的な清廉さに基づくものだ。だが、気候変動を巡って交わされた、消耗させられる、しばしば毒気さえ伴った戦いは禍根を残し、科学者の慎重を期す姿勢を強めている。「私の懸念は、昆虫が減っているかどうか、ということではない。なぜなら彼らは、概して減っていると思われるからだ」とトマスは言う。「だが、もし〝昆虫は七〇パーセントも激減している〟と聞いていたのに、二〇パーセントしか減っていないと判明したとしたら、誰もが〝ああ、それなら大丈夫だ〟と言うだろう。気候変動も同じようなものだ。〝五℃上昇したかもしれなかったのだから、二℃なら、まあいいか〟とね」

人々には、予想された結果と実際に起きたことを比較する傾向があるとトマスは言う。ある種の悪影響を耐え忍ぶように心づもりしていれば、それより影響の弱い打撃は、受け入れ可能な運命に感じられるというのだ。もし昆虫種の二〇パーセントが絶滅するとしたら、これは大災難ではあるものの、四〇パーセント以上の昆虫種が絶滅の危機に瀕していると予測していたなら、悪くない結果に思えるだろう。

アルマゲドン批判のいくつかに寄与してきたソーンダースは、昆虫学者たちからの支持は得たものの、黙示録的な話は昆虫保護について話し合う公共の舞台を築くうえで有効だと主張する人々から「攻撃的な批判」を受けたと言う。彼女は、そうしたスポットライトを得ることの代償（たとえば、陰謀論者に武器を提供することや、意図的な偽情報に道を開くことなど）は、人々の意識向上という利益を上回るのではないかと懸念している。すでに農薬業界では、昆虫の減少に関する報告には欠陥があるとして、現在の農薬使用形態を擁護している。「このような有害な波及効果こそ、世間の注目を集めるためなら科学を誇張することも許されるという考えに対して、最も心配しなければならないことなんです」とソーンダースは言う。

もちろん、メディアの派手なヘッドラインに驚く人はいないだろう。「正直に認めましょう。〝インセクタゲドン〟のほうが、〝アイスランドで昆虫が減少している〟というよりずっとキャッチーですよね」と言うのは、バンクーヴァー・アイランド大学の進化生物学者、ジャスミン・ジェインズだ。「そうであってはならないんです。私たち、つまり世間一般の人々は、両方に関心を持つべきなんです。でも、多くの理由からそうなってはいません」。ジェインズは、懸念を煽ることが裏目に出て、大きすぎて解決できないと思われる問題に圧倒された一般の人々が、単にスイッチを切ってしまうのではないかと心配する。その代わりとしてジェインズが提案するのは、それより刺激的ではないかもしれないが、抑制のきいた次のようなメッセージだ。「一部に減少している証拠があるので、次のステップを計画するために、さらなる調査が求められています」

昆虫の黙示録に関する科学的に統一されたコンセンサスは決して得られないかもしれない。その理由の一つは、一〇〇万を超える小さくて捉えどころのない種のデータを何十年にもわたって収集するという圧倒されるような作業が必要になるからだ。昆虫の危機は今後さらに明白になるかもしれないが、微妙な差異は存在し続けるだろう。すべての昆虫が消滅するわけではなく、勝者と敗者が存在し、一部の保護活動は必ず報われることだろう。たとえ最悪の事態が発生したとしても、ある種の夢想家のテクノクラートが夢見るように、ライフスタイルを周囲の環境から部分的に隔離することによって適応できるかもしれない。

昆虫版の大災害を宣言することへの躊躇は、気候変動に対する生気を欠いた対応を思い起こさせて、ゾッとさせられる。地球の温暖化を理解するためには、さらなる研究が常時必要になるとはいえ、私たちはすでに得られていた情報に基づいて迅速に行動することに甚だしく失敗してしまった。温室効果に関する基礎知識はヴィクトリア朝時代にはすでに理解されており、ここ数十年は、高まる緊急性を訴える包括的な科学的警告が氾濫した。今では科学者たちが、グリーンランドの氷がどれだけ崩壊しているかを正確に測定したり、バングラデシュ、フロリダ南部、上海の一部がどのように海洋環境に変貌するかを詳細に示す地図を作成したりしている。にもかかわらず、各国政府は躊躇し続けているのだ。

気候の危機がもたらす忌まわしい火災や洪水の様相がヒエロニムス・ボスの絵に似てきている一方で、昆虫の衰退は、部分的に隠されたピカソの絵のように見える。つまり、一部は目に見えず、やや形が歪み、他の部分は曖昧だ。だが、基本的な輪郭はそこにあり、目の肥えた観察者には、目にしているものがわかる。どの時点で公に警鐘を鳴らすのが最も適切であるかは、科学的な問題であると同時に、重い道徳的・実際的な問題でもある。

専門家の中には、この議論にうんざりしている者もいる。「不完全な知識に基づいて行動するのは、個人的にも職業的にも、誰もが常に行なっていることだ」と、三人の昆虫専門家は共同で《コンサヴェイション・サイエンス・アンド・プラクティス》誌にレターを寄稿し、病気の場合は、完全には解明されていなくても効果のある治療法が使用されることを例に挙げた[31]。このレターは、昆虫の減少が南極大陸を除くすべての大陸で確認されていることを指摘し、「特定の研究に対する批判もあるが、全体的な傾向は明らかであり、地理的に広範囲に及んでいることが、おそらく現在の危機の最も悲惨な特徴だと言えるだろう」と付け加えている。

必要なのは「迅速な対応」であり、「昆虫の個体数減少における生理学的、行動学的、人口統計学的な側面の完全な解決を待つ必要はない」と彼らは言う。加えて、昆虫を救うための対策を推し進めることは、社会に苦い薬を飲むように求めることではまったくない、とも主張する。たとえば、農薬が使われない生息地をつなげば、様々な種が増えるだけでなく、水質などの生態系機能も向上するし、外来種の拡散を防げば、被害を受けやすい作物を守ることもできる。そして、気候変動に対して行動を起こすことは、ほぼあらゆる場所の、あらゆるものに恩恵をもたらすだろう、と。

もし昆虫が保護されることにより、私たちはより活気に満ちた環境を手にし、海岸線はほぼ現状のままに維持され、豊富な食料も維持されることになるとすれば、当初の予測の一部が多少大げさなものだったとしても、どれだけの人が気にするだろうか？

このレターの著者の一人であるスコット・ホフマン・ブラックは、自分がこのような状況に身を置くことになるとは思ってもいなかった。ザーシーズ協会に入会した当初は、コロラド州の生息地で絶滅の危機に瀕していたアンコンパグリ・フリティラリー・バタフライ（*Clossiana improba acrocnema*）のような一握りの稀少種のために戦いを繰り広げるキャリアを積むことになるだろうと想像しており、かつて一般的だった昆虫を巻き込んだ大規模な戦争に直面することになるとは、思いもよらなかったという。ネブラスカ州で育ったブラックは、〝マッスルカーの最後のあえぎ〟と彼が呼ぶ一九七一年製のマスタングを所有していた。若かりし頃のブラックは、車に衝突した虫の掃除に何時間も費やしたものだったが、二〇〇〇年代に自らの子供たちを連れて故郷に戻ったときには、車を汚す虫がほぼいなかったことに気づいた。科学者の彼は、これは単なる逸話的な一件にすぎないものとみなしたが、その後、研究結果を目にするようになって、確信したという。彼は現在の状況を、明らかな脅威への対応が常に妨げられてきた米国の気候科学の扱いになぞらえ、気候の危機がもたらしている被害の拡大に言及して「一九八〇年代に行動を起こしていたら、今のような状況にはなかったという明らかな証拠がある」と言う。「生物多様性の損失についても、同じ状況にあると思う。これからの一〇年で行動を起こすことが必要だ」

現在進行中の大きな変化は、自分の子供が老齢になる頃には、地球をまったく別の状態にしてしまう恐れがあるとブラックは強く主張する。「これまでに対処しなければならなかったいくつかの問題は、このまま軌道が悪化した場合に起こりうる生態系の崩壊に比べれば、取るに足らない問題に思えるだろう。これまで行なわれたほぼすべての研究で、多様性、個体密度、バイオマスの急激な減少が確認されているんだ」と彼は言う。

この昆虫危機の全体像は徐々に明らかになりつつある。サンチェス＝バーヨとウィックホイスの研究をある意味引き継ぐ形で、一〇名ほどの科学者が、昆虫の減少に関するこれまでで最大のレビュー研究を行ない、減少傾向を示していない研究も含めて、一七〇〇カ所近くの研究地点で行なわれた一六六の長期研究を分析した。[32]その結果、陸生昆虫の個体数は、規模は小さいものの急減しており、一九九〇年以降、一〇年あたり平均九パーセントの率で減少していることが判明した。一方励まされるのは、水生昆虫の数が一〇年あたり一一パーセントの率で増加しているように見受けられることで、おそらく、湖や河川の汚染を改善しようとした努力の成果が表われたものと考えられる。

水生昆虫が増加したのは、もともと非常に低い水準にいたものが最近になって回復したためだと指摘する昆虫学者も複数いたが、それでもこの分析は、昆虫の〝アルマゲドン〟という話の背後には微妙なニュアンスが隠れていることを示している。この研究を報道したメディアの一部は、今回の結果は勇気づけられるものだとまで宣言した。これは、昆虫界、ひいては自然界に対する私たちの期待が、悲惨な底に落ちたことを示す証拠だ。どのみち、もし一〇年あたり九パーセントという減少率が正しく、それが弱まることなく続くとすれば、今の赤ん坊たちが人生の黄昏時を迎えたとき、その孫たちはマルハナバチを見たという祖父母の話に驚くことになるだろう。

二〇一九年一一月、ミズーリ州セントルイスに世界最高の昆虫学者たちが終結したとき、その会場は、昆虫の危機をめぐる議論の雲に厚く覆われていた。世界六〇カ国以上から三六〇〇人の専門家を集めて開かれたこの会議「エントモロジー二〇一九」の参加者たちは、灰色の空の下、ミシシッピ川から吹き込む風にあおられながら、セントルイスのダウンタウンにある一九七〇年代に建てられた実用的で巨大なコンベンションスペース「アメリカズ・センター」に足を運んだ。この会議のロゴは、セントルイスの有名なアーチの下にハエを配した陽気なものだったが、地元メディアの報道は、さりげない嘲笑を匂わせていた。テレビ局KMOV4のレポーターは、「Bugs bug me（虫は苦手だ）」と冗談を言ったあと、会場内に入って、クモは昆虫ではないことを初めて知って驚いたと告白した。

この会議が変人の集まりだと思われるのも無理はない。参加者の大部分は白人男性で、高い頻度であごひげを生やし、実用的な靴を履いている。服装も、今まさにミズムシが出現するという緊急事態に際して両岸に木が立ち並ぶ川に出かけようとしているかのように、カーキ色っぽいものをまとっている者が多い。展示スペースでは、「Keep calm, it's just a bug（あわてるな、ただの虫だ）」と書かれたTシャツや、当然といえば当然だが、四匹の甲虫（ビートルズ）が、アビーロードの横断歩道を二本足で直立して歩く姿が描かれたTシャツなどが売られていた。

会議のハイライトは、この二年間にメディアで熱狂的に報じられた昆虫の滅亡に関する報道を受けて、一流の昆虫学者たちが自らの意見を披露するときに訪れた。満員の会場で議論をリードしたのは、コネティカット大学の昆虫学者デイヴィッド・ワグナー。端正な口ひげを生やして頭に眼鏡を乗せた彼は、ウディ・ハレルソン〔アメリカの俳優〕のアカデミックな兄弟のように見えた。ワグナーは、〝昆虫の黙示録〟を喧伝することについて注意を促す文書に名前を連ねた科学者の一人だったが、この場では昆虫の運命を本当に懸念しているように見えた。昆虫の減少は、北極から熱帯までの、空中、地上、水生を含めた様々な分類群に及んでいると彼は語った。「私たちがよく懸念を募らせるのは稀少種だが、今回はそれとは違う。私たちは、一般的な種、つまり食物網の節になっている種の減少を目にしているのだ」。クレーフェルト研究が引き起こした悲鳴に同意を示して（マーティン・ゾークは脚を組んで最前列に座っていた）、ワグナーはこう述べた。「専門外の人々の関心が真に惹きつけられたのは二〇一七年のことだった。あれが人々を目覚めさせたことは間違いない」

講演者の中には、問題の背景にある長い歴史を指摘する者もいた。イリノイ大学で四〇年間昆虫学を教えてきたメイ・ベレンバウムは、ミツバチに対する懸念が高まっていた二〇〇六年に、北米における送粉者の減少を発見したグループの一員だったことについて話した。[33] 次は、ジャンゼンが、ハルヴァックスを傍らに従えて講演をする番だった。ひげをたくわえ、パファージャケットを着込んだ彼は、ステージの照明についてブツブツぼやいたあと、高校生だった一九五五年に故郷ミネソタ州の小さな小川に架かる橋の上で撮った車の写真を披露した。車の前部はほぼ完全に虫の山で覆われており、ヘッドライトの光は、密集した虫の塊を突き抜けられないほどだった。「私がともに育ったのは、こういう昆虫たちだった。今いなくなったのは、こういう昆虫たちなのだ」と彼は言う。

次にジャンゼンは、アメリカ合衆国の東半分全域に生息するあらゆる昆虫種の数に匹敵する数の昆虫種が生息しているコスタリカの一角で失われた楽園の話を始めた。彼が一九八六年六月の月のない夜に、コスタリカの熱帯雨林で白いシートに光を当てて撮影した写真には、シートの色が褐色に見えるほど、様々な飛翔昆虫がびっしり付着していた。次の写真は、二〇一九年五月に、同じ場所で、同じ条件下で撮影されたものだった。シートには数匹の大型の蛾と一握りの小さな昆虫が付着しているだけで、それ以外はむき出しのままになっていた。

ジャンゼンにとって、変化は明確かつ深刻なものだ。森林に覆われた山の頂上に通常かかっている雲が、上昇する気温に焼き払われて、その量を大幅に減らしたのだ。灼熱の日々は、コスタリカに集まるエコツーリストには人気だが、山の上では「生物にとっての死の谷」をもたらすと彼は言う。グンタイアリが斜面を行進して地表に住む生物を一掃してしまい、その副次的な影響を鳥からカリバチまでのあらゆる生物が被っているのだ。

専門家の多くにとっては、昆虫の減少そのものの正確な把握より、昆虫を救うことに無頓着な私たちの方が大きな謎だ。植物学者で、ミズーリ植物園元園長のピーター・レイヴンは「昆虫は急速に命を無駄にしている。昆虫は食卓につくことができない。我々には彼らを守る必要がある。だから、すぐに取り掛かろうじゃないか」と訴えた。ワグナーは、投票したり自分たちを擁護したりすることのできない何百万もの種を代表する大使は私たち自身であることを聴衆に思い起こさせた。「行動を起こすには、必ずしもより多くのデータを集める必要はない」と彼は言う。「あなたが昆虫なら、ローマは燃えているのだ。今すぐできる低リスク、ゼロリスクの選択肢はたくさんある」と。

こうした警告が昆虫学会の会議という専門領域を超えて広がりつつある兆候はある。だが、競合する災難が山のように存在する世界では、人々の義憤を呼び起こすのは容易ではない。人々の生活は慌ただしく、注意力はますます低下している。そして共感は、大義に利用できる人間の有用な資質ではあるが、それに基づいて行動を起こさせるのは難しい。とりわけ市民がその大義を自分の生活にとって実質的に重大なものとみなしていない場合には、失敗することが少なくない。昆虫に対する人間のそもそもの立ち位置が、嫌悪や、はては恐怖であるという事実もさらなる障壁となる。私たちの戸棚には昆虫を殺すための化学薬品が詰め込まれているし、大衆文化においては、昆虫は疫病や異世界の怪物と結びついている。私たちの言葉遣いにさえ、昆虫に対する反感がこもっている。たとえば、昆虫のことを「クリーピー・クローリー（地面を這う不気味なやつ）」と、かなり侮辱的な言葉で呼んだり、厄介な人が自分たちを「bugging（バギング）（イライラ）」させると言ったりしている。これでは、昆虫学者が広報活動を楽に進められる世界とは言い難い。

それでも、一般の人々の間に理解の閃光が走ることはある。それらは、車のフロントガラスに付く汚れが減った、屋外の照明に前より昆虫が群れなくなった、ミツバチに関するメディア報道の見出しは悪いことの前触れかもしれない、といった、何か不穏なことが起きているという不安感だ。一部の農作物への農薬撒布や大西洋横断のフライトと、イチゴが手に入りにくくなったり木に鳥がいなくなったりする状況とを結びつけることを一般の人に期待するのは難しいだろうが、この漠然とした不安感でも、昆虫の危機にブレーキをかけるには十分かもしれない。

もう一つの、より蓋然性の高い帰結は、世界が変容してゆくなか、私たち自身が世界に期待するものを変えてしまうことだ。中高年の人たちは子供の頃に乗った虫だらけの車を覚えているだろうが、この記憶、ひいては〝正常な〟状態の印象は古くなり、彼らとともに死に絶えるだろう。今は豊富で安価な食品が将来不足して高価になったとしても、しばらく不満の声があがったあとに、次の世代はより平板で多様性に乏しい食生活に慣れていくだろう。田舎は枯渇し、静かになり、排泄物がそこここに残るようになるかもしれないが、私たちは工業化された農業によって戦後の風景が平板になっていく状況に対処し、成長さえしてきた。だから、どうにか切り抜ける方法を再び見つけるにちがいない。

適応能力は人間が地球上で成功を収めるための鍵となってきたが、地球はまた、人間がそうするために、ある種の記憶喪失という恩恵を与える。「シフティング・ベースライン症候群」は、世界で生じている物事を承認する基準が徐々にシフトする状況を指す言葉だが、この状況をおそらく最も鮮明に示したのが、海洋生態学者のローレン・マクレナチャンが二〇〇八年に発表した論文だろう。マクレナチャンは、フロリダ州のキーウェストで釣り愛好家たちが釣った魚とともに撮った歴史的な写真の分析を行なうことにした。フロリダ州の南端から大洋に向かって突き出した島々の最後の島キーウェストでは、釣りツアーに参加した客が釣った魚を「ハンギングボード」に吊るして、その前で記念撮影をするのが伝統となっている。マクレナチャンは、釣り人たちを小柄に見せる二メートル級の魚の前でポーズをとっている一九五〇年代の写真を掘り起こした[34]。一九七〇年代に入ると、魚は釣り人とほぼ同じ大きさに見えるようになった。マクレナチャンが二〇〇七年に深海デイクルーズのチケットを購入した頃には、吊るされた魚はずっと小ぶりになり、三〇センチ前後のサイズになっていた。マクレナチャンの計算によると、二〇〇七年にキーウェスト沖で捕獲されたサメの大きさは、平均して一九五〇年当時の半分程度になっていた。そして、五〇年前の大型のハタは、はるかに小型のフエダイに生息地を譲っていた。キーウェストではサンゴ礁の劣化が進み、大型魚の生息を支えるのが難しくなっているのだ。それでも、写真に写る人々の笑顔は時代を超えて変わらず、どの時代にも、その日に獲れた魚を喜ぶ観光客の笑顔が撮られている。インフレ率を調整した後のボートツアーの価格も、獲れる魚の大きさが小さくなったとはいえ、あまり変わっていない。一九五〇年当時の釣りへの期待には、その時代特有の賞味期限しかなく、世代が変わるたびに新たな適用性、新たな基準が生まれてきた。自然界は、年配者には縮小したように見えるかもしれないが、若者にとってはそうではないのだ。

同じことは昆虫についても言える。何兆匹ものイナゴの群れは人々を恐怖に陥れるものの、その経験はほとんど知る人のいない歴史の中に消え去ってしまう。一九世紀後半、ロッキートビバッタ（*Melanopolus spretus*）と呼ばれるイナゴの大群が米国の西半分を移動し、農村にある種のディストピアをもたらした。密集したイナゴの塊は何時間にもわたって太陽の光を遮ったという。「それは巨大な光る白い雲のように見えた。翅が太陽の光を反射して、白い蒸気の雲のように見せたからだ」とある報告は記述している。地面に降り立ったイナゴは、目に入るすべての茂み、木、トウモロコシの茎を食べつくし、草や木を丸裸にして、切羽詰まって菜園に投げられたキルトまでむさぼったという。大群は農家の家にも入り込み、戸棚を空にし、カーペットをズタズタにした。着ていた服の背中の部分を食べられたという報告さえある。

一八七五年には、巨大なイナゴの群れがカリフォルニア州より広大な地域を覆い隠していると推定された。この種は無敵のように見えていた。しかし、おそらく農法の変化あるいは遺伝子の多様性の欠如により、一九〇二年までには絶滅の危機に瀕していた。米国では、最近まで聖書に出てくるような昆虫の大襲来を定期的に被った世代が存在していたにもかかわらず、現在の米国西部に住む人々にとって、このような状況は理解しがたいものだろう。

昆虫学者たちは今、忘れ去られた過去という真空に何が紛れ込むことになるのか、そしてその流れを変えるためにどのような努力が必要になるのか思案している。勇気づけられるのは、昆虫の数は通常の状態でも大きく変動すること、そしてその驚異的な繁殖力のおかげで、急速な回復が可能なことだ。オオカバマダラは一日に数百個、女王バチは一日に一〇〇〇個以上の卵を産む。昆虫は回復することができる。必要なのは、そうするために一息つける余裕なのだ。

昆虫を永続的に復興させるためには、客観的に見て悪い結果をもたらすことを避ける以外に具体的な成功の尺度がないことをしなければならない。現状と思われるものを維持するだけのためにも、土地開発、食糧生産、エネルギー生成方法について大規模かつ漸進的な変化を伴う持続的な努力が必要になる。その大部分は多くの人の目にとまることはないだろう。だがそうしたことすべてをする前に何より私たちは、基本的なレベルで昆虫を大切に思っていることを示す必要がある。

3. 〝ゼロ・インセクト・デイ〟

アナス・ペイプ・ムラーの関心は常に鳥にあった。具体的に言うと、ツバメである。特にスリルを感じたのは飛ぶ姿で、飛行する昆虫を空中のスナックとして巧みに捕える様は、さながら動く霞（かすみ）に見えた。ツバメの魅力に取りつかれたムラーは、半世紀にわたってこの鳥種の研究を続けてきた。

藍黒色（らんこくいろ）の背と翼、シナモン色の額、そして深く切れ込んだ二股の尾を持つツバメは、現在六七歳のムラーが育ったデンマークの北ユトランド地方の平坦な農業地帯に躍動感を添えている。生態学分野におけるムラーの長いキャリアは、一五歳のときに家の農場を訪れる鳥の脚にタグを付け、その生活史を辿ったときに始まった。ツバメはどこにでもいる鳥で、簡単に捕まえてタグを付けることができた。ほどなくして、アマツバメやイワツバメなどの他の種の習性も研究するようになり、ときには植物の茂みを調べて生息者を探し、ここには蝶が、ここにはてんとう虫がいると気づくようになった。

クラーヒールでは穏やかな暮らしが続いていた（Kraghede の d はいわゆる〝ソフト〟な子音で、「英語圏の人にはちょっと発音が難しいかもしれないね。スペイン人ならできるんだが」とムラーは言う）。小麦、ライ麦、ジャガイモなどの畑が整然と並び、白壁の家が点在して、ところどころに小川が流れるこの地域は、ムラーが南下してデンマーク第二の都市オーフスで学業に励むようになっても、ほとんど変わることはなかった。だがムラーは、何かがひどくうまくいっていないのではないかと胸騒ぎがしていた。

ツバメの食欲はすさまじく、一組のつがいとその無力な雛たちは、一シーズンに約一〇〇万匹の昆虫をむさぼる。ユトランド半島では、農場ごとに五〇～六〇組ものツバメが確認されており、膨大な数の昆虫が生息する環境であることを示唆していた。ムラーは、農作業員がトラックに積み込む干し草の俵から大量のオサムシが逃げ出したことや、道端の草地でマルハナバチの羽音が響いていたこと、そして午後遅くになると実家の農家に大量のハエが押し寄せたことなどを覚えている。

だが、年月を重ねるにつれて、昆虫は姿を消しつつあるように見えた。一九八〇年代から一九九〇年代には、ムラーのような生物学者でなくとも、昆虫の減少に気づく人が出てきた。「田舎に住んでいる人のほとんどは、虫の数が減ったことがわかっていたよ」と彼は言う。ツバメをはじめとする昆虫を食べる鳥も数を減らしているように見えた。「一目瞭然だった。測定などしなくてもすぐにわかった」

だが、科学者にとっては測定が第一の手段である。そこでムラーは、簡単に昆虫の調査を繰り返すことができ、鳥に与える影響も判断できる方法を思案した。そして一九九六年に、同じ道を車で何度も走り、フロントガラスにぶつかった虫の数を数えるという大胆かつシンプルな科学実験を思いついたのである。

ムラーはいくつかのルートを選び、一九六〇年代に生産が終了した、きしむフォード・アングリアでそのルートを走り始めた。さらに、従兄弟が経営する中古車店から安い車を借り受け（ムラーは「ロールスロイスじゃなかったがね」と言った）、博士課程の学生数名の協力を得て、一日に最大九回、同じ道を走り、立ち止まってはフロントガラスに付着した虫の数を丁寧に数えた。これを一九九九七年から現在に至るまで、毎年毎年、五月から九月にかけて繰り返してきたのである。

つまり、ムラーは過去二〇年以上もの歳月を、何の特徴もない真っ直ぐな道を走り抜け、潰れた虫の内臓を覗き込むことに費やしてきたのだ。この奇妙な実験は地元の農場主たちの頭をひねらせ、夏休みの休暇に走り回っているだけなんだろうと言ってムラーをからかった。「彼らは私の仕事を仕事とは思っていないんだ」とムラーは打ち明ける。「今でも、やっていることを説明すると、多くの人が首をかしげる。生物学に携わる者たちは、ちょっとおかしい人種だと思われることがよくあるんでね」

だが、この実験が心の琴線に触れた人たちもいた。昆虫界の危機の話は、ある程度は理解できたとしても、どこか抽象的で遠い事柄のように思える。だが、車のフロントガラスから虫の死骸をそぎ落とした記憶は、それが過ぎ去った時代の作業になってしまったという認識を掻き立てるのだ。それは、今の時代のモータリストがしなければならない作業ではなく、大昔子供だった頃に過ごした休暇のセピア色の思い出の中に眠っている作業だ。

車のフロントガラスに衝突する虫がいないことは、しょげたホッキョクグマの姿が気候変動の危機を示す一種の略語になっているのと同じように、昆虫の減少を表わす身近な象徴になりつつある。ムラーは、同じような逸話を何度も聞かされることになった。「まだ大人になっていなかった頃に夏休みの休暇に車で出かけると、フロントガラスを掃除して前が見えるようにするために、何度も停車しなければならなかった、という話を何人もの人から聞いた。今ではそんなことをする必要はほぼなくなったが」とムラーは言う。研究拠点として、ムラーは二本の道路の区間を選んだ。一つはクラーヒール内にある一・二キロの区間、もう一つはより長い距離で、パンドロプという町にある西に向かう二五キロの区間だ。フロントガラスをきれいにしてエンジンをかけ、時速六〇キロまで加速すると、調査の準備は完了だ。

　ムラーは、フロントガラスにぶつかる虫を敏感に察知できるようになった。たいていは蚊や小虫などの小さな飛翔昆虫だが、たまにマルハナバチや甲虫の大きな衝突音が聞こえることもある。調査区間の終点で車を停め、フロントガラスについた痕跡を数えて、天候を記録する。それに加えて、粘着トラップとスイープネット（長さ一メートルの軸に網を取り付けたもの）を使い、近くの野原にいる昆虫の密度を調べる。この作業は、型破りであるのと同じぐらい骨の折れるものだったが、論文の形で発表されたその結果は衝撃的なものだった。

　生物学者による記録は、調査中に起きた小さくて微妙な変化であることがほとんどだ。だがムラーは地震級の発見をしたのである。二〇年以上にわたる車を使った調査によると、短いほうの区間では昆虫の密度が八〇パーセントも減少していた。[1] そして長いほうの道路区間では、減少率は事実上の全滅に近い九七パーセントに及んでいた。一見、変化のない安定したデンマークの一地域から、昆虫がほとんど消えてしまっていたのである。ムラーは、これらの数字は「劇的な減少」を表してはいるものの、さほど驚きはしなかったと言う。研究を始めた当初は、フロントガラスから、最大三〇種類もの昆虫のぐちゃぐちゃした内臓をふき取ることが日常茶飯事だった。だが最近では、メトロノームのように規則的なドライブを通して、フロントガラスがまったくきれいなままだったことがよくあったからだ。「〝ゼロ・インセクト・デイ〟がすごくあった。すごくね」と彼は言う。

　さらにムラーの論文は、「飛翔昆虫を捕食する三種の鳥類におけるつがいの個体数と、同じ調査地域で同時期にフロントガラスに衝突した昆虫の個体数との間には、正の相関関係があった」と指摘している。つまり、昆虫がいなくなったために、鳥もいなくなったのだ。おそらく餌が不足したためだろう。地域の生態系が根底から空洞化してしまったのである。それと同じくらい目立ったのは、ムラーが車で走っていた農業地域がまったく目立たない土地だったことだ。そこは北欧や中欧の食糧生産地の多くに似ている。そのため、このような壊滅的な昆虫の激減はデンマークの北端地域に限らないことがうかがわれた。

カラスやムクドリなどの雑食性の鳥類より、ムシクイやツバメ、ルリツグミといった昆虫を主食にする鳥類の方が深刻な個体数の減少に見舞われているという国が増えている。ヨーロッパ全体の鳥類の動向を分析したある研究では、一九九〇年から二〇一五年の間に、昆虫食の鳥類が一三パーセント減少したが、雑食性の鳥類は変化していなかったことが判明した。[2] この研究論文の著者らによると、これらの減少は農村地帯に生息する種で最も深刻であり、草原の生息地の喪失と集約農業の進行が、よりジェネラリストの鳥類のほうに有利に働いていることがうかがわれる。生息地や昆虫の減少は、私たちが理屈抜きに大切にしている生き物を奪っているのだ。サセックス大学のデイヴ・グールソンは、「人は昆虫など気にもかけないかもしれないが、庭にやってくるきれいな鳥は好きなんだ」と言う。

マーティン・ゾークらが二〇一七年にドイツの田園地帯に生息する昆虫の消失に関する革新的な研究結果を発表した翌日、それにぴったり符合するような驚くべき研究結果が学術誌に掲載された。この一〇年あまりの間に、ドイツで一二七〇万組の鳥のつがいが姿を消したと推定されたのである。[3] これはドイツの野生鳥類個体群のおよそ一五パーセントに相当する。鳥の数の減少は稀少種にも表われていたが、主に数を減らしたのは、スズメ、キクイタダキ、フィンチ、ヒバリ、キアオジといったおなじみの鳥類だった。それらの減少に共通するのは昆虫だ。「自然・生物多様性保全連合（NABU）」の鳥類学者であるラース・ラッヒマンは、ドイツの報道機関「DW」に対し「数を減らした鳥類の大部分は、雛に昆虫を与える種類だ」と述べた。

国境を越えてフランスに入ると、取り乱した研究者たちが、失われた鳥たちのことを思って悲嘆に暮れている。今世紀に入って以来、フランスの農村地域全体を通じて鳥類の個体群が三分の一以上減少したことが、二〇一八年に報告されたのだ。[4] ノドジロムシクイ、ズアオホオジロ、ヒバリといった日常的に見られる種が大きく数を減らしており、フランスの生物学者たちはこの状況を「大惨事」だと表現する。農作物への農薬の使用が主な原因とされているが、研究者たちは、単に鳥たちの餌となる昆虫がいなくなったこともその一因だと指摘している。

さらに北にあるスウェーデンでは、かつてこの国で最も一般的なコウモリの種だったキタクビワコウモリをソナー装置で追跡したところ、本格的な衰退が進んでいることが判明した。[5] このコウモリに出会う率は毎年平均三パーセントずつ減っており、一九八八年から二〇一七年までの時期に換算すると、半数以上が消えたことになる。この「劇的」な減少は、おそらくコウモリの好物である蛾の不足によるものだろうと論文の研究者たちは指摘している。

エサの昆虫の減少が農村地帯に生息する鳥類の減少を招いているのは、英国も例外ではない。飛翔昆虫を専門に捕食するハイイロヒタキは現在大幅に数を減らしており、大型甲虫を捕食するセアカモズは一九九〇年代以降、英国では確認されていない。また、都市部で営巣する鳥類も、餌となる昆虫不足のために繁殖が抑制されている。[6] 研究者たちは、都市部のヨーロッパシジュウカラが農村地帯の同種と同じように繁殖するためには、近くにいる昆虫の個体数が二倍になる必要があると指摘する。「昆虫は健全で複雑な生態系の礎であり、都市部にもっと多くの昆虫が必要であることは明らかだ」と、この研究論文の筆頭著者であるガボール・セレスは言う。[7]

昆虫と鳥がお互いに死のスパイラルに陥っている兆候が見られるのはヨーロッパに留まらない。北米では、その名の由来となった鳴き声をよく耳にするがカモフラージュのためにほとんど姿を見ることができないホイップアーウィルヨタカが、この数十年の間に生息域から年に二パーセントを超える率で減少している。生物学者のフィリーナ・イングリッシュは、なぜこのような現象が起きているのかを知ろうとして、生きているホイップアーウィルヨタカの羽毛や組織から得た科学的特徴を、博物館にある一八八〇年の標本のものと比較し、鳥が何を食べていたかを調べた。論文に発表された結果は疑いの余地のないもので、現代の個体群は「高次栄養レベルの餌の豊かさに生じた変化のために減少している」というものだった。簡単に言えば、一〇〇年前に比べて大きな虫が減っているため、ホイップアーウィルヨタカをはじめとする昆虫食の鳥の餌が不足しているのだ。[8]

昆虫の危機における潜在的なパラドックスは、来るべき大災害の影響を最終的に受けるのが昆虫ではないということだ。地球上の他の生物の多くが存在基盤を破壊されて低迷する間にも、昆虫は構成が変化した生態系の中で生き続ける。私たちは「昆虫保護」という枠組みではなく、「鳥類保護」や「食糧供給保護」、さらには「人類保護」について考えるべきなのかもしれない。

ザーシーズ協会のスコット・ホフマン・ブラックは、「どれほど地球を粗末に扱おうが扱うまいが、いずれにしても昆虫より先に消えるのは私たちだ」と言う。「だが、私たちが目にすることになるのは、空を飛ぶ鳥の数が減ったり、いなくなったりすることだ。鳥が欲しければ、昆虫が要る。果物や野菜が欲しければ、昆虫が要る。健全な土壌が欲しければ、昆虫が要る。多様性に富む植物群落が欲しければ、昆虫が要るんだ」

昆虫の価値は、少なくとも私たちの利己的なまなざしの中では、常に受粉がその中心にある。巨大な世界の食糧生産システムは、テクノロジーによってあらゆる面で洗練・合理化されているが、それでも飢餓の亡霊を遠ざけておく手段は、ハナバチやハエなどの小さな受粉昆虫の力に頼らざるをえない。昆虫の危機における最も深い恐怖は、私たちの腹の中でゴロゴロ音を立てている——もし、私たちの食べ物を作っているものが死に絶えてしまったら、いったいどうなるのだろうか、と。

世界中のほぼすべての顕花植物は、多かれ少なかれ送粉者に依存している。その担い手は主に昆虫だが、鳥やコウモリなどの他の生物も、植物のオスの器官からメスの器官に無意識に花粉を運ぶことで、次の世代のための種を作ることに貢献している。小麦、米、トウモロコシなどの主食は風で受粉するが、アボカド、ブルーベリー、チェリー、プラム、ラズベリー、リンゴといった私たちの食卓に自然の彩りを添えている作物のほとんどには、送粉者が欠かせない。合計すると、世界で栽培されている食用作物の三分の一以上が、昆虫が安定して常に訪問してくれることを必要としているのである。米国などの一部の国では、近代農業が要求する膨大な受粉作業に対応するため、人の手で管理されたミツバチの大群に大きく依存している。だが、他の大部分の地域における果物や野菜の確実な供給は野生昆虫のか細い肩にかかっており、彼らは今、人間による活動という重い靴底に押しつぶされているのだ。

夢のように機械化された農業と迅速な貿易ルートは、不均等な配分であるとはいえ、地球上の多くの場所に豊かな食料の恵みをもたらしてきた。しかし、送粉者の喪失はこのシステムが崩壊する恐れを突き付ける。それも、三〇年以内に世界人口が一〇〇億人近くになると言われているこの時代に。

二〇一六年に、「生物多様性及び生態系サービスに関する政府間科学・政策プラットフォーム（IPBES）」という長い名の付いた機関が、三〇〇〇篇以上の科学論文をもとに、送粉者に関する初めての世界的な評価を行ない、その結果、いくつかの重要な数字が導き出された。受粉の影響を直接受ける食糧生産の価値は毎年五七七〇億ドルにも及んでいる。これには、ミツバチが生産する蜂蜜一六〇万トンと、チョコレートの主原料であるカカオ豆五七億ドル分も含まれる。報告書では、農作物の受粉を行なっている野生のハナバチは約二万種に達すると推測し、他にも蝶、蛾、カリバチ、甲虫、様々な脊椎動物が受粉に関与していると指摘している。

この報告書は、食糧供給に脅威が差し迫っていると宣言するには至らなかったものの、データのばらつきが大きい中でも最も強力なデータのある昆虫類で急激な減少が見られ、ヨーロッパのいくつかの地域ではハナバチの四〇パーセント以上の種が絶滅の危機に瀕していると指摘した。報告書からはまた、相反する二つの残念な傾向も浮き彫りになった。送粉者の数が減少しているように見える一方で、昆虫による受粉に依存している農業生産物の量は過去五〇年間に三〇〇パーセントも増加していたのだ。農業は送粉者への依存度を高めている。とりわけ開発途上国ではその傾向が高い。そしてそれはまさに都合の悪いタイミングで起こっているのだ。「もし私たちが、人口の増加、肉の消費量の増加、農業用地開拓のさらなる増加、気候変動などについて、これまで通りのやり方を変えずに続けていけば、そう、送粉者の不足による危機的状況を迎えることになるだろうね」とグールソンは言う。「送粉者の減少という問題に適切に取り組まなければ、必然的に作物の収穫量は低下し始めるだろう。だが、今のところ、問題に取り組もうとする気配は見えていない」

昆虫の減少に関する三つの有名な研究が発表されたそのちょうど三年後に、科学者一四五人により行なわれた大規模なこの追跡調査の結果が人々に与えたショックは明白だった。IPBESが全体的な地球の生命についてまとめた報告書の主な所見自体が、十分に恐ろしいものだ。絶滅の危機に瀕している動植物は一〇〇万種。一〇種につき四種までの両生類が滅亡に向かって突進しており、サンゴ礁の三分の一が溶けてヘドロになるという。

昆虫に関してはまだデータが不足していると、報告書はやや不満げに説明しているが、それでも「一〇パーセントが危機に瀕しているという暫定的な推定」を行なうに足りる十分な証拠があるという。昆虫は同定されている全生物種の約四分の三を占めるため、そうなると、全動植物種の一四パーセントが絶滅の危機に瀕していることになる。この割合はＩＰＢＥＳの報告書が推定した一〇〇万種以上に相当する。報告書は、「送粉者の多様性の低下により、世界の食用作物タイプの七五パーセントを超える生産が困難になっている」と警告する。この困難なシナリオについては、国連食糧農業機関（ＦＡＯ）も強調している。ＦＡＯは二〇一九年に、「世界ハナバチの日」〔二〇一七年に国連により、毎年五月二〇日がWorld Bee Dayに指定された〕を利用して、これまで考えられなかったような一連の状況のあらましを説明した。

ＦＡＯは、集約農業、生息地の喪失、化学物質の使用、気候変動などにより、ハナバチや他の送粉者が世界中で減少しているため、作物の収穫量と栄養状態の双方が低下することになると警告した。対策を講じなければ、果物やナッツ、多くの野菜を大規模に栽培することが事実上不可能になる場所が出てくるため、ビタミンAとビタミンC、マグネシウム、亜鉛、葉酸などの重要なビタミンやミネラルの入手が困難になる、と。

この荒廃した食料の世界では、受粉しなければ実らない果物や野菜が、米やトウモロコシ、ジャガイモなどの主食に取って代わられることが増えるだろう。昆虫の危機は、刺激的で楽しい食事だけでなく適切な栄養のバランスも奪い、様々な病気のリスクを高めることになる。ある研究によると、送粉者がいなくなると、心臓病などの予防可能な疾患が多く発生するようになり、全世界で年間一四〇万人を超える死者が新たに加わる可能性があるという。[9] 野生のハナバチをはじめとする送粉者を失うことは、私たちの健康にとっても悲惨なことになるのだ。

農家は生活の糧を失うことになり、より広い範囲の環境にも悪影響が及ぶ。とりわけ貧しい国の農家にとっては深刻な事態となるだろう。作物の収穫量が減り、栽培される食物の種類が変わると、それを補うために、より多くの手つかずの自然が農業に飲み込まれることになる。生物の多様性が低下すると、さらに生物の数が減って悪循環に陥り、世界はより殺風景な場所に見えてゆく。アルゼンチンの受粉専門家ルーカス・アレハンドロ・ガリバルディは、「世界的に受粉能力が大幅に不足しており、私たちはすでに危機に直面している。より多くの土地が必要になり、森林破壊が加速するだろう」と言う。

九〇パーセントが昆虫に受粉を頼っている野の花の美しい姿も目にする機会が減るだろう。受粉能力の不足はまた、様々な重要な素材の生産も低下させる。たとえば、綿花は昆虫の力を借りなくても生産できるが、受粉することで綿花の重量が大幅に増加して収穫量が増える。米国だけで年間二五〇億ドルを生み出している綿花産業にとって、ハナバチやハエ、甲虫は、経済的に欠かせない存在だ。

私たちは、ミツバチについては必死に個体数を増やそうとするだろうが、受粉という広範囲に及ぶ仕事は、あまり知られていない他の生物に任されていることが多い。たとえば英国には、毎年四〇億匹のハナアブがやって来ては去り、ミツバチに次いで重要な地位を占める受粉昆虫となっている。ハナアブは英国のソフトフルーツ〔イチゴやラズベリーなどの皮と種が固くない果実〕の繁殖を助けるだけでなく、農業害虫であるアブラムシも数兆匹単位で食べている。送粉者の数が減り続けると、私たちの食糧システムが頼れる種も減り続ける。レディング大学のハナバチ専門家サイモン・ポッツは、主要な作物の送粉者の減少は食い止めることができるだろうと言う。だが、それ以外の送粉者は？「多くの者については、すでに引き返せない地点に追い込んでしまったと思う」とポッツは言う。私たちの苦境は、自然保護活動における典型的な災いの物語だと彼は主張する。それは、何を失いつつあるのかに気づかず、気づいたときには時すでに遅し、という物語だ。このままでは、農作物に有効な受粉昆虫は、ほんの十数種という「小さな」グループになってしまうかもしれないと彼は言う。鳥やコウモリといった昆虫以外の送粉者も同様に減少しているため、この問題はさらに深刻化するだろう。

おそらく裕福な国々は、その技術的・財政的手腕を発揮して、この危機を乗り越えることだろう。だが、アフリカ、アジア、南米の小規模農業は極めて脆弱な時代に直面している。それは、彼らに食料を依存している周辺の共同体も同じだ。残酷なことに、世界における栄養不良のホットスポットは、健康的な食品を得るのに受粉に大きく依存している地域と大きく重なる。開発途上国では二〇億以上の人々が零細農業に依存しており、まさにそうした地域こそ、送粉者喪失の深刻な影響を最も痛烈に受ける場所なのだ。

送粉者の減少は様々な形で現われる。昆虫の種類が豊富であれば、植物の受粉はより確実なものになる。だが種類が豊富であることはまた、果物や野菜の質や量も向上させるのだ。ポッツは、昆虫による受粉をしたイチゴ、〝受動的な〟受粉つまり自家受粉をしたイチゴ、そして風による受粉をしたイチゴを比較した写真を好んで公開している。イチゴの形をしているのは昆虫によって受粉したイチゴだけで、他の二つのイチゴはひどく縮んで形が崩れ、まるで誰かがふっくらした果実のほとんどをかじって捨てた残り物のようだ。

このシナリオは、他の様々な果物についても当てはまる。ポッツが携わった英国の様々な種類のリンゴを分析した研究では、昆虫による受粉によりガラ種のリンゴの生産量が一年あたり最大で二六〇万キログラム向上することがわかった[10]。研究者らは、昆虫の減少が続くと「リンゴ産業に深刻な経済的影響が及ぶ可能性がある」と警告している。

飢餓や栄養不良の深刻化は、コロナ禍のようなスピードで進んでいるわけではないとはいえ、より深刻で永続的なものになる恐れがある。「地球上に一〇〇億人が暮らすようになるかって？　いや、そうは思わないね。そうさせないほどの速さで自然界が衰退するだろうから」と言うのは、デラウェア大学の昆虫学者ダグラス・タラミーだ。「今の人口さえ十分に支えられていないのに、追加の三〇億人など、どうやって支えるというんだい？」

昆虫の問題が危機を呈している、より目立たないもう一つの領域は医療分野だ。昆虫とその派生物は、何千年も前から薬として利用されてきた。[11] アリストテレスが蜂蜜を「目の痛みや傷に効く」と記した紀元前三二二年より一〇〇〇年近くも前に、すでに中国では昆虫を治療に用いる医療が確立していた。中国の伝統医療では、甲虫の幼虫を肝硬変の治療に用いたり、免疫力を高めるとされるクロアリ〔擬黒多刺蟻〕を粉末や強壮剤にしたりしている。

インドの各地では、ゴキブリをスープで煮て尿道閉塞の治療に用いており、南部では蟻塚の部屋の泥を疥癬が流行したときに塗る人々がいるという。ブラジル北部のバイーア州では、四〇種以上の昆虫が民間療法に用いられており、主に昆虫を焼いてすり潰したものをお茶にして飲んでいる。古代の昆虫薬は役に立たないことが多く、たとえば、身体の一部に似ている薬草や昆虫に効用があるとする、一七世紀英国で盛んになった「特徴表示説」に関連するものはその一例だ。多くの人が効き目もないのに、脱毛箇所を元に戻そうとしてアリバチ〔全身がビロードのような長毛で覆われている〕を使ったり、減量を促進しようとしてナナフシを使ったりしていた。

だが、現代の科学は、伝統的な昆虫薬の多くが様々な症状の治療に有望であると遅ればせながら認め始めている。昆虫治療薬の特性を調べた研究者たちは、ハチ毒はある種のがんに対する武器になる可能性があるだけでなく、フケにまで効くかもしれないことを発見した。また、抗酸化物質である蜂蜜は心臓病や皮膚病の治療に役立つ可能性がある。ミツバチが巣の接着剤として作り出すプロポリスを使ったマウスウォッシュは、高血圧や歯周病の治療薬として有望だ。

自然界は何世紀にもわたって人生を一変させるような薬のために略奪されてきたが、最も豊かな鉱脈は植物や菌類の領域にあると常に考えられてきた。何と言っても、モルヒネはアヘンケシから、アスピリンはヤナギの樹皮に含まれるサリシンから、ペニシリンはペニシリウム・クリソゲナムという真菌から作られる。だが、「昆虫療法（エントモセラピー）」として知られる昆虫薬の豊かな歴史にもかかわらず、「昆虫由来の製品は、植物由来の製品ほどの認知度と市場での成功をまだ収めてはいない」とラトガース大学研究者のローレン・シーブルックスとロンチン・フーは二〇一七年に発表した論文の中で指摘している。[12] 二人によると、このミスマッチの一因は欧米における昆虫に対するネガティブな文化的態度にあり、科学者たちはこのほとんど活用されていない資源の利用を躊躇すべきではないと説く。二人は「実に、適切なレベルの関心が払われれば、昆虫由来の物質は、天然資源に基づく創薬の未来に大きな期待を抱かせるものだ」として論文を締めくくっている。

昆虫の長い進化の歴史と、伝統的な医療における長年の使用は、昆虫由来の新しい治療法を研究するための有効な足掛かりになるはずだ。昆虫は、米国疾病予防管理センター（ＣＤＣ）が「現代における公衆衛生上の最大の課題の一つ」とする抗生物質耐性という悪夢に対処する手段となる可能性を秘めている。細菌が、それを殺すために作られた一連の抗生物質を無効にする能力を身につけるにつれ、効果的な治療法のない「スーパーバグ（超多剤耐性菌）」の蔓延が懸念されている。この懸念は、研究者たちの目を、昆虫の小さな外骨格に秘められた可能性に向けさせることになった。

ゴキブリや甲虫などの昆虫を病原菌から守っている免疫力は、新たな抗生物質を開発するための鍵になるかもしれない。成功例はすでにある。チューリッヒ大学の研究者たちは二〇一八年、カメムシの一種であるスパインド・ソルジャー・バグ（*Podisus maculiventris*）が生産する天然の抗生物質タナチンが、特定の細菌をブロックすると発表した。研究者の一人であるジョン・ロビンソンは、この発見が「効果的な抗菌療法のために緊急に必要とされている非常に喜ばしい新薬」の創薬につながることを期待している。

カリバチの毒ががん細胞を破壊することや、クロバエの血に抗ウイルス特性があることを発見したとしても、それを数個の昆虫標本から広く利用可能な医薬品にまで拡大することは、まったく別の話だ。だが科学者たちは、それを推し進める方法があると考えている。一つの選択肢は、大量生産可能なコオロギなどの昆虫に必要な遺伝子を組み込むという方法だ。

しかし、昆虫の危機は、こうした潜在的な治療法に長い影を落としている。悲劇の原因は、機会を見逃してしまうことにある。つまり、治療法を手にしていることに気づいてもいない間に、それらが奪われてしまうということだ。目に見えない形で昆虫が失われること、すなわち一種の「センティネラン絶滅」は、私たちが何を生物界から追放してしまったのかについての理解を混乱させる。私たちは、農業や都市開発といった現代生活につきもののありふれた出来事の中で、革命的な薬を不注意に燃やし尽くしてしまったのかもしれないのだ。ショーウォルターは次のように言う。「ある生物種の使い道を見つける前にその生物種を失うことは、私たちが持ちうる選択肢を失うことになります。それが何であったかわからないままになってしまうのです」

昆虫は私たちの暮らしにおいて、犬や猫を超える最も身近な生き物であり、ダニが皮膚に潜り込んできたり、カミアリの大群がダイニングルームに押し寄せてきたりすると、やや身近すぎる存在に感じられることもある。だが彼らは、私たちとこの地球を共有する生き物の中で、最も異質かつ間違いなく最も印象的な粘り強さを持つ存在でもある。皮肉なことに、私たちが意図的に排除しようとしている昆虫の多くは、私たちが大切にしている種が消えていくなかで、繁栄し続けているのだ。

たとえば、カリバチはピクニックにつきものの卑劣な悪者で、痛い針を振りかざす厄介者であるうえ、蜂蜜を作るという愛すべき特性さえ持ち合わせていない。多くの人は、最後に残ったカリバチを丸めた新聞紙で嬉々として仕留めることだろうが、その影響は甚大だ。カリバチは植物の送粉者であり、特にイチジクは少数の種類のカリバチに受粉を依存している。また彼らは、イモムシ、アブラムシ、コナジラミなどの害虫とみなされる種を捕食することを通して、園芸家や農家の重要な味方ともなっている。

愚かな刺す機械というイメージとは大きく異なり、カリバチは、これまで人間の世界にしか存在しないと考えられていたある種の論理的な推論さえ披露している。米国で行なわれたある研究によると、アシナガバチは、AがBより大きく、BがCより大きい場合、AはCより大きいに違いないという推移的推論を理解できるという。[13]

カリバチはまた、他のカリバチの個体を顔で認識することもできる。このように、私たちが昆虫を「良いもの」「悪いもの」と分類することは、不公平なだけでなく、多くの場合には不要なのだ。シェフィールド大学の昆虫学者マイケル・シヴァ＝ジョシーは、「便利さや快適さという純粋に西洋の文脈に照らして定義するのであれば、良いか悪いか、というのはあまり役に立つラベルではない」と言う。「カリバチは、いなくなると大混乱が生じる〝悪い〟昆虫の最たる例だろう」

ゴキブリほど私たちの家に歓迎されない外来侵入者もいないが、それでも彼らには支持者がいて、ゴキブリをすべて駆除してしまったら、私たちは驚くほど途方に暮れるだろうと指摘する。科学者たちは、一連の毒物に耐性を持ち、大腸菌やサルモネラ菌など様々な種類の細菌を撒き散らせるゴキブリの能力に恐れながらも驚嘆している。インディアナ州にあるパデュー大学の研究者たちは、半年間かけてゴキブリの集団の個体数を減らそうと試みて失敗した結果、コソコソ動き回るこの害虫は「無敵の存在になりつつある」と二〇一九年に結論づけた。[14] こうした迫りくる悪夢のイメージは、この酷評される昆虫が私たちの生活にもたらしてくれる恩恵を消し去ってしまう。ゴキブリの評判が悪いのは、主にワモンゴキブリ（英語名はアメリカン・コックローチ）とチャバネゴキブリ（英語名はジャーマン・コックローチ）という二種類のゴキブリに大きく依っている。この二種類は、下水管、廃棄物、台所で繁栄している生き物だ。これらのゴキブリの名前は、原産国を指しているのではなく、スウェーデン人の動物学者カール・リンネが、標本を手に入れた場所にちなんで命名したことによる。

ワモンゴキブリはとりわけ強敵で、一秒間に自分の体長の約五〇倍の距離を走る。人間にすると、時速三三八キロで疾走するスピードだ。スローモーション映像を見ると、ゴキブリは高速で壁に衝突しても勢いが衰えず、そのまま垂直に登っていくことがわかる。この偉大なサバイバーは、コインの厚さほどしかない薄い隙間にも入り込み、体重の五〇倍の力で嚙みつき、首をはねられても二週間は生きている。身体はワックス状の物質でコーティングされており、暖房やエアコンの効いた環境下でも乾燥することはない。

だが、私たちが毛嫌いする台所の床を這い回るゴキブリは、科学的に確認されている推定五〇〇〇種のゴキブリのごく一部に過ぎない。彼らは万華鏡のように多種多様で、体長最大七・六センチの巨大なゴキブリで、原産地のオーストラリアではよくペットとして飼われているヨロイモグラゴキブリから、ハキリアリの巣に生息し、ときおり茶色のミニチュアバックパックのように女王アリの背中に乗ってヒッチハイクする小さなアッタフィラまでが含まれる。

ブラジルに生息するグロウスポットローチというゴキブリの頭部にはランタンのような突起が二つあり、夜になるとそれらが明るく光る。また、プロスペクタ属のゴキブリは、テントウムシに擬態して捕食者を遠ざけている。毛の生えたゴキブリや、目に見えないほど平たくなるゴキブリ、丸まるゴキブリもいる。ゴキブリは水中に一時間近く潜っていても平気だし、放射線を浴びても生き延びられるし、一カ月食べなくても問題ない。彼らはサバイバリストの大家族であり、あからさまな反感よりも不本意な尊敬を集めるに値する。

ノースカロライナ州立大学の昆虫学者コービー・シャルは、「数の点から言えば、世界中のほとんどのゴキブリが私たちにとって有益な存在であることは間違いない」と言う。シャルは過去四〇年間にわたってゴキブリを研究してきた。最初はゴキブリのコロニーに手を入れることに抵抗があったものの、今ではこの巨大な家族のカラフルで生態学的に有用なメンバーの美しさに驚嘆する日々を送っている。膨大な数の種を擁するゴキブリの中で、人間にとって厄介な存在と言えるのは一〇種類程度だとシャルは推測する。そのうちの一つ、チャバネゴキブリは、人間が頻繁に出入りする場所にしか生息せず、潜在的に有害な細菌をたくさん持っているが、それが人間に病気を引き起こしたという証拠はほとんどない。ただし、ゴキブリの糞に含まれるアレルゲンが子供の喘息の原因になることはある。

「地球上からチャバネゴキブリを消し去ることができるとしたら、私は絶対にそうすると思う。なぜなら、チャバネゴキブリは人間に寄生する以外の機能を持たないからだ。だが、ゴキブリは非常に重要な生態学的サービスを提供している。私は彼らを尊敬するようになった」と彼は言う。シャルはチャバネゴキブリにさえ魅力を感じているが、この種の研究を続けるうちに、アレルギー反応が出るようになってしまった。「チャバネゴキブリは最も嫌われているゴキブリだが、人間の環境に見事に適応するようになったんだ」シャルは続ける。「このゴキブリにあらゆる種類の殺虫剤を投げつけると、彼らはそれに対抗するあらゆる種類のメカニズムを発達させる。人間の介入にこれほど素早く適応できる生き物には感心するしかない」

最近、科学者たちはこの不屈のメカニズムを人間のために利用しようと試み始め、次々と成功を収めてきた。ゴキブリは、有害な微生物から身を守るために、ある特定のタンパク質を生成しており、この防御メカニズムは、抗生物質耐性を克服する薬など、人間のための多くの新薬開発の鍵を握っている可能性がある。二〇一〇年に、英国ノッティンガム大学の研究者が、ゴキブリとイナゴの脳をすり潰して調べるという啓発的な作業に着手した。[15] その結果、それらの脳の組織には、人間の細胞に害を与えることなく、メチシリン耐性黄色ブドウ球菌（ＭＲＳＡ）や病原性大腸菌を九〇パーセント以上死滅させることができる抗生物質が含まれていることが判明した。また、別の研究からは、ゴキブリの化合物に、乳がんや肝臓がんの細胞に対する毒性があることが判明している。

中国では、何千年も前からゴキブリが伝統医療に用いられてきた。四川省南西部にある西昌市には、六〇億匹のゴキブリを収容する空調の整った施設がある。[16] それはまるで熱に浮かされて見るディストピアの夢のようだ。このゴキブリ農場では、約三〇センチ四方あたり二万八〇〇〇匹の成体のゴキブリが飼育されており、施設を訪れた人は、ゴキブリが走り回る音を風が木の葉を揺らす音にたとえるが、当局は、万一ゴキブリの大群がこの施設から脱走したら、周辺地域に「壊滅的」な被害がもたらされる可能性を認めている。

中国ではゴキブリを養殖して、お茶色の甘い「癒しの薬」の原料とし、医師の指示で呼吸器系や胃腸系の病気の患者に飲ませている。中国政府は数年前からゴキブリの薬効に関する研究に資金を提供しており、最近の研究で、ゴキブリに皮膚や内臓の表面などの傷ついた組織を再生する効果があることがわかってきた。これは、胃腸の調子が悪い人や火傷をした人にとっては朗報である――ただし、薬の原料に対する嫌悪感を克服することができれば、だが。人間はこれほどまでに自然界を破壊して消費することに貪欲であるくせに、摂取する生き物については、えり好みする。ミシェル・トラウトワインは、「すり寄ることはなくても、昆虫を大切にすることはできると思います」と言う。

昆虫が人間のためにしてくれていることや、昆虫と人間の絆について、人々がこれほどまでに理解していないという状況は、私たちがいかに自然から切り離されてしまった時代に暮らしているかを示すものだ。ハリネズミやトカゲ、カエルなどの動物は、ゴキブリを栄養価の高いスナックとして確実に評価している。このような食物連鎖の基盤を成している愛されないリンクを切断してゆくと、問題が上層部に向かって連鎖的に波及し、ついには私たちをも包み込むことになる。宅配アプリやスーパーの安いチキン、エコツーリズムとしてパッケージ化された自然などといった現代生活の足場を築いている物事を通して、私たちは食物連鎖を超越しているかのような錯覚を抱くが、実際にはこの網に密接に絡み合っているのだ。

たとえば、蚊などいなくなればいいと何気なく思っているかもしれないが、蚊がいなくなると、私たちが依存している多くの動物が主な食料源を失ってしまう。蚊の幼虫はグッピーや金魚などの魚の餌になり、成虫になると陸の生態系の一部になって、コウモリや鳥、カメ、トンボなどの餌になる。

もちろん、蚊がいなくなれば、世界の熱帯地方に蔓延する耐え難い病気の重荷は軽減される。二〇〇〇年以来、マラリア、デング熱、黄熱病などの蚊が媒介する病気で亡くなった人の数は、毎年約二〇〇万人にも上っている。それに比較すると、ヘビは年間わずか五万人の命を奪っているに過ぎない。蚊は、他のどの動物よりも圧倒的に人々を苦しめているのだ。そのため、たとえ生態系への影響があったとしても、この悲惨な状況を終わらせるためには、すべての蚊を排除することが正当化されると主張する科学者も少なくない。魚や鳥は他の食べ物を見つけるだろう。虫除けスプレーのメーカーは別の取扱商品を見つけるだろう。森の中をハイキングする人たちは、夕暮れ時にキャンプチェアに座ったとき、産卵のために血液という栄養を求めるメスの蚊に襲われることなく、安全に過ごすことができるようになるだろう、と。

だが、蚊を擁護する声もある。世界には、およそ三五〇〇種の蚊がいるが、人間の病気に大きな影響を与えているのはほんの一〇種類ほどでしかない。ロンドン自然史博物館のハエ専門家であるエリカ・マカリスターは、蚊自体が実際に人を殺したことは一度もなく、病原体が血を吸う蚊の必要性を悪用して、この生き物を媒介生物として利用してきたのだと指摘する。彼女は、刺すと同時に血を抜いて一人の人間を殺すには、四四万匹もの蚊が必要になると計算で導き出した。「マラリアや他の蚊が媒介する伝染病は非常に悪いものだけれど、すべての種類の蚊を駆除すべきではありません」と彼女は言う。大多数の蚊は、様々な生態学的機能を果たしているにもかかわらず、ハエやゴキブリよりさらに低い評価しか得ていない。蚊の駆除を支持することは「霊長類をすべて駆除しよう、すべてのオランウータンも、すべてのゴリラも。かなり悪質な霊長類が一種いることがわかっているのだから、と言うようなものです」とマカリスターは言う。

意外なことに、蚊は花の蜜が好きなため、ランやタンポポなどの特定の植物の受粉を巧みに行なっているのだが、夕暮れ時以降に行なうため、そうした姿を目にすることはほとんどない。一部の研究者は、ある種の花は蚊にとって人間に似た匂いがするからだ、という説を提唱している。蚊の体重は米粒にも満たないが、その死骸は溜まり、分解されて植物の重要な栄養素となる。蚊はまた、刺すことを超えた一風変わったスキルをものにしている。近くにいるアリの頭をなでて、おいしい花蜜を吐き出させることにより、それを盗む技を身につけたことが発見されたのだ。[17]

このような特質は、稀にではあるが、奇妙な共感を呼び起こしてきた。パデュー大学の研究者であるキャサリン・ヒルは、二〇年間にわたって蚊を殺すための様々な方法を研究してきたが、異なる組織にいる研究者たちが遺伝子組み換え技術によって蚊の種を排除する可能性を検討し始めたときに「ひらめき」を得たと言う。「過去一〇〇年間、私たちは蚊を殺す方法ばかり考えてきて、生態系における蚊の役割についてはほとんど考えてこなかったことに思い至ったのです。私たちは、そうした考え方に何の疑問も持たずに従ってきました。種を根絶するというのは過激な概念で、私は違和感を覚えました。警鐘が鳴り響いたんです」

顕微鏡で蚊を何時間も眺めているうちに、ヒルは蚊を「素晴らしくて美しい生き物」として認識するようになった。それがきっかけとなり、ヒルは研究室で、蚊を殺すことなく、病気を媒介する能力だけを停止させる殺虫剤の開発に取り組むようになった。他の研究者も、蚊の蔓延を抑制するための遺伝子組み換えに取り組んでいる。その一つで、批判者たちから「ジュラシック・パーク実験」と名付けられたプロジェクトでは、フロリダ州の地元当局が、遺伝子を組み換えた七億五〇〇〇万匹の蚊の放出に同意した。[18] この蚊は、繁殖を通して、成虫になって人を刺すメスの数を大幅に抑制する。

ヒルは、駆除することばかりが注目されて、蚊を駆除した場合の影響が無視されてしまっていると主張する。動物は他の食料源を見つけるかもしれないが、もし見つからなかったとしたら？　他の野生の生物も有機物になったり花を受粉させたりはするが、不足分はどれほどの悪影響を及ぼすことになるのだろうか？　ヒルはこうした未知数の問題に注意を促す。「小さな紐を抜いて、絡まっているものをほどこうとすれば、問題が起きてきます」。昆虫学者のヒルは、蚊についてのおそらく唯一の愛すべき発見として、蚊が交尾相手を選ぶときに、羽ばたきでお互いに「歌う」ことを明らかにした。彼女は言う。「私たちは、意図せずに起こる結果のことをほとんど理解していません。蚊は他の生物と同様に複雑な生き物であり、私たちは自分たちが思っているほど蚊を理解していないのです」

ヒルの蚊に対する進歩的な考え方は、一部の研究者や企業から反感を買うことになった。だが、彼女が蚊について行なった再評価は、ただ昆虫を潰すのではなく、研究することに時間を費やしてきた人々の姿勢と一致している。ワシントンDCにあるスミソニアン国立自然史博物館で昆虫学コレクションを監督するフロイド・ショックリーは、「〝蚊は何の役に立つのか〟〝ゴキブリは何の役に立つのか〟と聞いてくる人たちにはちょっとうんざりする」と言う。ショックリーによると、ゴキブリは自然界で植物をリサイクルするという貴重な仕事をしており、蚊がいなければ、より大きな無脊椎動物に影響が出る。そして、そうした無脊椎動物がいなくなれば、魚は食べるものがなくなる。「ある時点で、私たちは、自分たちにとって重要となる事態に直面することになるだろう」と彼は言う。「私たちは違う惑星からやって来たわけではない。この惑星に住んでいて、この惑星しか持っていないのだ」

残念ながら、無名の昆虫や嫌われ者の昆虫は、評判が回復すること、はては漠然と再評価されることすらないだろう。昆虫の実用性は、その脅威と思われている特性や無用と思われている特性によって、また美的・文化的な価値が劣ることによって覆い隠されている。そのため私たちは、大量の昆虫たちの間で今進行している危機に対して、痛ましいほどの準備不足に陥っているのだ。この危機は、より大きな危機の一部だ。現在、地球上で一〇〇万種の生物が絶滅の危機に瀕しているのである。生物多様性の危機は恐ろしい勢いで進行しており、研究や保護活動のための資金がますます必要になっている。

ダムや道路、パームオイルのプランテーションは、オランウータンの生息地である熱帯雨林をズタズタに切り拓いている。野生のトラの個体数は最近安定してきたが、それでも前世紀初頭に比べると約九七パーセントも減少した。スーダンでは二〇一八年に、地球最後のオスのキタシロサイが倒れて、四五歳で死んでしまった。そして後に残された、たった二頭のメスが、その種全体を代表している。私たちは、カリスマ的存在である大型生物の絶滅をリアルタイムで目撃している。これは、人類の進歩がもたらした、決して完全に償うことのできない恐ろしい負債だ。

このような大虐殺が進行するなかで、ホタルや甲虫の喪失にやきもきすること、さらには蝶の喪失についての心配さえ、些細なこと、あるいは奇妙なことに感じられるかもしれない。とはいえ、サイの絶滅という悲劇も、世界の食糧生産の存続を脅かすことはないし、オランウータンの絶滅という憎むべき犯罪も、子供の栄養失調を蔓延させたり、何十種もの鳥類の絶滅を引き起こしたり、風景を腐った死骸で覆ったりすることはない。影響の大きさという観点から見れば、昆虫の危機は、動物界に響く他のどのような警鐘もかき消してしまう。

　昆虫の数の多さは、彼らを目立たない存在であると同時に、どこにでもいる存在にしている。たとえ世界的な核の冬が訪れたとしても、人類の焼け焦げた骨が散らばるところには、アリやゴキブリの姿が見られるだろう。マカリスターは、「最初に消えるのは私たちでしょうね。何と言っても、昆虫は過去の大量絶滅すべてを生き延びてきたのだから」と言う。昆虫が置かれた状況を心配することは、彼らのためだけではなく、それを圧倒的に凌いで私たち人間のためになるのだ。

　昆虫は、その不動の忍耐力により、人類の歴史の重要な局面で裏方を務めてきた。かつてローマ軍は、現在のトルコで、戦略的に置かれた「マッドハニー」と呼ばれる幻覚作用のある蜂蜜を食べて錯乱し、敗北を喫した。さらに時代を進めると、マグナ・カルタ、米国憲法、ヨハン・セバスティアン・バッハの作品はみな、オークの木の「虫こぶ」（カリバチが木に卵を産み付けるためにできる小さなこぶ）から作ったインクを使って書かれた。米国の独立も、蚊の力を借りて勝ち取られたものだ。米国独立戦争時、英国軍はマラリアにひどく冒されたため、南部の指揮官だったコーンウォリスは、「軍を破滅しかねないほどの致命的な病気」を避けるために北部に撤退しようとした。しかしコーンウォリスはヨークタウンを維持するように命じられ、消耗した軍勢は米国とフランスの軍隊に打ち負かされ、これが戦争の終結を促したのだった。この敗戦を受けて、歴史家のティモシー・ワインガードは、ハマダラカ（***Anopheles quadrimaculatus***）を米国「建国の母」と呼んでいる。[19] さらに時計の針を数世紀進めると、ミバエが宇宙に進出した最初の生きた動物となった。宇宙飛行士への宇宙放射線の影響を調べるため、一九四七年に米軍のロケットで大気圏外に飛ばされたのである。

　脇役である昆虫たちが称えられることはほとんどないが、昆虫たちは私たち人類の物語を想像以上に大きく形作ってくれているのだ。昆虫の重要性を十分に認識することは、地球上のヒエラルキーにおける人類の立場に関して、より理性的な見方をもたらすことになるだろう。昆虫がいなくなれば、環境版のアルマゲドンが起こるだろうが、たとえ全人類が絶滅したとしても、家畜以外の動物はその不在にほとんど気づかないだろう。アタマジラミでさえ、私たちが絶滅の淵に追いやった霊長類に新たな住処を見つけるに違いない。トーマス・アイズナーの有名な言葉が表しているように「昆虫は地球を受け継ぐわけではない。彼らは今、地球を支配しているのである」。

　人間が暴走して世界の生態系の恵みを破壊しているこの時代には、「新人世（アントロポセン）」という新たな名前が付けられているが、E・O・ウィルソンは、むしろ「孤独期（エレモセン）」と呼びたいと述べている。地球上の最もたくましい仲間である昆虫でさえ、今や私たちの周囲から消えていくように見受けられる。この状況は、私たちが現在危惧しているより、はるかに深刻だ。ウィルソンは次のように述べている。「〝今日の午後は虫がたくさん出ているから、外に行くのはやめておくよ〟と言う人がいる。世界を動かしている小さな生き物に対して、人々はそんなことを言うんだ。世界を動かしているのは彼らであり、私たちには彼らが必要なのに」

4. 殺虫剤のピーク

アレックス・リーズは、台地に沿って歩きながら周囲の景色を見渡した。左手には、濃淡の褐色に染まった風景の中に木々が群生し、中景には、眼下に広がる谷を切り裂くA六二八号線上を車が走っている。リーズは携帯電話を取り出し、パン動画を撮影してから、ツイッターのアカウントを開いた。そして「@ピークディストリクトにある温帯降雨林の貴重な断片。#生物多様性が失われた、管理下にある#荒野の海に浮かぶ島」とタイプし、二〇一八年一〇月二四日、午前一一時一二分にこのツイートを投稿した。この悲観的なメッセージは一部の人を驚かせたかもしれない。というのも、ピークディストリクトは、英国内で最も大切にされ、多くの人が訪れる国立公園の一つで、年間一三〇〇万人もの訪問者を集めている場所だからだ。

さらには、英国に降雨林があるという事実も、多くの人にとって驚きだろう。ただし、ジャガーやヤドクガエル、ナマケモノなどがうごめくアマゾン川流域を覆っているような熱帯雨林ではなく、アラスカ沿岸やタスマニア、チリ南部などの世界の周縁部に見られる温帯降雨林だ。リーズが撮影した動画に写っている上方に枝を広げた木々は、「ミドル・ブラック・クラフ」として知られる、滝が特徴的な先史時代の渓谷にある。それは、イングランド南西部のエクスムーアにある温帯降雨林やスコットランド西部にあるさらに大きな温帯降雨林と同様に、最終氷河期が去った約一万年前、英国に降雨林が多く存在していた時代の名残だ。

ミドル・ブラック・クラフは「おとぎ話」の森だ、とリーズは言う。そこには、ゴボゴボと音を立てて流れる渓流、節くれだった古木、はっとするような緑色のシダやコケで覆われた威圧的な巨石がある。大きな葉を数多く持つ地衣類のプルモナリア〔英語名「トゥリー・ラングワーツ」〕がその葉を外側に広げる様は、まさに森林の肺のようだ。温暖な気候下にあるにもかかわらず、雨に浸されて湿った匂いを漂わせるこの降雨林は、トールキンの世界を呼び起こして、丘の中腹に住むホビットや、オークの木の下で弓矢を構えるエルフの姿を想像させる。

温帯降雨林は、複雑で野生生物の豊かな英国の荒野の大部分と同様に何千年も前から減少を続けており、現在は本格的な減少期に陥っている。当初は土地の開拓に脅かされていたが、今では放牧動物やスペインから持ち込まれたシャクナゲなどの外来植物の攻撃にさらされている。ハエ専門家のエリカ・マカリスターは「シャクナゲを見ると、一種のサイコティックな怒りを覚えます。母の怒りを買いながら、英国中のシャクナゲを引っこ抜こうとしているんです」と言う。

泥炭地や石灰岩からなる荒涼とした丘陵地帯にあるピークディストリクトの小さな森林は、過ぎ去った時代の遺物だ。丘陵地帯では今、主に羊や牛の放牧や飼料用の貯蔵牧草の栽培が行なわれている。英国の自然の目玉であるこの土地は、ほとんどの昆虫や鳥類にとっては、食物や避難場所のない荒れ地だ。「誰かを英国の野生動物を見に連れて行こうと思ったら、ピークディストリクトには行かないね。ひどい有様だから。野生動物はまったく見られない」とリーズは言う。彼は、マンチェスター・メトロポリタン大学の生態学者だ。

マンチェスターとシェフィールドという二つの都市に一部挟まれたこの国立公園に、興味を惹かれるものや美しさがないわけではない。そこには緑の景色を一望できるウォーキングコースがあり、その地に点在する大邸宅は『高慢と偏見』や『ジェーン・エア』などのドラマや映画のロケ地として使われ、見事な洞窟のネットワークにはかつて人が住み、前世紀までは、ときおり逃亡中の盗賊も身を隠していた。[1]だが、生態系としてのピークディストリクトは、今や英国、ヨーロッパ、北米全域を通して確実に定着した冷酷な集約的土地管理のプロセスを通して、その価値を大きく減じてきた。樹木や低木は切り倒され、沼地は排水され、野生のままの放牧地は平らに均された。これは、樹皮に住み、落ち葉に埋もれ、背の高い草の茎を這う昆虫たちにとっては最悪の事態だ。

「田舎で大きな甲虫を見かけなくなってしまったんだ」とリーズは言う。蝶も減り、飛翔昆虫を食べるハイイロヒタキのような鳥も「たった今、激減中だ。これは、僕が生まれてから起きたことで、とても心配している」。

子供の頃に訪れたピークディストリクトは、リーズにとって自然のままの荒野のように感じられた。だが後になって、それは自分が育ったリンカンシャー州の特徴のない耕作地と比較していたからであることに気がついた。何千年にもわたって行なわれてきた人間の介入は、彼の目の前でその姿をさらしていたのに、それに気づくには少し時間が必要だったのである。「英国では、生息地があまりにも長い間、あまりにも大きく変化してきたので、生物多様性の本来の姿を誰も知らないんだ」と彼は言う。

リーズは国立公園の境界から一〇〇メートルほどのところに住んでおり、暖かい日には窓を開けている。「実質的に何も入って来ないんだ。ガガンボも、何も入って来ない」。こうした現象は、ピークディストリクトに限ったことではない。「僕はもうすぐ四〇歳になるんだが、子供の頃に、車の周りに蛾がいっぱいいたのを覚えているよ。今では、スコットランドのハイランド地方の西部に行けば、いくらか雲のような小虫の群れが見られるかもしれないが、英国で昆虫が豊富に生息することを実感するにはそれくらいしかないね」

英国には魅惑の森の国というイメージがあるかもしれないが、青銅器時代からずっと斧の音が鳴り響いており、その音はまだほとんど鳴り止んではいない。英国の古代からの森の半分は、一九三〇年以降、牛や羊、あるいは米国原産の針葉樹のプランテーションに消滅させられてきた。こうしたプランテーションは、それらの木々と共進化してこなかった地元の昆虫にとってはデッドゾーンだ。[2] 英国は現在、ヨーロッパで最も森林の少ない国の一つになっており、原生林はほんのわずかしか残っていない。英国政府が推進している植林計画は目標を大幅に下回った。自然保護団体は、失われた生息地の一部を商業植林に頼らずに回復する「緊急樹木計画」の実施を求めている。

だが、原生林の不在は今やあまりにも当たり前のことになってしまったため、ときおりアマゾン川流域の熱帯雨林の伐採に対する怒りの声は上がっても、英国の原生林喪失の話題が取り上げられることはまずない。英国は、デイヴィッド・アッテンボローのドキュメンタリー番組に夢中になっている、プラカードを振りかざす自然保護主義者でひしめいているにもかかわらず、ブラジルやその他の地域に森林破壊のモデルを輸出した国だったことをいつの間にか忘れてしまった。「アマゾン川流域に行くと、〝あんたの国は二〇〇〇年前に生えていた木を全部切っちまったじゃないか。なんで、俺たちにそうしちゃいけないって言いに来たんだ？〟と言われる」と、アマゾン川流域で定期的に調査を行なっているリーズは言う。「森林面積について言えば、僕らはヨーロッパの貧民だ。まず自分自身の家を整えなければ、他人に教訓を垂れるようなことはできない」

田園地域における変化が非難されるときに、必ずと言っていいほど言及されるのは農地だ。このことは、自然豊かな環境とされるピークディストリクトについても当てはまる。実際、ピークディストリクトリクトの約九〇パーセントは民間が経営する農地だ。人口密度の高い英国でも、国土の四分の三近くは農業システムにゆだねられており、そのシステムは緻密に調整されたマシンに発展した。技術の進歩と国内における食料生産量の増加推進に伴い、英国の農作物収穫高は第二次世界大戦後に四倍になり、農地は一種類または二種類だけの作物の栽培に特化するようになって、機械化が農作業を迅速かつ効率的にした。小さな土地を耕して数羽の鶏を飼う陽気な家族経営の農家といった伝統的なイメージは、世界の他の地域と同じように、もはや消滅してしまっている。大規模なアグリビジネスが台頭するにつれ、英国の農場の数は戦後、三分の二にまで減少した。[3]

この効率化の推進により、英国の田園地域は、並外れて整然として組織化されている場所になった。畑はより広くなって、少数の厳選された小麦や大麦の品種が好まれるようになり、送粉者や作物の害虫を捕食する昆虫の重要な生息地となってきた生垣は、わずか数世代のうちにその半分が消滅してしまったのだ。土地の約一〇分の一は、少数のハンターによる殺戮のためのライチョウの飼育に使われており、ハンターに生きたクレーのように扱われるライチョウに影響を与えかねない近隣の動物はすべて駆除されている。〝王権に統べられた島〟〔シェイクスピア『リチャード二世』より〕というより彫刻された島と言ったほうがふさわしい英国は、これまで死ぬほど手入れされてきたのだ。

かつての英国における豊かな自然の亡霊は、「影の森」と呼ばれる大昔に伐採された森の断片や、地名からさえも辿ることができる。一八世紀に最後のオオカミが殺されたにもかかわらず、イングランドにはオオカミにちなんだ名前を持つ町や村が二〇〇以上も存在しており、たとえばハンプシャー州には「オオカミの島」を意味するウルヴジー（Wolvesey）が、ランカシャー州には「オオカミの谷」を意味するウールデン（Woolden）がある。英国にはかつてヒグマも生息していたが、中世初期までには姿を消してしまった。ビーバーも肉や毛皮、香水に使われる分泌物を得るために狩られて壊滅し、鶴もヘンリー二世のシェフが一二五一年のクリスマスの晩餐会で一一五羽を料理したほど一般的な動物だったが、その数百年後には英国内から絶滅してしまった。ただしビーバーや鶴は、英国の一部の地域に着々と再導入されている。それでも、征服した自然は決して完全に元に戻ることはない。

英国の緑に満ちた田園風景はとても美しいが、それはやや人間の美的感覚に偏ったものだ。整然と区画された麦畑や、木立まで続くきちんと刈り込まれた緑の芝生は人間の目に秩序立って映り、魅力的でさえある。だが、風景を整えることに覚える満足は、それが昆虫たちに与えている破滅的な影響を覆い隠してしまう。昆虫たちが繁栄できるのは、私たちが、むさくるしく乱雑だとみなす植生の中なのだ。手入れのされていない草原ややぶの混沌とした状態は、多岐にわたる昆虫にとってバイキング料理のレストランだが、それを非生産的な目障りな状態だと考える人々にとっては迷惑きわまりない場所となる。「昆虫のためにあれやこれや植えるべきだと言う人がいるが、植物は最初から私たちの周りにあった」とリーズは言う。「人々はやぶをむさくるしく感じて、美しい草地を望むが、やぶは昆虫にとって欠かせないものなんだ」

かつてヨーロッパ北西部全域でよく見られた手つかずの石灰質草原には、草本植物や花、イネ科の植物などが混在しており、多くのオサムシや、ハナアブの一種であるファントム・ホヴァーフライ（*Doros profuges*）、キリギリスの一種であるウォート・バイター・クリケット（*Decticus verrucivorus*）、蝶の一種であるシルヴァー・スポテッド・スキッパー（*Hesperia comma*）などのより稀少な昆虫の最適な住処となっている。だが、英国の石灰質草原の約八〇パーセントは、住宅地や羊の放牧場に変えられてしまった。[4] また、独特の存在感を放つパープル・ヘザーも同じほど激減している。この花はマルハナバチの理想的な餌であるうえ、ハナバチを苦しめる寄生虫に対する天然の薬として作用する成分が花蜜に含まれていることが判明している。

耕作地の多様性はすでに低いが、さらに悪化する可能性がある。ＥＵ（欧州連合）が導入した「スリー・クロップ・ルール（三作物規定）」は、三〇ヘクタール以上の農地を持つすべての農家は、最低三種類の異なる作物を栽培しなければならないという規定だ。そもそも、これで〝多様性〟が維持できるとみなされたこと自体が驚きだが、ＥＵ離脱に伴い、英国の農家がこのルールの緩和を求めている今、英国内の多様性はさらに減少する可能性がある〔英国ではこのルールが二〇二一年に廃止され、それに代わる「環境に配慮する土地管理計画〔Environmental Land Management Scheme〕」が二〇二四年後半に導入される予定である〕。この小さなパレットが意味することは、一年の大部分の間、耕作地には作物がまったく存在せず、ただの土だけになるということだ。コヴェントリー大学の農業生態学者であるバーバラ・スミスは、「広大な土地に耕作作物を植えたことで、自然の生息地が減ってしまいました。ハナバチや他の昆虫のためのものが何もなくなり、彼らは飢えてしまいます」と言う。「私たちは複雑なシステムを単純化し、単一作物以外のものをすべて取り除いてしまったんです。これはまるで、手に入る食べ物がフライドポテトだけになってしまったようなもの。すべての人にフライドポテトだけが提供されるんです。たとえあなたがフライドポテトを食べない人だったとしても」

〝自然〟地帯とみなされる現代農業の田園地帯をブルドーザーで破壊し、家とその庭にしてしまったほうが、昆虫にとってずっと良い住処になるとまで主張する者もいる。ナチュラリストのスティーヴン・モスは、著書『The Accidental Countryside（偶然の田園地帯）』の中で、環境保護活動家のクリス・ベインズがそんな提案をしたことについて綴っている。[5]「大げさなコメントのように聞こえるかもしれないが、彼はまったく本気だった。ほとんどの耕作地は単一作物からなる砂漠で、野生動物はほぼ住むことができないが、英国の家の庭には、かつて森にいた鳥やその他の野生生物が住みつくことがよくあるんだ、と言ってね」

都市のスプロール化を止めようと戦ってきた人々には残念なことだが、科学者にとって、農地の悪影響は明らかだ。スミスが研究している農地では、過去二〇年の間に昆虫の数がどんどん減り、彼女は、いくつもの昆虫の科が個体数を減らして消滅する様を目にしてきた。彼らは畑の真ん中で飢えているだけでなく、畑の周辺でさえ、命を支えられないでいることが多い。

スミスは二〇二〇年初頭に、地味ながらも重要な役割を果たしている耕作地の雑草に注目した論文を発表した。その論文によると、食物連鎖の機能を十分に果たして、ヨーロッパヤマウズラなどの近くにいる鳥の餌となる昆虫を養うためには、耕作地の一〇パーセントが雑草に覆われることが必要だという。[6] スティッキー・ウィリーとも呼ばれるヤエムグラという植物は、そばを通ると、いがが体につく。この植物は農作物を覆いつくすため、農家には忌み嫌われている。ハマスゲも、もう一つの歓迎されない雑草だが、農作物への影響はヤエムグラより少ない。だが、こうした区別は意味がない。なぜなら、昆虫を支える植物で、畑から無差別に除去されている植物であることについては同じなのだから。

英国の農家は今、畑の隣に野生の草地を確保すると報酬がもらえるようになっているが、そうした草地が真の野生生物の回廊としてつながっていることはほとんどなく、研究者によると、このような草地は、移動しない稀少な生物よりも、一般的でより移動性の高い種に資する傾向があるそうだ。それでも、ハナバチや蝶を絶滅させることは決して農家の本意ではなく、このような新たな議論の中から、食糧生産と野生生物の両方を支えるシステムが生まれてくるという希望はある。

だが、そうする間にも、昆虫のコミュニティは未知の運命に向かって坂を滑り落ちている。「ティッピングポイントにどれほど近づいているのかは、わかりません」とスミスは言う。「それでも、農耕地に生息する昆虫は時の経過とともに大きく数を減らしており、その原因は、農作物の種類の少なさ、畑の管理方法、そして農薬の使用にあると思います。簡単に言えば、そういうことなんです」

だが、田舎から音が消えるというのは、英国だけの病気ではない。農業はヨーロッパ全域に深い爪痕を残してきた。それを駆り立てた共通の補助金制度は、農家を支援する一方で、作物を作るために生け垣や野草、背の高い草を刈り取ることを奨励している。

スイスのチューリッヒ地方では、前世紀の間に、送粉者用の餌になる植物が消滅し、スウェーデンの半自然の草原は、かつてのわずか一〇パーセントにまで激減してしまったことが、植物の比較により明らかになった。ヨーロッパ大陸の農地に生息する鳥類は減少し、化学薬品を使用した農地からは窒素が流れ出て海岸線に藻を発生させ、湿地帯は耕され、地球を暖める温室効果ガスを大気中に大量に放出している。

ブノワ・フォンテーヌは少年時代、パリから車で一時間のところにある静かな地域で鳥の野外研究記録を付けていた。夏の夜、家族で夕食をとるために戸外に座ると、テーブルに置かれたランプの周りに昆虫が集まったことを覚えている。今では、当時ノートに記録した鳥類を目にすることはほとんどなく、夕べに昆虫が訪れることもほぼないという。「何もかもが変わってしまった。自分の人生を通してそれを見てきたんだ」と彼は言う。

現在、フランス国立自然史博物館の保全生物学者を務めるフォンテーヌは、こうした喪失の一部を二〇一八年に発表した論文の中で数値化することに成功した。それによると、過去三〇年の間にフランスの農地から三分の一以上の鳥類が姿を消したという。論文の執筆者たちは、かつてふつうに見られたメドウピペット〔和名マキバタヒバリ〕やスカイラーク〔和名ヒバリ〕などの鳥が数を減らした理由は、単作農法の耕作地における昆虫不足にあると示唆している。[7]

ポワトゥー、シャンパーニュ、ボースの大平原では、生け垣、木立、池などがトラクターやコンバインの使用に適した平らで均一な区画に生まれ変わった。これは主に家畜の飼料となるトウモロコシの栽培を支えるためだ。ナチュラリストにとっては気落ちさせられる光景である。「風光明媚な風景ではあるが、これは砂漠だ。フランスの田園地帯は砂漠になってしまったんだ。工業化された農業は同じルールに従うから、このことは西欧全域について言える」とフォンテーヌは言う。

農作業は本質的に悪いものではないし、実のところ、昆虫自身が採用している場合さえある。科学者たちが発見したところによると、何千年もの間、あるアブラムシの一種（*Stomaphis wojciechowskii*）は、アリによって「栽培」されてきたらしい。アリは、気候が厳しいときにはアブラムシを地下に閉じ込め、夏になってヨーロッパナラの木から樹液が上がってくると、木の幹の上に連れ出して行進させる。[8] この小さな羊飼いの目的は、アブラムシが分泌する甘露を手にすることだ。その代償として、アリはコケや地衣類を使って木の上に作った居心地の良い〝納屋〟にアブラムシを住まわせ、危険が迫ると、その群れを連れて安全な場所に移動する。

一方、南米では、ハキリアリが一五〇〇万年前から植物を集めて地下の広大な菌類農場の肥料にしてきた。このプロセスにより菌類は、アリの餌に最適なタンパク質の詰まった袋を長い年月をかけて作り出すようになったのだ。こうした悠久の驚異に比べれば、一万年ほどの歴史しかない人類の農耕は、取るに足らない一瞬の出来事のようにさえ思える。

しかし、レイチェル・カーソンが指摘したように「野生の生き物も、人間と同じように、住む場所が必要だ」。[9] 現在私たちはとてつもないスピードで地球の形を作り変えており、アマゾン川流域のような広大な生態系であっても、ほんの数十年のうちに崩壊してしまうだろうと科学者たちは予測している。[10] ひとたびティッピングポイントに達すれば、漁業は急速に衰退し、広大な湖は干上がり、サンゴ礁は死のような白い色に変わるだろう。私たちの世界は、安定していて不変であるように見えるが、そんなことはないのだ。

生息地を潰すことには、昆虫に危機的状況をもたらす危険性があるが、それは私たち人間にとっても同じことだ。過去半世紀の間に世界の農地がモノクロの同質化という苦境に陥るなか、送粉者の需要は急騰している。二〇一九年に発表されたある研究は、私たちは大量飢餓の危機に瀕しているわけではないものの、送粉者を冷遇する単一作物栽培への依存は「国の経済および食料安全保障上の脆弱性を高めることになる」と警告している。[11]

たとえ世界的な食糧不足を回避できたとしても、私たちが共有する野生の世界を削り取る悪質な土地利用システムがもたらす厄介な一連の問題に取り組むことが必要になる。昆虫たちは、誰にも気づかれないまま、ほとんど何の配慮もされずに、こうした体制のぱっくり開いた口の中に放り込まれているのだ。

生物多様性の危機は、ほぼすべての野生生物に害を及ぼすが、農地、都市、道路建設のために自然の生息地が壊された場合、最も大きな被害を受けるのは、テントウムシやクモなどの小さな無脊椎動物を捕食している生物だという証拠がある。また、浸食や汚染は、土壌を削り、水路を汚して、昆虫の世界をさらに縮小させている。表向きは保護されていることになっている地域でさえ安全ではない。研究者によると、居住地、放牧地、道路、鉄道、夜間照明といった「人間による激しい圧力」を受けている世界の保護区は、三分の一以上に及んでいると算出されている。[12]

歴史的に言って地球の偉大なサバイバーである昆虫は、人間に手を加えられた環境にも適応し、さらにはそれを利用して繁栄することさえしてきた。たとえば、ヨーロッパでは何世紀にもわたって、木材や調理用の燃料となる木炭を得るために、森林の一部を選択的に伐採したり木を定期的に根本まで切って若木を生やしたりしてきたが、これは蝶にとっては理想的な状況で、樹冠を抜けて差し込む太陽の光を享受し、その後に再生した木や葉を幼虫の餌にしたり成虫の蜜源にしたりしてきた。

だが、近代的な伐採技術が森林伐採に新たな種類の残忍な生産性をもたらす一方で、燃料としての木炭は石炭やガスに取って代わられるようになった。蝶は、人間の慣行の変化につれて、最初は受益者になり、次に犠牲者になったのである。ヨーク大学の生物学者であるクリス・トマスは、「私たちは、もはや彼らの必要性に適した方法で慣行を変えることはなくなり、彼らは再び数を減らしている」と言う。

せめてもの慰めは、有害な慣行が再び変わりさえすれば、蝶はすぐに回復できることだ。他の昆虫と同様に、蝶も様々な脅威にさらされている。だが、私たちがほんの少しの息抜きを与えてやりさえすれば、最も繊細で壊れやすく見えるこれらの種でも、生き延びる方法を見つけることができる。「昆虫の個体数は、水中に押し込まれた丸太のようなものだ」と、ロエル・ファン・クリンクは言う。彼は、陸生昆虫が一〇年ごとに九パーセントずつ減少していることを明らかにしたメタ分析研究論文の著者だ。「彼らは浮上しようとしているのに、人間はさらに押しつけて沈めようとしている。だが、彼らが再び浮かび上がれるように圧力を軽減することは可能だ」

このような一時の息抜きは、例外的な状況で得られることがある。コロナウイルスが大流行していたとき、一部の地方自治体が道路脇の草むらの刈り取りを中止した。すると、草むらが一気に息を吹き返して色づいたのだ。この細長いミニ草原は突如として、イエロー・ラトル（*Rhinanthus minor*）、ワイルド・キャロット〔和名ノラニンジン〕、メドウ・クレインズビル〔和名ノハラフウロ〕、グレイター・ナップウィード〔和名ヤグルマギク〕、ホワイト・カンピオン〔和名マツヨイセンノウ〕といった興味深い名前を持つ様々な野草の貴重な避難場所となり、昆虫、鳥、コウモリなどの多くの野生生物を引き寄せる磁石になった。車の交通量が減ったことも、空気汚染のベールを花の香りから外すことになり、ハナバチの採餌を容易にした。

昆虫に避難場所を提供するのは、騒々しい高速道路の脇にある土手、線路の間に生えている草、家が取り壊されたあとに生い茂った草地といった、私たちの暮らしの中で偶然に生まれたむさくるしい草地であることが、ますます多くなっている。環境に対する人間の干渉のものすごさを物語るかのように、絶滅の危機に瀕しているある昆虫は、奇妙にも砲撃訓練場の中に安住の地を見つけることになった。

くすんだ茶色の翅を持つセイント・フランシス・セイター（*Neonympha mitchellii francisci*）は、その生活環境を除けば、一見何の変哲もない蝶だ。この蝶は世界的にも最も稀少な種の一つで、残存する数千匹のほぼすべてが、ノースカロライナ州中部にある米軍基地フォート・ブラッグの砲撃訓練場に生息している。一八一キログラムの砲弾が地面で炸裂する轟音が響くなか、この蝶は楽しそうに訓練場を飛び回る。運命のいたずらにより、米軍の攻撃力は、外部のどんな保護プログラムよりもこの蝶の保護に効果を発揮しているのだ。

人間が世界の大部分の場所で、生物に対し同じような味気ない生態系の食事を提供している時代にあって、セイント・フランシス・セイターは好みがうるさい。この蝶は乱された生息地を好むが、その乱れはほんの少しでなければならない。ちょっとした洪水も必要だが、水が多すぎてもいけない。また、茂りすぎた植物を燃やす炎も必要だが、餌を完全に燃やし尽くしてしまうような山火事では困る。ノースカロライナの風景はかつてこのような環境を提供していたが、人間が山火事をコントロールし、森を伐採し、環境の水文学的(すいもんがく)特性を変え始めた。発射された大砲の焼け焦げた残骸が散らばるなかで、訓練場は一種の天然の火災状態を再現しており、この蝶が適切な住処を作ることができる最後の場所になっているのだ。

年に二回、三週間だけこの蝶が出現すると、ミシガン州立大学の蝶の専門家であるニック・ハダドはフォート・ブラッグに駆けつける。ハダドは、個体数を数えて調査を行なうために、砲撃訓練場に入る特別許可を得ているのだが、そのたびに、ある意味、時間を遡るような感覚に襲われるという。訓練場の目標地点は「月面のような風景」だとハダドは言うが、中心部から離れれば、手つかずのサバンナ、森林地帯、湿地帯が広がっている。そこには珍しい鳥や蛇が生息し、ハエトリグサや嚢状葉植物〔ウツボカズラなどの食虫植物〕などの珍しい植物も見られる。

蝶がいるのは草が生い茂った湿地帯で、そこに至るには、頭上に蔓が生い茂る低木地帯を通り抜けなければならない。潜んでいるヌママムシから身を守るために長靴を履いたハダドは、蝶の餌となる繊細な植物を守るために渡された薄い板の上を歩く。彼は特殊な復元エリアを構築しており、そこでは、ビーバーの作業を再現するためにゴム製の浮袋を設置してダムを作り、蝶が必要とする小規模な洪水を作り出している。

ノースカロライナは、東に弧を描く浜辺を、西に聳え立つ山々を擁しているが、ハダドに言わせると、州内で最も美しい自然の景色が見られるのは、この砲撃訓練場だそうだ。この牧歌的な風景を砲撃訓練場の外に再現するのは事実上不可能だが、それでもハダドは、セイント・フランシス・セイターの生息地となる別の地区が確立されることを期待している。とはいえ、いくら野心があっても、おそらく生息地の完全な復元には至らず、フォート・ブラッグのような陸の孤島の外にいる稀少な蝶にとって、見通しは暗いものとなるだろう。私たちはこれまで、環境をいや増すスピードで変えていくことに目覚ましい成功を収めてきた。このような変化を私たちと共有できる昆虫もいるだろうが、多くのものはそうはいかないだろうし、大部分の昆虫を悲惨な運命から救う手立てもほとんどないのが現状だ。危機に瀕している蝶について、ハダドは隠さずに言う。「予後は最悪だと思う。本当に恐ろしいほど減少しているんだ。私はどちらかと言えば楽観主義者だ。予後が悪いと私が言うとき、楽観主義者がそう言っているんだということを忘れないでほしい」

ハダドをノースカロライナ州の手つかずの沼地に残してアメリカ大陸を横切り、農業の中心地である中西部を通って大草原地帯を抜け、カリフォルニア州の果物やナッツの栽培事業という巨人の土地に到達したとしたら、おそらくあなたは旅の途中で目にした危機に瀕する種の見通しについて、ハダドの悲観的な見方を共有することになるだろう。

アイオワ州からミネソタ州にかけては、半自動化された巨大な家畜小屋に詰め込まれる動物の飼料として主に栽培されているトウモロコシと大豆の広大な畑が一糸乱れずに延々と続いている。この大豆畑の近くにミツバチの巣を置くと、最初はうまくいくが、やがて栄養失調に陥ることが科学者によって明らかにされた。アイオワ州立大学の昆虫学者であるエイミー・トスは、このような環境でモニターされたミツバチは、「その年の終わりまでには、みんな押し潰されて燃え尽きてしまうんです」と言う。[13] さらに西へ進むと、トウモロコシと大豆の畑が広がって草原が後退していくにつれ、ノースダコタ州とサウスダコタ州の養蜂の中心地が先細りになっている。アイダホ州とワシントン州を通過するときには、定規で引いたようにまっすぐに伸びたジャガイモの列を目にするようになる。これらのジャガイモの多くは、農業帝国シンプロット社の農場で栽培されており、マクドナルドにフライドポテトの原料として供給されている。カリフォルニア州のセントラルヴァレーに行きつき、アーモンドや綿花、柑橘類のカーペットのような畑を見たときには、手つかずの自然とはどのようなものだったか忘れてしまいそうになるだろう。

かつて米国政府に所属していた昆虫学者のジェフ・ペティスは、「バッタや蝶がこの大旅行をするとしたら、畑の脇の草地も、花の蜜や食べられる草本植物を補給するための休憩場所もほとんど見つけられないだろう」と言う。最初の白人入植者のように、昆虫たちは乾燥した西部を急いで横断して、西海岸に辿り着かねばならない。だが、彼らは今、さらに大きなハードルに直面することになる。「当時の大草原には、野生動物や食べ物、きれいな水があふれていた」とペティスは西部開拓者の旅に思いをはせる。「だが今では、トウモロコシや大豆の畑だけで、他には何もない」

農家の数が減る半面、こうした畑は増えている。南北戦争時に比べると、米国の人口は一一倍に増えたにもかかわらず、農家の数は減っているのだ。これは、規模拡大、統合、自動化という経済性の追求が絶え間なく推進されてきたことを表している。現在、米国の農地の四分の三は、一二パーセントの農業経営者によって管理されており、農場規模の中央値は過去三〇年間に二倍以上に拡大して、四九九ヘクタールになっている。[14] これらの農業地帯の中にいるのは、もちろん人間だ。その多くは、車に支配された広大な郊外にある、手入れの行き届いた芝生付きの住宅に暮らしており、蛇行する巨大な高速道路が人間と彼らが購入する商品を運んでいる。デラウェア大学の昆虫学者であるダグ・タラミーは「これらの地域はどこも、昆虫を支えるようにはできていない。人間様専用なんだ」と言う。彼は、オレゴン州に暮らす孫たちに会いに行くために、定期的にペンシルヴェニア州から車でアメリカ大陸を横断している。

畑の脇にあるべき野草や雑草が道路ぎわまで排除された広大な農業地帯を何時間もドライブすることに、タラミーは苛立ちを覚えている。「何が不満なのかというと、そんなことをする必要はまったくないってことなんだ。畑の縁に在来種の野草を生やしたところで、一オンスの収穫も犠牲にはならない。私たちは、農地を整えようとするあまり、昆虫の個体数を激減に追いやっている。いずれ、しっぺ返しをくらうことになるだろう」

人間が周囲の環境を物理的にだけでなく、化学的にも変えてしまったことにより、昆虫たちは壊滅的な打撃を被ってきた。現在、日常的に使用されている一連の殺虫剤は、昆虫たちに毒気をはらむ瘴気を生み出しており、科学者たちはその影響をようやく定量化し始めたにすぎない。作物に対する害虫対策は、作物とほぼ同じぐらい前から存在してきた。古代メソポタミアのシュメール人は硫黄化合物を使って虫やダニを駆除し、ローマ人は雑草を退ける初歩的な方法を開発した。だが、過去一〇〇年の間に、作物を食い荒らしたり枯らしたりする侵略者に対抗するまったく新しい必殺兵器を開発してきたのは、化学産業界だった。

様々な種類がある農薬には、寄生する菌類やその胞子を除去するための殺菌剤も含まれる。また、雑草を除去するために使用される除草剤もあり、代表的なものには「ラウンドアップ」という商品名により世界中で販売されているグリホサートがある。一九七〇年代に登場して以来、着実にその効果を強めてきた化学物質は、害虫との毎年の戦いにおける優位性を農家にもたらした。オーストラリアの作物学者スティーブン・パウルズは、グリホサートについて「一〇〇年に一度の大発見であり、世界の食糧生産を安定させることにおいて、病気を治すペニシリンに匹敵する重要性がある」という。[15] グリホサートはまた、何万人もの人々に発生しているがんとの関連が指摘され、訴訟対策費用がバイエル社の重荷になっている〔ドイツの大手製薬会社バイエル社は二〇一八年にラウンドアップ製造元のモンサント社を買収した〕。それに耐えかねた同社は、二〇二一年七月以降、米国で販売している芝生や庭用の製品からこの除草剤を外すと発表した。

しかし、化学的な処理がアブラムシやタデやその他の敵との戦いを激化させるにつれ、他の様々な昆虫も、ますますその戦いの巻き添えになってきている。除草剤の使用は一九九〇年代以降に急増した。これは、ラウンドアップ除草剤に耐性を持つ「ラウンドアップ・レディ」と呼ばれる作物が導入されたためで、それ以来、農業経営者は除草剤を思う存分撒布して雑草が駆除できるようになったのである。これにより、化学企業は作物栽培プロセスの両端を標的にできるようになった。すなわち、バイエル社が販売する、除草剤に耐性を持つ「ラウンドアップ・レディ」の種子を、同じくバイエル社が販売する代表的な除草剤「ラウンドアップ」に対する最大の防御策として販売しているのだ。だがこのことはまた、除草剤が環境に漏れ出して、思いもよらなかった結果をもたらすという事態を招いている。たとえば、グリホサートはミツバチの腸内細菌を乱して、病気にかかりやすくさせていると考えられている。[16]

また、昆虫ではなくカビを対象とする殺菌剤の影響も研究者を驚かせることになった。殺菌剤の使用とミツバチの減少には有意な相関関係があり、[17]実験室での研究では、ミツバチに寄生してコロニーを弱らせる微胞子虫であるノゼマ原虫の流行を殺菌剤が助長する可能性があることが判明している。[18]

しかし、昆虫を標的にした最も致命的な武器は、その名の通り、「殺虫剤」だ。その頂点に君臨するのが、ネオニコチノイドと呼ばれる化学物質群である。科学的にニコチンに類似したこの新世代の殺虫剤（「ネオニコチノイド」という名称は「新たなニコチン様殺虫剤」という意味である）も、バイエル社によって開発されたもので、様々なメーカーから八種類の製品が発売されている。

過去三〇年の間に、ネオニコチノイド系殺虫剤は芝生から農地までのあらゆる場所で使用される人気の高い農薬となり、今では世界で最も広く使用される殺虫剤になった。その利点は明白だ。ネオニコチノイド系殺虫剤は、植物の師管液を吸い取るアブラムシをはじめ、ノミ、特定のキクイムシ、好ましくない甲虫などに対して圧倒的な効果を発揮するだけでなく、「浸透性」の殺虫剤とみなされている。つまり、薬剤が植物の表面にただ留まるのではなく、吸収され、宿主の循環系を速やかに移動して根に達し、葉やその他の末端の組織にまで浸みわたるのだ。ネオニコチノイド系殺虫剤、通称〝ネオニックス〟は、一四〇種類の作物に、いわば全面的な力場を提供するため、農業経営者は、何度も化学薬品を撒布しなくても、収穫物、ひいては生活の糧が昆虫の侵入者による被害から守られると楽観できるようになった。

近年、ネオニコチノイド系殺虫剤の一体型の性質は、新たな極限に達した。土地所有者に販売する種子に少量のネオニコチノイド系殺虫剤を常時塗布することにより、植物のライフラインにこの化学物質を最初の生長段階から注入するようになったのだ。二〇〇〇年代に入ってからは、この農法がデフォルトになり、ネオニコチノイド系殺虫剤でコーティングされた種子の販売量は、米国だけで三倍に増えた。

現在、ネオニコチノイド系殺虫剤は約一二〇カ国において食糧生産に深く浸透しており、その残留成分は、ホウレンソウ、タマネギ、サヤマメ、トマトをはじめ、ベビーフードからさえも発見されている。米国では、アイオワ州の飲料水からネオニックスが検出された。処理を経た後でさえも、しつこく残留していたのである。英国では、ノーフォーク州とサフォーク州の境を流れるウェイヴニー川の水に混入している。中国では、二〇一七年に全土から集めた数百人の尿を検査したところ、ほぼすべてのサンプルにネオニコチノイド系殺虫剤が含まれていたという[19]。

ネオニコチノイド系殺虫剤に汚染されたイチゴを口にすることへの潜在的な不安感は、有機栽培の野菜を選ぶといったような、正しいと思われるライフスタイルの選択によりしばしば解消される。そうすることにより、私たちは食べ物の作り方を根本的に見直すという考えをうやむやにすることができるのだ。だが、昆虫たちは、そんなことさえできない。

二〇〇八年の春は、ヨーロッパのミツバチにとって受難のときだった。フランス、オランダ、イタリアで大量のミツバチが死んだのだ。最も被害が深刻だったのはドイツで、政府は、養蜂家が消滅寸前の巣を捨てられるように、アウトバーン沿いにコンテナを設置する必要にかられた。調査の結果、ミツバチの死因は、コーンルートワーム〔Diabrotica属の甲虫で、幼虫がトウモロコシの根を食べる〕の流行を根絶するためにネオニコチノイド系殺虫剤の一種であるクロチアニジンを使用したためであることが判明し、この結果を受けて、製造元のバイエル社は養蜂家に補償金を支払ったが、因果関係は認めなかった。[20]

その一〇年後、ブラジルで、わずか数カ月の間に約五億匹のミツバチが死んだ。死骸の山は、EUで使用が禁止され、米国では発がん性の可能性が指摘されている殺虫剤のフィプロニルにまみれていた。ジャイル・ボルソナロが大統領に就任して以来、ブラジルでは一日に一種類のペースで、合成農薬や肥料が認可されており、その中には非常に毒性の強いものもある。[21]ブラジル人の生態学者、フィリペ・フランカは、「僕らはこうした物質の使用量を減らすべきなのに、増やしている。ブラジルは、昆虫を守るどころか、その真逆のことをやっているんだ」と言う。

多くの昆虫にとってネオニコチノイド系殺虫剤の時代は、レイチェル・カーソンの『沈黙の春』により悪名を馳せ、現在はほぼ全面的に禁止されている殺虫剤のDDTに匹敵するほど残酷なものだ。[22]むしろ、苦境はさらにそれを超えているかもしれない。ミツバチに対するネオニコチノイド系殺虫剤の毒性は、DDTの七〇〇〇倍にもなると計算されているからだ。デイヴ・グールソンによると、小さじ一杯のイミダクロプリドで、インドの人口と同じ数のミツバチを殺すことができるという。[23]

水溶性のネオニコチノイド系殺虫剤は、日常的に土壌に浸透して河川に流れ込み、様々な陸生と水生の昆虫に接触する。また、野草に浸透して花蜜や花粉を汚染し、それを無防備な送粉者が拾ってしまう。一部の推定によると、ターゲット作物自体に留まるネオニコチノイドは、わずか五パーセントにしかすぎないという。[24]ネオニコチノイド系殺虫剤は、昆虫の神経シナプスの受容体を攻撃することにより、制御不能な震えや麻痺を引き起こす。アブラムシのような小さな害虫に致命的なダメージを与えることはもちろん、蝶やカゲロウ、トンボ、野生のハナバチ、小虫をはじめ、ミミズなどの無脊椎動物の減少との関連性も指摘されている。[25]

たとえ死を免れたとしても、一種の脳障害を被る可能性は十分にある。ミツバチは、抽象的な数学を理解することができ、餌と引き換えに糸を引いたりレバーを回したりすることができる抜け目のないやり手だが、一般的な量のクロチアニジンへの慢性的な曝露が認知機能の損傷を引き起こし、学習機能や記憶機能が損なわれる可能性があることが突き止められている。[26] この機能低下は、飛行距離で測ることができる。もう一つの代表的なネオニコチノイド系殺虫剤であるイミダクロプリドに冒されたミツバチが飛ぶ距離と時間は、冒されていないミツバチに比べて短くなるのだ。[27] これは、生き延びるために繰り返し採餌に出かけなければならないミツバチにとっては、重要な違いである。

イミダクロプリドは、ハエの失明[28]やミツバチのコロニー崩壊[29]と関連付けられている。一方、三種類目のネオニコチノイド系殺虫剤であるチアメトキサムは、マルハナバチの女王蜂の繁殖力を四分の一低下させた犯人として疑われている。[30] ミツバチも野生のハナバチも、冬になると、蓄えた蜂蜜を食べたり、冬眠のような状態になったりして縮こまる必要があるが、ネオニコチノイド系殺虫剤は、このような静止状態から無事に抜け出すチャンスを低下させると批判されている。[31] 今やミツバチの暮らしはネオニコチノイド系殺虫剤と密接に絡み合っており、世界中から蜂蜜を集めて調べたところ、四分の三からその成分が検出された。[32]

インペリアル・カレッジ・ロンドンの研究者たちは、ネオニコチノイド系殺虫剤がミツバチのコロニーに侵入すると、どれほど大きな影響が出るのかを調べるために、最新研究ツールの偉大な技術力を活用して、ハナバチの脳の中を覗いてみることにした。研究チームは実験室で、マルハナバチのコロニーにいるモコモコした働き蜂が、ネオニコチノイド系殺虫剤を含むショ糖液の入った餌箱まで歩いていける仕組みを作った。働き蜂がコロニーに持ち帰った餌は、次の世代の蜂となる幼虫を育てるために使われた。そして、その幼虫がサナギから羽化すると、その半数については三日齢のときに、残りの半数については一二日齢のときに、学習能力が試された。この研究には、実験後にマルハナバチの頭部を切り落として、切り取った頭部をマイクロCT装置でスキャンすることが含まれていた。インペリアル・カレッジ・ロンドンの研究者の一人であるリチャード・ギルは、頭部を切り落とすことについて次のように語っている。「やりたくてやってるわけじゃない。科学のために必要なんだ」

実験結果は、この農薬がまったく与えられなかったコロニーの若蜂と、さらにサナギから成虫になったのちに一度だけそれを与えられたコロニーの若蜂からなる対照群と比較された。すべてのハチについて行なわれた実験は、匂いと、報酬として与えられる餌とを結びつけられるかどうかを見るというものである。その結果は驚くべきものだった。幼虫のときに〝ネオニックス〟にさらされた実験群のハチは、食べ物の報酬を得る実験の成績が悪く、学習や記憶に関連する脳の領域が異常に縮小していたのだ[33]。実験群のハチは、成虫になってからは農薬の入った餌を与えられていなかったため、三日齢のときに示していた障害を一二日齢になっても抱えていたことに、研究者たちは驚いた。つまり、ハチの生命が始まった最初期の時点でこの農薬にさらされたことによる脳障害は、一生涯残るほど深刻なものであることが示唆されたのである。

農薬の規制は、特定の生物に対する殺傷力に基づいて行なわれているが、ギルによると、このことは、ハチが成長する過程で被りかねない重要で非致死的なダメージを見落とすことになるという。ちょうど、妊娠中に摂取したアルコールや薬物が胎児にダメージを与えかねないのと同じで、長期にわたって害を受けた結果は甚大なものになる。「野生のハナバチのコロニーでは、生き残ったハチしか目にできない。だから、未知の速度でコロニーが失われている可能性がある」とギルは言う。「蜂群（ほうぐん）

崩壊症候群（ＣＣＤ）というとミツバチばかりが話題になるが、マルハナバチも似たような蜂群崩壊症候群に人知れず見舞われている可能性がある。どうなっているのかは、誰にもわからないんだ」

この殺虫剤の影響は深いものである可能性があると同時に、広いものである可能性もある。空を飛ぶ送粉者も、花粉や花蜜を集めることによってネオニコチノイド系殺虫剤にさらされるが、植物の根元で這ったり、穴を掘ったり、小走りしたりする非常に多くの昆虫のコミュニティも同様のリスクに直面している。ネオニコチノイド系殺虫剤が染み込んだ土壌では、地面に巣を作るハナバチが致命的なレベルのクロチアニジンにさらされ、ナメクジは有毒物質の貯蔵庫と化し、それを捕食・摂取した甲虫は間接的に命を落とす。[34]

ネオニコチノイド系殺虫剤の触手は、土壌や淡水の生物、さらには空の生物に至るまで、私たちの環境の隙間に深く入り込んでいる。渡り鳥のミヤマシトド〔スズメ属の鳥〕を調査したカナダの研究では、イミダクロプリドを添加した種子を食べたほんの数時間後にこの鳥の体重が減少して、その後の渡りが遅れたことが判明し、それにより繁殖に影響が出ることが懸念されている。[35] イミダクロプリドは、ほんの微々たる量でもスズメを無気力にして、食欲を減退させたのだ。喫煙者ならおなじみの症状だろう。この倦怠感はスズメだけの問題ではないようで、オランダの研究者たちは、イミダクロプリドの濃度が一定以上になると、昆虫を食べる鳥の個体数が年平均で三・五パーセント減少することを突き止めている。[36]

日本の南西部に位置する宍道湖（しんじこ）は、魚や貝、水鳥などが生息する汽水域で、夢のように美しい夕陽が見られることで有名だ。一九九〇年代初頭、湖畔の稲作農家がイミダクロプリドを使用し始めた。するとほどなくして、甲殻類や動物性プランクトンといった食物連鎖を支える節足動物の個体数が減少し始めた。地元の人たちをがっかりさせたことに、次に姿を消したのは、食物源を失ったウナギ、アユ、ワカサギなどの魚類だった。近くの水田に撒かれるイミダクロプリドの量が増えるにつれて商業漁業は崩壊し、いまだに立ち直れないでいる。水田は水に浸かっているため、化学物質が田から水路へと流れ込むのを助長するが、研究者たちは、同じ現象が小麦やトウモロコシを育てる畑でも起きているのではないかと推測している。農薬と宍道湖の衰退との関係を明らかにした日本の科学者たちは、研究論文を『沈黙の春』からの引用文で締めくくった。[37] レイチェル・カーソンが、農薬の威力は「鳥のさえずりや小川で魚が跳ねる姿を押し殺す」と嘆いた一文である。

カーソンは「浸透性殺虫剤の世界は、グリム兄弟の想像を超える薄気味悪い世界だ。それは、おとぎ話の神秘の森が、毒の森になってしまった世界である」と綴った。それから六〇年の歳月が流れたが、すべてが変わってしまったように思える半面、何も変わっていないようにも思える。論文の執筆者たちは「日本の内水面におけるネオニコチノイド系殺虫剤の生態学的・経済的影響は、カーソンの予言を裏付けるものだ」と綴った。

ネオニコチノイド系殺虫剤の使用が定着した今、その影響はしばらく続くと思われる。米国だけをとっても、農場に植えられたほぼすべてのトウモロコシの種子と綿花が、ネオニックで処理されている。大豆の種子の約半数も同じだ。まとめると、米国の全耕作地のうち、ネオニコチノイド系殺虫剤が使われている面積は、約六一〇〇万ヘクタールに及ぶ。これはテキサス州の面積にほぼ匹敵する。

ネオニコチノイド系殺虫剤は農地の上に洗い流されるのではなく、蓄積される傾向があるため、層となって毒性のレベルを強めてゆく。殺虫剤を大量に使用している国々の農地には、おそらく歴史上いまだかつてなかった量の致死性の化学物質または有害な化学物質が蓄積されていると思われる。ある研究によると、過去四半世紀の間に、米国の農業の昆虫に対する毒性は四八倍にも増加したが、この急増の大部分の原因はネオニコチノイド系殺虫剤にあるという。[38] 特徴のない広大な農地で、昆虫たちは組織的に体を傷つけられ、精神を混乱させられ、殺されているのだ。マイアミ大学に所属する養蜂専門家のアレックス・ゾムチェクは、「私たちの昆虫は今、汚れた遊び場で遊んでいて、それに耐えられるだけの多様性や遺伝子構造を持ち合わせていないんだ」と言う。

たとえ、ここ数十年、米国の多くの地域で、畑に撒かれる殺虫剤の量が減少しているとはいっても、昆虫にとっての危険性は増大し続けている。ある分析研究によると、米国のハートランドと呼ばれる地域（アイオワ州、イリノイ州、インディアナ州、ミズーリ州の大部分、およびその他五つの州の一部）におけるミツバチに対する有害度は、過去二〇年間に一二一倍という耳を疑うレベルに急増したという。[39] 私たちには何の問題もないように見えるトウモロコシ畑は、昆虫にとってみれば、音を立てて回転するノコギリや腹をすかせたワニで充満する悪臭ふんぷんたる穴と化した住処のようなものなのだ。ペンシルヴェニア州立大学の昆虫学者であり、この分析研究の著者であるクリスティーナ・グロジンガーは、「農地に農薬を追加するときには、多くの場合、前年の農薬が残っているんです」と言う。「ネオニックスやその他の化学物質は残留するので、濃度はどんどん高まっていきます。どんどん、どんどん蓄積されていくんです」

殺虫剤の影響は非常に強力で、ターゲット地域を超えて自然豊かな場所にまで波及することがある。ドイツのクレーフェルトの田園地帯で起きたことも、その例であると疑われている。そこでは、農業と保護地域がチェス盤のように隣接しており、そうした景観の中で昆虫の減少が記録されたのだった。一方、多様性のある景観は、農薬の害を相殺できる場合がある。英国、ドイツ、ハンガリーにあるキャノーラ〔菜種を遺伝子改変した品種〕畑周辺のミツバチと野生のハナバチを調査したところ、近くの自然地域を訪れて他の餌もとることができたハチたちは、農薬にまみれた単一作物栽培の畑だけに囲まれたハチたちより健康状態が良いことが示された。

だが、これはハナバチに限ったことではない。これらの社会性のある生物は、そのカリスマ性と私たちの生活における重要性のために際限なく研究されているが、打撃は、見落とされているあらゆる層の昆虫に及んでいるとグロジンガーは確信している。彼らの多くは、地平線までカーペットのように広がる畑の中で、避難所に逃げ込むことができない。「私たちがほとんど知らない、見事な昆虫の多様性があるのに、このような状況に置かれた大部分の昆虫はうまくやっていけません。問題なくやっていけるのは、ほんの一握りに限られるでしょう」とグロジンガーは言う。

グロジンガーをはじめとする昆虫学者にとって、多くの昆虫が失われたり攪乱されたりすること以上に苛立たしいのは、それが無駄なことによって引き起こされた結果であるという可能性だ。ペンシルヴェニア州立大学が発行している示唆に富むファクトシートには、この無能な無駄を例示する情報が掲載されている。大豆の苗は、発芽期にネオニコチノイド系殺虫剤をたっぷり浸みこまされるが、標的害虫であるアブラムシが大挙してやってくるのは、苗がより成長し、化学物質が環境中にほとんど浸出してしまった夏の半ばになってからだ。農薬のピークと害虫襲来のピークがずれているのである。

二〇一九年に、数十人の科学者がこの問題を詳しく調べたところ、かなりがっかりさせられる結果が得られた。米国中西部の大豆作物を対象とした二〇〇近くの研究のほぼすべてにおいて、ネオニコチノイド系殺虫剤が収穫を向上させたことを示す証拠がほとんど得られなかったのだ[40]。研究者たちは、ネオニコチノイド系殺虫剤を使う処理のコストを考慮すると、この化学物質が「米国の農家にもたらす利益は無視できるほど少ない」ことを見出した。その原因は、皮肉なことに、ネオニコチノイド系殺虫剤が実際に抹殺したものにある。すなわちこの殺虫剤は、捕食性昆虫の大部分を排除することにより、アブラムシ、タマナヤガの幼虫、ツマジロクサヨトウの幼虫などの害虫を助けて作物を自由に食い荒らせるようにするという逆効果をもたらしてしまうのだ。

フランス国内のあらゆるタイプの農場一〇〇〇カ所を調べた研究によると、九四パーセントの農場は農薬を減らしても生産量が減らず、かなりの数の農場では、化学薬品の使用を減らした方が、より多くの食物や繊維を生産できることがわかった[41]。特に殺虫剤については、驚くべき結果が得られた。ほぼ九〇パーセントに当たる農場では、使用量を減らしても生産量が増えると推測され、生産量が減るとみなされた農場はゼロだったのだ。

この研究が二〇一七年に発表されたタイミングは、「二〇五〇年までに九〇億人以上に膨れ上がると予想される世界人口を養うには、農薬が不可欠である」とする農薬メーカーの主張を批判する国連の報告書が公表された直後のことだった。国連の報告書は、このような主張は「神話」であり、化学企業は、農薬が引き起こしている「環境、人間の健康、社会全体に与える壊滅的な影響」を否定していると断言した。

農薬使用に対する風当たりが強まったことにより、農業界では化学薬品をほぼまったく使用しないようにシフトする動きが、小さいながらも広がっている。昆虫学者のジョン・ラングレンは「殺虫剤は完全に不必要だ」と言う。彼によると、サウスダコタ州にある自らの農場では、再生農業の原則を取り入れることによって、害虫の発生が少なくなったという。再生農業とは、土壌を決して植物の生えていない状態にせず、生物多様性を維持することによって、昆虫の捕食者にナイトクラブの用心棒さながら作物を守らせるというものだ。農場自体も一様な平原ではなく、家畜、作物、果樹園などが寄せ集められた場所になっている。「現在のシステムでは、天然資源の基盤が崩壊している。昆虫の黙示録は、その最初の兆候に過ぎない」とラングレンは言う。

理想的には、農業経営者が輪作、種まきの時期の慎重な管理、化学薬品の撒布によらない機械による大量除草といった技術に回帰することが望ましい。だが、化学薬品がなくても作物が育つことを発見した科学者たちでさえ、必ずしも化学薬品がまったく役に立たないわけではなく、無差別に破壊的な方法で使われすぎていることが問題なのだと指摘する。グロジンガーはネオニックスについて、次のように言う。「もしこれがそれほど優れた農薬だというなら、使用量を減らし、総毒性のレベルも横ばいにすることができるはずです。私たちが現在目にしているような使用量の増加は見られないはずなのです。この増加は問題です。それは、害虫駆除という本来の問題に対応するために増加しているのではなく、それ以外の要因に対応するために増加していることを示唆しています」

農業経営者は「循環型依存症」に陥っているとラングレンは言う。つまり、殺虫剤が生物多様性の損失をもたらし、それに対処するために、さらなる化学薬品が持続的かつより強化された形で使われている、というのだ。しかし、この循環は決して避けられないものではない。前世代の農業経営者は、毒物のカクテルを作物に浴びせなくても、それなりの収穫を得ることができていた。それなら、なぜ今そうすることができないのか？

その答えの一つは、アグリビジネスの強大な力にある。従来の「ビッグ6」は、近年の合併によって、さらに大きな「ビッグ3」に変貌した。バイエルはモンサントと、ダウはデュポンと、シンジェンタはケムチャイナと合併し、大量に売りつけられる種子のコーティング剤に何が使われているのかさえよくわかっていない農業経営者に対して、殺虫剤の使用は農業経営の必須要件だと奨励し、その一方で、立法者や規制当局者による殺虫剤の使用制限の動きを阻止している。

ジェフ・ペティスは、農薬産業界の影響力を間近で目にしてきた。米国農務省（ＵＳＤＡ）に所属する科学者としての長いキャリアの中で、彼は、ネオニックスがミツバチに与える影響を調べようとして、イミダクロプリドを含んだプロテインパテ（ミツバチ用のミニハンバーガーのようなもの）をコロニーに与え始めた。添加量はごく微量で、バイエル社が推奨する安全基準値の少なくとも一〇分の一以下だった。「オリンピックサイズのプールに五滴入れて均等に混ぜたのと同じ濃度だ。つまり、ごくごく微量だった」とペティスは言う。数カ月後、ペティスたちは、殺虫剤を含んだタンパク質の餌を与えられた若いミツバチは、真菌の腸内寄生虫であるノゼマ微胞子虫に倒される率が有意に高いことを発見した。[42] 殺虫剤を含んだタンパク質の餌がミツバチにもたらしたこのインパクトは、農薬が、蜂群崩壊症候群（CCD）を含むミツバチの死亡率増加の「主要原因」になっている可能性を示唆している、とペティスと共同研究者は論文で指摘した。蜂群崩壊症候群とは、ミツバチが突然巣を放棄する悲惨な現象である。

すると農薬メーカーは、ペティスはこの結果を、タバコ産業が喫煙と様々ながんとの関連を示す科学を軽視していることになぞらえようとしている、として彼を非難するキャンペーンに乗り出したのだった。ペティスの研究は、畑で起こることを現実的に考えていないとか、作物への大量撒布を繰り返していた昔の悪い時代に時計を巻き戻そうとしているなどとして批判された。ペティスは、研究結果についてマスコミに話したり、公開討論会を開いたりする自分の権限を農務省の所属局が制限していることに気づいた。共和党の議員からは、ネオニックスについて話すことは「台本から外れている」として叱責された。ペティスは降格され、最終的に辞職した。「彼らは、疑念がかけられるところならどこでも疑っていた。現状を維持したかったんだろう」とペティスは言う。

農薬メーカーは、ネオニックスが有害であるという研究結果に異議を唱える団体に資金を提供したり、それまで批判的だった科学者を協力させたり、化学物質ではなくダニを標的にすることに大きく偏ったミツバチの健康に関する取り組みを支援したりしてきた。また、モンサント社（現在はバイエルの傘下に入っている）は、ラウンドアップとがんとの関連性を指摘する科学者の信用を失墜させるような運動を展開し、[43] バイエル社は、農薬に懸念を抱く人々のことを、花と話すのが好きといった非論理的な陰謀論者として描くことにより、化学物質がもたらす害を軽く思わせるオンライン動画を作成した。[44] この動画では、ティーカップに落ちた角砂糖がしぶきを立てたり、女性が口紅を塗ったりする映像にかぶせて、「本当のことを言えば、私たちの体は日々様々な化学物質を処理しているのです。それが普通なのです」というナレーションが流れる。[45]

殺虫剤メーカーのこうした取り組みが、議員を堕落させたりペティスを降格させたりするきっかけになったかどうかは定かではないが、この経験はペティスをより慎重にさせた。「米国農務省の信頼を失い、ハチの病気や問題について話すことができなくなったとき、私は居心地が悪くなって辞職することにした」とペティスは言う。「今にして思えば、大きなプレッシャーがかけられていたね。プレッシャーは様々な方向からかかってきた。殺虫剤業界が私が言うことを好ましく思っていなかったのは明らかだった」

バイエル社側は、過去半世紀の間に世界中でミツバチのコロニー数が増加していること（同社は野生のハナバチの動向については言及を避ける傾向がある）、そしてネオニックスを使った種子処理による収穫量に匹敵するためには、さらに一二〇万ヘクタールの農地が必要になると指摘する。確かに状況は一様ではなく、様々な災害が同時にハナバチを傷つけており、そのすべてが、一つや二つの多国籍企業に起因しているわけではない。だが、独立した専門家が人間や環境に対する被害と関連付けている最も危険な農薬の継続的な使用は、業界にとって経済的に欠かせないものとして留まり続けている。

アグリビジネス分析の第一人者であるフィリップス・マクドゥーガル社が作成したデータによると、二〇一八年に大手農薬メーカー五社が販売した危険性の高い殺虫剤の総額は四八億ドルに及び、五社の総所得の三分の一以上を占めていた。[46] また、これらのメーカーの売上の約一〇パーセントは、ハナバチに対して毒性があると判断された農薬によるものだった。このような売上を維持するには、政治家や一般市民が、厄介な科学者や運動組織の主張により懸念を抱かされないことに大きくかかっている。

そのため、二〇一八年にEUがネオニコチノイド系の代表的な三種の殺虫剤、すなわちクロチアニジン、イミダクロプリド、チアメトキサムの屋外での使用を全面的に禁止する決定を下したことは、農薬メーカーにとって大きな痛手となった。EUはそれまでも、セイヨウアブラナなどのハナバチを引き寄せる顕花作物について、この三種の殺虫剤の使用を制限していたが、これらの化学物質はハナバチだけでなく、土壌や河川の健全性に対しても大きなリスクとなるというアセスメントの結果を受けて、より広範囲な使用禁止に踏み切ったのだった。この取り締まりは、昆虫の危機に対する懸念が一般の人々の間で爆発的に広まって以来、初めての大規模な規制となり、運動家の間では歓喜の声が上がった。「四半世紀前にネオニコチノイド系殺虫剤を認可したのは誤りで、環境破壊をもたらしてしまった。今日の投票は歴史的なものだ」と、農薬行動ネットワーク・ヨーロッパ（PANヨーロッパ）〔ブリュッセルに拠点を置くNPO法人〕のマルタン・デルミンは、使用禁止が決定された日に誇らしげに語った。

EU内のいくつかの国は、さらに踏み込んだ対応をとった。フランスは、EUが禁止している三種類のネオニコチノイド系殺虫剤に加えて、チアクロプリドとアセタミプリドの使用も禁止することを決定し、この規則を屋外だけでなく温室内にも適用した。一方、オーストリア、チェコ、イタリア、オランダでは、除草剤グリホサートの使用を制限する方向に動いた。ラウンドアップの究極的な所有者であるバイエル社の本拠地ドイツも、同様の規制を二〇二四年から実施する計画を発表した。「昆虫に害を与えるものは、人間にも害を与えます。私たちに必要なのは、より多くの羽音なのです」とドイツの環境大臣（当時）スヴェーニャ・シュルツェは語った。

これらの禁止措置が万能薬となって、ヨーロッパの昆虫は復活すると考えたくもなるが、実際には複雑な事情によって身動きがとれなくなっている状態だ。ネオニックスは環境中に長く残留するらしく、前回の規制の後でも、ミツバチや花蜜にその痕跡が数年間残っていた。また、次に農作物の害虫駆除に使われることになる一連のツールが同じような有害性を持たないという保証はない。

ネオニコチノイド系殺虫剤の世界的使用禁止を求める公開書簡に、二四〇〇人以上の科学者を囲い込んで署名させたデイヴ・グールソンは、ウィニングランをしたとしても許されただろうが、彼の見通しはもっと厳しい。前回のDDTに対する勝利は、カーソンの遺志を遂げるものとして働いて、自然界に対する圧力を和らげるはずだったが、昆虫たちは今、かつてなかったほどの過酷な状況に直面している。いくつかの武器を撤退させても、戦略が同じものに留まれば、戦況は変わらないのだ。「私たちは同じ過ちを何度も繰り返しているように思える」とグールソンは言う。

研究者たちは、ネオニコチノイド系殺虫剤の影響に関する三〇年分の証拠を蓄積してきた。これらの証拠は、EUが使用禁止策を導入する根拠となった。それに代わるクラスの殺虫剤が登場すれば、調査の時計はリセットされるだろう。現代農業の鋳型が崩されない限り、圧力と放出のパターンは繰り返される運命にある。「これは無限サイクルだ。つまり、何かを禁止すると、別の何かに取って代わられ、二〇年後には、それも環境に有害であることがわかる。そして今度はそれを禁止して、同じことを繰り返していくんだ」とグールソンは言う。

ヨーロッパの外の地域では、このサイクルの回転に、より長い時間がかかっている。殺虫剤メーカーは、アフリカでの売上を大幅に伸ばすことに意欲的だ。だが、そこではすでに悪影響の兆候が表われている。ガーナでは、カカオ栽培にネオニックスが広く使用されており、カカオの天然の送粉者である小虫が影響を受けている。また、ネオニックスはカカオの害虫を駆除する天敵も減らしたため、害虫の数が増えてしまった。これは、チョコレートを愛する人々にとっては不安な傾向である。

米国では、バラク・オバマ大統領時代にネオニコチノイド系殺虫剤の使用を規制する動きがあったが、ドナルド・トランプ大統領は、連邦政府の自然保護区内でネオニックスの使用を禁止するといった最もささやかな措置さえ覆してしまった。米国の農業を円滑に動かし続けるため膨大な規模の受粉をまかなうように求められてパンク寸前に陥っている養蜂家たちは、ネオニックスの使用禁止を求める訴訟を起こしているが、何度も挫折させられてきている。たとえ勝訴したとしても、そのことによる救済は一時的なものに過ぎないだろう。ネオニックスに代わる新たな殺虫剤が研究室で作られるからだけではない。土地を利用する方法に他の変更が加わらない限り、単に農薬をなくすだけでは、増え続ける世界の人口を養おうと焦るなかで、昆虫にさらなる被害を与えかねないからだ。

多くの農場では、農薬の使用量を大幅に削減しても十分な効果が得られるだろうが、一部の研究で、保護されていないある種の作物の収穫量は害虫によって壊滅的な打撃を受ける危険性があることが示されている。農薬に代わるものがすぐに見つからなければ、農業経営者は収穫量の不足を補うために栽培面積を大幅に増やそうとするだろう。世界的な人口増加が予想されるなか、国連食糧農業機関（FAO）が現在の食生活傾向に基づいて行なった推計によると、人口増加のペースに追いつくためには、二〇五〇年までに毎年二億トンの肉類と一〇億トンの穀物を追加で生産することが必要になるという。[47]

この追加の食糧生産のために犠牲になる土地は、昆虫や広範な環境に災いをもたらすことになる。ヨーク大学の生物学者であるクリス・トマスは、「もし農薬を使用しないとしたら、現在耕作されている土地の半分にあたる面積をさらに耕さなくてはならなくなる」と言う。「それは、うろたえてしまうような見通しだ。現在私たちに残されている、作物や家畜を良好に育てることができる生産性の高い土地のほぼすべては、熱帯雨林の中にあるのだから」

このような悲惨なトレードオフをすることなく昆虫の危機を解決するには、より深く、より根本的な改革が必要だ。輪作や害虫の自然な捕食者を増やすなどの様々なアプローチをとった後、最後の手段として農薬を使用するという総合的な害虫管理の哲学が定着しなければならないだろう。それに伴い、水耕栽培で水と栄養分を供給しながら、土壌のない屋内環境で農産物を高く積み上げて栽培する垂直農法の導入も必要になるかもしれない。

私たちが日常的に行なっている家事は、昆虫に対する圧力を軽減するための産業界のオーバーホールとは、かけ離れたものに思えるかもしれない。何と言っても、日常的に有害物質を含んだ種を畑に蒔いたり、野草が茂る野原を潰したりしている人はあまりいないだろう。だが私たちも直接的・間接的に昆虫の危機に加担している。つまり、資源の消費方法の選択を通して直接的に、そして家庭での行動を通じて間接的に加担しているのだ。一九五〇年代以降、家庭には、家の中や庭に出没するゴキブリ、アリ、ハエ、そして他の飛んだり小走りで逃げたりする招かれざる生き物を駆除するために、様々な種類の殺虫剤が日常的にストックされてきた。この電撃戦は、薬剤耐性のある蚊を生み出し、マラリアやデング熱が蔓延している地域では、常に進化を続ける治療法を見出さなければならなくなった。また、害虫の捕食者が巻き添えになり、かえって害虫が増殖する空間を生み出すという、農業が直面している状況のミニチュア版を作り出すことにもなっている。

一見すると無害で魅力的な、欧米の家庭の豊かさを象徴するものも、昆虫にとっては大きな敵となることが判明している。芝生は多くの国において、郊外の生活に欠かせない装飾品だ。それらはみな、青々とした緑をたくわえ、雑草がなく、きちんと刈り込まれていて、足元にびっしり生えているという均一の美的感覚に従っている。まるで室内のカーペットを戸外まで敷き延ばしたようだ。

中国のような国では、芝生はレクリエーションの場というより、むしろ公園における鑑賞用の領域に属するが、ヨーロッパ、オーストラリア、米国では、芝生は今や住宅所有者としての誇りや、ある種の勤勉な労働の質といったものと強く結びついている。長年にわたって世界の芝生を研究してきた西オーストラリア大学のランドスケープ・アーキテクトであるマリア・イグナティエヴァは、「他のどの国よりも米国では、芝生が威信や地位を象徴するものになっています」と言う。

米国では、芝生をこの望ましい美的状態に保つため、除草剤や芝刈り機を中心とする三六〇億ドルもの巨大産業が生まれた。住宅の芝生は、毎日推定二六五億リットルもの水と、年間二七〇〇万キログラムに及ぶ農薬の機銃掃射を浴びている。[48] このような無菌状態の環境下でも、昆虫にとって有用な植物が芽吹くこともあるにはあるが、多くの場合は雑草とみなされ、勤勉な家主によってすぐに抜かれてしまう。「手入れが行き届き、刈り込まれた芝生しかなければ、多くの送粉昆虫にとって花を探す選択肢は狭まってしまいます」とイグナティエヴァは言う。

芝生は環境を構成するマイナーな要素のように思えるが、総計すると、多くの国では、農業、都市部のコンクリート、工業用地を除いた緑地面積の大部分を占めている。二〇〇五年、ＮＡＳＡの科学者たちは、衛星画像を使って驚くべき発見をした。表面積について言えば、商業用の芝生やゴルフコースを含む芝生が、米国最大の灌漑作物になっていたのだ。米国全土における芝生の面積は、トウモロコシの作付面積の約三倍に相当する一二万八〇〇〇平方キロメートルに及んでいる。

私たちは身の回りに、美しさと秩序を備えた偽りの快適な構造物を築いてきた。整然と区画された農地、青々とした野原、華やかでエキゾチックな観葉植物などは、活気ある豊かさの幻想を与えてくれるが、ちょっと立ち止まって、欠けているものについて考えてみるべきだろう。私たちの周囲は、昆虫やそれに依存している鳥などの生物に満ち溢れていて当然だ。だが、私たちはそれらを可能な限り排除してきてしまった。

それでも、ちょっとした変更を加えれば、周囲の単調な環境を打破して、昆虫の暮らしを向上させることは可能だ。クローバーやタイムといった野草に近い植物を取り入れれば、昆虫たちが繁栄する重要な足がかりができる。草をもう少し伸び放題にすれば、より多くの種がやってきて、より多様性に富むようになる。ハサミムシ、甲虫、クモなどの生き物は、積もった落ち葉の下に潜んでいることが多いので、庭を掃除する頻度を減らすことを考えよう。こうしたその場しのぎの葉の家は常に破壊されるため、ドイツ政府は最近、「落ち葉の下にいる昆虫に致命的な影響を与える」という理由で、風で落ち葉を吹き飛ばすリーフブロワーを使わないよう市民に呼び掛けた。

英国では、英国生態学会が、単独性ハナバチ、ミツバチ、ハナアブなどの送粉者の貴重な食料源である地味なタンポポを排除しないようにして、本能的に好まれる花の典型であるバラのような植物は避けようと人々に訴えた。バラは、花蜜や花粉をほとんど含まないのだ。また、玉ネギやニンジンの野菜畑の中に、ちょっとしたカオスが生じていても、たいしたことは起きないはずだ。英国生態学会の会長を務めるジェイン・メモット教授は、《ガーディアン》紙の取材に対して「芝生を刈り込み、雑草を抜くのは、英国人の整頓に対する強迫観念から来ているのです」と語る。[49] メモット教授は、目標にすべきは一種の「ボヘミアン的雑然さ」だと快活に言う。「トラやクジラ、ゾウを個人的に助けることはできませんが、身近にいる昆虫や鳥、植物のために何かをすることは可能です」

芝生に対するカルト的崇拝が消えることはまずないだろう。だが、ダグラス・タラミーは、少なくとも進化することを望んでいる。彼は「絵葉書のように完璧な緑の芝生を持つのは思慮に欠ける行為だ」と言う。タラミーの計算によると、もし米国の住宅所有者が庭の半分を自生植物の育つ場所に変えれば、イエローストーン、ヨセミテ、エヴァーグレーズなど、米国本土四八州にある国立公園すべてを合わせたものより広い昆虫の生息地を作ることができるという。さらには、これによって野生生物の回廊がつながり、人間が支配する荒涼とした環境の中を昆虫が安全に移動できるようになるという。

メモットと同様にタラミーも、ほんの少し方向性を変えるだけでも、昆虫たちに大きな一時的救済を与えることができると考えている。「前庭に草原を作れと言っているわけじゃないんだ。それでは文化的にショックが大きすぎるからね。今ある芝生を入念に手入れして、自分たちが善良な市民であることを示しても構わない。でも、そうしたシグナルはもっと少なくていい。何エーカーもの広大な土地を使って、そんなことをする必要はないんだ。というより、そんなことをしている余裕はない。芝生にいいところは何もないんだからね」

あたかも昆虫の領域に神経ガスを撒き散らすだけでは足りないとでもいうかのように、私たちは夜を明るくすることによって昆虫を混乱させる役目も買って出た。一九世紀に電球が登場して以来、人工的な光は昆虫に問題を突き付けてきた。だが、まばゆいばかりのＬＥＤの到来は言うまでもなく、街灯、スポーツスタジアム、油田でのガス燃焼などからなる、より最近の人間による照明の蔓延により、光害は地球の陸地の約四分の一に及ぶようになった。[50] この問題を考えるときにすぐに思い浮かぶのは、裸電球を月と勘違いして絶え間なく周回する蛾の姿だ。このような無益な軌道に陥った蛾の約三分の一は、疲労困憊したり、捕食者に食べられたりして、明け方までに死んでしまう。

だが、害を被っているのは蛾だけではない。最近発表された研究論文は、光害は「重要な、しかし見落とされがちな、昆虫の黙示録をもたらす要因である」と警告している。一日しか生きられないカゲロウは偏光を目指し、道路などの危険な場所に誤って卵を産み付けてしまうことがよくある。また光は、若い昆虫の発育を害したり、ナナフシのように明るい場所を積極的に避ける生き物の摂食能力を乱したりする。車のヘッドライトに衝突する飛翔昆虫も数十億匹に及び、アメリカタバコガのような昆虫は、半月以上の明るさになると交尾をやめてしまう。

また、夜間に光の洪水をあふれさせると、通常穏やかな晴れた日の営みと関連づけられている植物の受粉が妨げられることもある。スイスの研究者が行なった調査によると、たとえ昼間にたくさんの昆虫が訪れていたとしても、夜間の光によって蛾や甲虫などの夜行性の昆虫が植物を訪れなくなるため、果実の生産量が一三パーセントも減少するという。[51] 光害がもたらす夜間シフトの受粉減少には国連も危機感を抱き、そのことが食糧安全保障にもたらしている「深い懸念」について警告を発することになった。

昆虫の危機にありがちなことだが、光害に関する行為と結果のつながりは、やや不明瞭だ。ポーチの明かりを点けたとしても、すぐに食糧不足や大量の昆虫の苦難に対する罪悪感に襲われることはないだろう。だが、光害は昆虫にとって最も手に負えない問題の一つなのである。生息地の喪失や地球の温暖化に適応できる昆虫も一部にはいるだろうが、昼と夜の区別は、進化の黎明期からすべての昆虫に組み込まれているものだ。それから逃れるすべはない。

がっかりさせられることに、夜間の過剰な光は、私たちが目にするなかで、最も魔法のような魅力を持つ昆虫の一つを脅かしている。それはホタル（ファイアーフライ）だ。ヨーロッパでは「グローワーム」、北米では「ライトニングバグ」とも呼ばれているが、実は、ハエ（フライ）でも蠕虫（ワーム）でもバグ（半翅目の昆虫）でもなく、生物発光を使って光を放つ甲虫だ。

テキサス州南部で育ったベン・ファイファーは、夜になると、家族が経営する牧場で点滅するホタルの光のカーニバルをよく目にしたものだった。瓶にホタルをいっぱい詰めると、それらは様々な光のパターンを発した。「五つの異なる種のホタルが自分のまわりで異なる光を発している。それはすごい光景だよ」と彼は言う。だが今では、瓶をいっぱいにするのは難しいだろう。「今、人々が目にする光のパターンは、ふつう一種類だけしかない。一度数を減らしてしまった今では、強さや輝きが失われてしまったんだ」

世界中のホタル研究者は、この最も光輝く昆虫は、他の昆虫も直面している理由の多くにより、苦境に陥っていると報告している。ホタルは、川岸の泥に生息することが多く、そこに卵を産みつけ、幼虫がカタツムリやナメクジを餌にする。このような水辺で宅地開発が行なわれれば、種全体が消滅してしまう。

ファイファーは、リオグランデ川の川岸全域でホタルの生息地を塞いでいる外来種の植物であるダンチクや、ホタルに悪影響を与える川や泉の汚染レベルに心を悩ませているが、夜に広がる光害についても苛立ちを隠さない。静かな場所であっても、その多くは真の暗闇になることはなく、拡散する照明の光が大気中の微粒子などに反射して戻って来る「スカイグロー」と呼ばれる現象を生み出している。この光は、信号を送り合うホタルの能力を阻害してしまうのだ。ホタルは交尾相手を見つけるために派手なパターンを使うが、メスは最も明るくて速い閃光を放つオスを選ぶ。ホタルの種の多くは、このようなメッセージを送るのに完全な暗闇を必要としているため、光害はホタルの繁殖サイクルにとって慢性的な障害となっている。

現代の照明技術はとりわけ問題が多い。英国の研究チームは、発光するメスに引き寄せられるツチボタル（*Lampyris noctiluca*）のオスの目を調査した。その結果、オスはメスが発する緑色の光を感知することができたが、青色の光が加わると、メスの位置を特定するのに苦労したという。そのため、青みがかった光を放つ新しいLED街灯は、昔ながらのナトリウム灯よりホタルを攪乱する可能性が高いと考えられる。

ファイファーによると、最悪なのは、直視すると不快に感じることのある、非常に強烈な白色LEDの光だという。「人間の目を痛めるのであれば、ホタルにとっては、どれほどの影響があると思うかい？」と彼は言う。最近では、私たちが作り出した白熱世界に適応できる唯一のホタルの種は、ビッグ・ディッパー（*Photinus pyralis*）〔big dipper には北斗七星という意味があり、このホタルの飛行中の光の軌跡が北斗七星に似ていることが名前の由来になった〕であるということが増えている。このホタルは、北はニューヨークにおいてまで見られ、日没前後に求愛行動を行なうため、夜間の余分な光にさほど悩まされることはない。ホタルの研究者となったファイファーは、一度、ウォルマートの前の交通量の多い交差点のオークの木の中でこのホタルが飛ぶところを見て驚いたことがあるという。それは、アルファベットのJの文字を反対向きにしたような特徴的な光のパターンを描いていた。このような機会は、ホタルが数を減らすにつれて、より鮮明に記憶に刻まれるようになるだろう。

ファイファーは今、ホタルを見かけなくなったという話を人々からよく聞かされる。それは、そこから数千マイル離れたデンマークで、人々がアナス・ムラーの車のフロントガラスが透明になったという話により事態を衝撃的に認識させられることに似ている。「人々は事態に目覚めつつある」とファイファーは言う。「変化は目の前で起きている。汚染は、光、ゴミ、農薬といった様々な形をとって存在する。多岐にわたる地域で昆虫の多様性が大きく崩壊し、人々はショックを受けることになるだろう」と。

5. 迫りくる気候変動のもとで

定まった生命の秩序を誰も気づいていない猛スピードで歪めている気候変動は、土地の名称さえ冗長かつ不条理なものにしつつある。

メキシコ中央部にあるオオカバマダラ生物圏保護区は、近い将来、オオカバマダラ蝶を支えられなくなるだろう。太平洋の島国ツバルの国名には「八つが共に立つ」という意味があり、人が住む八つの島にちなんで付けられたものだが〔現在は九つの島に人が住んでいる〕、すでにそのうちの二つの島が海面の上昇と浸食により水没しようとしており、残りの島々もその後を追いつつある。それより寒冷な地域でも驚くべき変化が起きている。モンタナ州の北端に位置し、ほぼ手つかずの大自然が広がるグレイシャー国立公園は、氷河（グレイシャー）に削られた目を見張る山や谷を擁することからその名が付けられたのだが、まもなくその名は不適切なものになりそうだ。

一九世紀半ばに存在していた一五〇の氷河のうち、現在残っているのはわずか二五しかない。[1] これらもまた無に帰してしまうだろう。いくつかの氷河は今世紀末まで持ちこたえるかもしれないが、かなりの氷河が二〇三〇年という近い将来に解けてしまうと考えられている。グレイシャー国立公園に駐在する米国地質調査所の水生生態研究者で、この地域の氷河に覆われた面積が過去一七〇年間のあいだに七三パーセントも減少したことを示す研究調査[2]に加わったクリント・ムールフィールドは、「氷河は急速に消滅している。グレイシャー国立公園には、いずれ氷河がなくなるだろう。そうなったら大激変が起こる」と言う。

グレイシャー国立公園は、実質的にほぼすべての面で手つかずの自然が残っている保護区で、西部探検を行なったルイスとクラークが一八〇六年にこの地を訪れたときに目にした動植物も、すべて健在だ。湖や小川はカットスロート・トラウト〔ニジマスの一種〕やベニザケで溢れ、空にはハクトウワシやミサゴが舞い、急峻な山肌をハイイログマやヘラジカ、クズリなどが徘徊する。スコットランド出身の米国人ナチュラリスト、ジョン・ミューアは、この眺めを「アメリカ大陸で最も癒される風景」と表現している。[3]氷河湖、滝、森、そしてネモフィラの花のように青い空に感嘆した彼は、「この貴重な保護区に少なくとも一カ月、身を置いてみてほしい。その時間は、あなたの人生の総計から奪われることはない。人生を短縮するどころか、無限に長くして、あなたを真に不滅の存在にしてくれるだろう」と一九〇一年に綴っている。

ロッキー山脈のカルデラの最も狭まった場所にあるこの国立公園は、モンタナ州からカナダのアルバータ州とブリティッシュ・コロンビア州にまたがる「大陸生態系の頂点（Crown of the Continent Ecosystem）」と呼ばれるより広い生態系の中の、キラキラ輝く宝石のような存在だ。この地域には自然のままの豊かな水路網があり、東はミシシッピ川や大西洋、北は北極海、西は太平洋まで、一滴の水をコンパスが指し示すほぼすべての方向に運ぶことができる。

だが、情け容赦ない気候変動の棍棒は、風光明媚な場所や、私たちが厳重に保護している場所でさえ、温情を込めて回避するようなことはしない。「現在、気候変動は本質的に、地球上のあらゆる隅々に影響を及ぼしている」とムールフィールドは言う。グレイシャー国立公園は、気温上昇から守られているどころか、世界平均の約二〜三倍高い温度上昇により、ゆっくりとローストされているのだ。温暖化が氷河を縮小させる一方で、降水量の変化により、氷河を補充する雪の代わりに雨が増えている。そのため、秋から冬にかけての洪水の頻度が高くなっている半面、減少した積雪が毎年解ける際に流れ出る水量は少なくなっている。この雪解け水があるため、通常、河川の流量が最大になるのは春だが、水路に水を供給する氷が減少したことにより、流量が最大になる時点は一九五〇年代に比べ、平均して二週間以上早くなっている。

これは、この地域にしか生息していない二種のカワゲラ、ウエスタン・グレイシャー・ストーンフライ（*Zapada glacier*）とメルトウォーター・レドニアン・ストーンフライ（*Lednia tumana*）にとっては、潜在的に絶体絶命の状況だ。両種とも体色は褐色で、半透明の翅を二組持ち、体長はわずか一センチにも満たず、氷河から流れ出る冷たく澄んだ川を基盤に生活している。これらの水生昆虫は、卵から若虫を経て成虫になり、そして産卵するまでの生活史のすべてを、氷河直下に流れる川のごく短い区間で過ごす。ウエスタン・グレイシャー・ストーンフライのオスとメスは、川の底にある小石などに腹部を打ち付けることによりコミュニケーションをとる。

このような目立たない昆虫が、世界で最も有名な動物たちと比較されることはまずないが、ムールフィールドはこれらのカワゲラを「グレイシャー国立公園のホッキョクグマ」と好んで呼んでいる。二〇一九年、氷河から流れ出る冷たい水の喪失という危機に瀕しているこの二種の昆虫は、気候変動の脅威によって米国で絶滅危惧種に指定されたホッキョクグマ以外の初めての生物になった。温暖な水流に適した種なら、温暖化に伴って山腹を這い上がることができるだろうが、この二種は身動きできない状況にある。「彼らはまさに山のてっぺんにいて、行けるところはどこも残っていないんだ」とムールフィールドは言う。「彼らは移動するか絶滅するかのどちらかを迫られていて、スペースは急速になくなっている。大陸のてっぺんで、スクイズプレーをしているようなものだ」

ムールフィールドのような研究者がいなければ、これらのカワゲラは、誰も見ていないところで消えてゆく目立たない昆虫の一種となっていただろう。ムールフィールドは、彼らを見つけるために、ときには何日もかけて、人里離れた小川までハイキングしなければならない。[4] 研究者たちは通常、グレイシャーに野の花が咲き乱れる夏に調査に出かける。それは、雪に妨げられるのを避けるためだ。それでも、一般的に知られているトレイルから遠く離れた場所で、藪漕ぎをしながら前進することが必要になる。

ムールフィールドは目的地の水路に至ると、吹き流しのようなじょうご状の用具を使ってサンプルを採取する。それを生息環境の川床に垂直に入れて、そこにいるトビケラを捕えるのだ。何百回も律儀に繰り返されるこの作業により、トビケラは、生息するための冷たさが残っている数少ない川に、ますます追い込まれている状況が明らかになってきた。気候変動による昆虫の被害は拡大の一途をたどるだろう。たとえその状況は、氷のない海で悲惨な姿をさらしているホッキョクグマよりずっと目につかないものであるとしても。「もはや手遅れのものもあるかもしれない」とムールフィールドは言う。「何が失われているのかは、誰にもわからないんだ」

気候変動が意味することは恐ろしい。それはまた、山火事で町が丸ごと焼け野原になり、海面が上昇して町が水没し、何百万人もの人々が過酷な熱波に焼かれるような猛威にますますさらされるようになっているにもかかわらず、もどかしいほど曖昧だ。どれほどにまで悪化するのか、あるいは、それより穏やかな危機への道が完全に閉ざされてしまったのかはまだわからないが、ほぼすべての証拠は、大災害を避けるにはすでに手遅れであることを指し示している。最近報告されたある研究によると、最も楽観的なシナリオでも、五〇年以内に一二億人が、現在サハラ砂漠の最も焼けつくような場所でしか見られないような高温の中で暮らすことを余儀なくされるという。[5] このような事態が私たちにとって抽象的に感じられる理由の一部は、災害がスローモーションのように起こるからだけではなく、その未曾有の恐ろしさにある。

産業界が地球温暖化ガスを大気中に大量に放出することにより引き起こされる災難に見舞われるのは人間だけではない。サンゴ礁が不気味に真っ白になり、熱帯雨林が崩壊すると、動物界全体に大規模な死滅の波が押し寄せてくる。一時期、一部の研究者は、昆虫は哺乳類や鳥類などの生物に比べて、影響を被る度合いが少ないか、少なくともより適応力があるのではないかと考えていた。大規模で弾力性のある個体数を持ち、過去の大量絶滅の危機を乗り越えてきた昆虫は、気候変動の危機が迫るなかでも、他の生物よりうまくやっていけるはずだろう?

これを適切に検討した最初の研究の一つが、二〇一八年に、この想定を覆した。研究者たちは、世界の動植物一一万五〇〇〇種の現在の地理的範囲と現在の気候条件に関するデータを収集し、それぞれの種がどのような温度、降水量、その他の気候条件の組み合わせに耐えられるかを調べた。[6] コンピュータモデルを用いて、地球温暖化のレベルが工業化以前の時代を一・五℃下回った場合から三・二℃上回った場合までの気候変動について、それぞれの種の地理的な生息範囲がどのように変化するかを予測したのだ。

この研究を主導したイースト・アングリア大学の生物学者、レイチェル・ウォーレンは、このプロセスを「宇宙から地上を見下ろして、いかにある種の動物が世界の別々の場所に結びつけられているかを目にするようなもの」と表現している。少し気温を上げると、動物はやや極地に近づいたり、山に登ったりして、自分に適した涼しい気温の場所を見つけることができる。だが、それにも限度がある。それ以上の高温、あるいはそれ以上のスピードで気温を上げていくと、動物はついていけなくなったり、山頂でも暑すぎたりして生きていけなくなる。ある時点で、行き場がまったくなくなるときが来るのだ。

別の研究で、魚類から霊長類までの様々な生物が気候変動によって抑圧されることがすでに示されていたが、ウォーレンの研究によると、最も大きな被害を受けるのは意外にも昆虫だという。大規模な排出削減が行なわれない場合に今世紀末までに到達すると予測されている三・二℃の温暖化では、すべての昆虫種の半数が、現在の生息可能な範囲の半分以上を失うことになる。これは脊椎動物の約二倍に当たり、素早く移動するための翼や脚を持たない植物に比べてさえ高い割合だ。このような生息可能な範囲の大幅な縮小は、この研究では考慮されていない生息地の喪失や農薬の使用がもたらす昆虫の苦境に、さらに拍車をかけることになる。ウォーレンは、「そうなると、まだ何とか生き残っている昆虫たちも、気候変動の影響を受けることになります。つまり基本的に、状況はこの数字よりもはるかに悪いということです」と言う。

この研究では、生物種がより快適な気候に移動する能力については考慮に入れているものの、依存関係にある種どうしの相互作用や、気候変動によって引き起される異常気象の影響については考慮していない。また、気候変動の避難所となりうる場所の多くが、昆虫にとって敵対的な農地や工業地帯に変わっている。これらの複合的な要素は、昆虫種全体の被害の定量化を困難にする。

トンボなどの一部の機敏な昆虫は、忍び寄る変化に対応できるだろう。だが残念なことに、大部分の昆虫はそうではない。蝶や蛾も移動できるものが多いとはいえ、ライフサイクルの様々な段階で、特定の地表条件や特定の植物の餌に依存しているため、彼らの多くも非常に脆弱な立場に立たされる。ハナバチやハエなどの送粉者は、通常短い距離しか移動できないため、起こりつつある食糧安全保障の危機を悪化させるだろう。というのも、農業経営者は、こうした送粉者の欠乏に直面するだけでなく、気温が約三℃も上昇すると広大な土地が多くの作物の栽培に適さなくなるからだ。たとえば、コーヒーやチョコレートの原料を豊富に栽培できる面積は、熱帯地域が人類史上かつてないほどの高温にさらされるにつれて大幅に縮小すると予想される。

「昆虫は生態系の根幹で、基本的にこのまま何もしなかったら、生態系の崩壊を招く恐れがあります」とウォーレンは言う。温暖化が四℃進むと、飢餓のリスクが急増し、それはとりわけ海外から食糧を大量に輸入できない国で深刻になる、と彼女は説明する。「それは悲惨な状況になるでしょう」

気候変動の危機は、貧困、人種差別、社会不安、格差、生物多様性の破壊など、他の多くの問題と絡み合っているため、それが昆虫たちをどれほど窮地に立たせているかについては見落とされがちだ。さらに、気候変動の問題は、昆虫たちを守るうえでより解決が困難であるように思われる。なぜなら、殺虫剤の使用を禁止したり、農地や都市を昆虫の生息に適した環境にしたりすることはできても、気候の激変から逃れることはできないからだ。ネヴァダ大学の生物学教授であるマット・フォリスターは、「気候変動は対策が難しいので厄介だ」と言う。「それに比べれば殺虫剤の問題は比較的簡単だ。気候変動は地下水面を変え、捕食者に影響を与え、植物にも影響を与える。多面的な問題なんだ」

フォリスターは、主にネヴァダ州やカリフォルニア州北部の広大な地域でフィールドワークを行なっているが、これほど広い生息地があるにもかかわらず、蝶や蜂などの昆虫たちが窮地に立っていることに常に驚かされている。彼は「なぜこうした小さな生き物たちが、これほど苦難に陥っているのか」と頭をひねった。だが詳しく調べてみると、その答えは明白だった。川の生息地が変化し、草地が荒廃し、多くの場所で湿地がなくなり、畑の境界や道路脇に生えている、フォリスターが〝クズ〟と呼ぶ植生さえもが伐採されていたのだ。

これに気候変動が加わると、昆虫にとってさらなる巨大なプレッシャーがかかることになる。昆虫の減少の絡み合った原因を解き明かすのは困難だが、フォリスターをはじめとする昆虫学者は、地球温暖化の牙がすでに昆虫界に食い込んでいると確信している。フォリスターは、「原因は、生息地の喪失、残された生息地の毒性、そして気候変動だ。どれが最大の問題なのかはわからないが、まさに射撃場だ。それらすべての弾丸が飛び交っているのだから」と言う。

昆虫は極地から熱帯にわたって攻撃を受けており、身を隠せる場所はあまりない。マルハナバチの一種、アークティック・バンブルビー（*Bombus polaris*）は、アラスカ、カナダ、スカンジナビア、ロシアの最北端に生息している。氷点下の気温でも生き残ることができるのは、密集した毛が体温を閉じ込めるためと、アイスランドポピーのような円錐形の花を利用して太陽光を増幅し、体を温める能力を持っているからだ。だが、北極圏の気温が急上昇しているため、このマルハナバチは二〇五〇年までに絶滅する可能性が高いと考えられている。[7] 高地に生息する一〜二種類の植物に依存する高山蝶も、環境の変化に伴って深刻な減少の危機に直面している。

さらに南に下ると、イングランドでは二〇〇一年以来、ホタルの数が四分の一にまで激減していることが調査で明らかになり、主原因は気候温暖化にあるとみなされている。[8] この昆虫の幼虫は、湿った環境で育つカタツムリを餌にしているが、高温で乾燥した夏が続いたため、ホタルの餌が深刻に不足してしまったのだ。

一方、ドイツ中央部ヘッセン州の丘陵地帯にある源流のブライテンバッハでは、一九六九年以来四〇年にわたって行なわれてきた水生昆虫の捕獲調査により、カゲロウ、カワゲラ、トビケラなどの個体数が八〇パーセントも激減していることが明らかになった。[9] 研究者たちは、この期間に川の水温が平均一・八℃上昇したことを指摘し、大きな環境変化が昆虫たちに悲惨な結果をもたらしたものと示唆している。

ヨーロッパにおけるこのような損失は、温帯地域に生息する昆虫はすでに温度耐性の上限に達している熱帯地域に生息する大量の昆虫とは異なり、数度温度が上昇しても対処できるだろう、というそれまでの仮定に疑問を投げかけることになった。スウェーデンとスペインの研究チームは、そうした仮定は、温帯地域に生息する昆虫の大部分は寒冷期に活動しないという事実を見落としていると指摘している。科学者たちが、昆虫の一生のうち、暖かくて活動的な時期だけについて調べてみると、温帯地域の種もまた、生息可能な温度の上限に達し始めていることが判明したのだ。「温帯地域の昆虫も、熱帯地域の昆虫と同じくらい気候変動の脅威にさらされることになるかもしれない」と、スウェーデン・ウプサラ大学の学者、フランク・ヨハンソンは陰気に語る。

永久に冬の毛皮のコートに縫い付けられているようなモコモコした大きな昆虫であるマルハナバチは、この暑さの影響を端的に被っている。二〇二〇年に発表されたオタワ大学の研究によると、北米のマルハナバチの個体数はここ数十年でほぼ半減し、ヨーロッパでも一七パーセント減少しており、最も大幅な減少幅を示しているのは温暖化が最も急激な地域に生息しているマルハナバチであるという。[10]この論文の共著者であるピーター・ソロエは、私たちの文明は「野外においても食卓においても、マルハナバチが減って多様性が減る」という厳しい未来に直面するだろうと言い、現在の傾向が続けば「これらの種の多くが数十年以内に永遠に消滅する可能性がある」と警告する。[11]

この研究で示された相関関係は未だに因果関係を証明するものではないと警告する科学者も一部にいるものの、気温や降水量の変化がすでに多くの脅威に直面している昆虫たちを打ちのめす可能性については、科学者たちの間に広く受け入れられている。たとえば、二〇一九年に南太平洋の島国フィジーで九種の新種のハチが発見されたという嬉しいニュースが科学者によってもたらされたが、その直後に、その多くは山頂の生息地が温暖化しているため、気候変動による絶滅の危機に瀕していると指摘されることになった。[12] サセックス大学の生態学者、デイヴ・グールソンは、「将来的には、すでに数を大きく減らしている多くの生物にとって、気候変動は命取りになるだろう。二℃の気温上昇と、それに伴う異常気象すべてに耐えるのは無理だ」と言う。

温暖化はマルハナバチを暑さで苦しめているだけでなく、地球上の広大な氷床を解かして海洋を熱膨張させ、海面を上昇させている。この水害の影響を受けているのは、沿岸の都市だけでなく、昆虫たちも同じだ。

米国では、ベサニー・ビーチ・ファイアフライ（*Photuris bethaniensis*）というホタルの一種が危機に瀕している。このホタルが珍しいのは、黄色ではなく緑色に点滅することだけではない。このホタルのメスは、他のホタルの種のオスをおびき寄せて捕食することで自衛のための毒素を獲得するのだ。このホタルはデラウェア州沿岸部にしか生息しておらず、今世紀末には海面上昇によって生息地が消滅すると言われている。さらに南に下ると、フロリダ州で、マイアミ・ブルー（*Cyclargus thomasi bethunebakeri*）と呼ばれる蝶が同様の運命に直面している。彼らが好む植物が生育する砂浜が、潮の浸食によって削り取られているのだ。

米国南西部のモハーベ砂漠にしか自生していない、魔術がかかったようなヨシュアの木〔英語名ジョシュア・ツリー〕は、その受粉を地味な灰色の蛾であるユッカガに完全に依存している。この関係は、チャールズ・ダーウィンに「最も素晴らしい受精の例」と言わしめたものだ。[13] 曲がりくねった棍棒状の枝先に房が付いたようなヨシュアの木は、映画やテレビ番組の背景によく登場するが、その自生地は気温上昇と長期にわたる干ばつによって狭められつつあり、今世紀末にはすべての木が消えてしまうかもしれない。そうなると、乾燥したこの土地の稀少な食料源であるヨシュアの木の種子を幼虫に与えるため意図的にこの木の受粉を行なっているユッカガにとっては最悪の事態となる。そのことは、この木を生息場所にしているトカゲ、鳥、他の昆虫にとっても同じだ。

　昆虫の宝庫であるアマゾン川流域の熱帯雨林でさえ、こうした複雑な関係が崩壊しつつある。エルニーニョと呼ばれる周期的な気候現象は、その温度と乾燥度を増しており、森林伐採などの人間の介入と相まって、より激しい干ばつや山火事を引き起こしている。研究者たちは、このような環境の変化が糞虫の個体数減少を引き起こしていることを発見して衝撃を受けた。糞虫は、栄養分や種子の重要な運び手であり、生態系の健全性を示す重要な指標種である。二〇一六年にエルニーニョ発生前後の糞虫の数を調べたところ、その数は調査対象の森林内で半分以下に減少していた。気候の危機は、アマゾン川流域をより乾燥し、よりもろく、より森林火災が起こりやすいところにしているだけでなく、山火事後の再生をひっそりと助けている糞虫をも奪っているのだ。研究を主導したブラジル人科学者のフィリップ・フランサは、「糞虫はもっと干ばつに対して強いと思っていた。気候変動が続けば、森林の生物多様性が低下するだけでなく、さらなる被害を受けたあとに森林が回復する力も弱まるだろう」と言う。

　昆虫は環境と密接に関わっているため、規則的な生活リズムの乱れを敏感に感じ取る。気象パターンや生息環境、さらには季節のタイミングの乱れは、煌々と灯る人工の照明からホタルが受けるような混乱を昆虫にもたらす。春の訪れはますます早まり、昆虫たちのライフサイクルを乱している。英国では、蛾や蝶が繭から羽化する時期が一〇年ごとに平均六日も早くなり、[14]米国の一部では、昆虫活動の引き金となる春期のコンディションが、七〇年前に比べて二〇日も早く訪れている。[15]植物や動物の多くは、春に気温が上昇することに依存して、開花や繁殖、昆虫の卵の孵化などを行なっているため、季節の変わり目が変わってしまうことには、たとえば、鳥が渡りを早めにしすぎて食料源がまだ整っていない状況に直面するなどというように、微妙なバランスのとれた相互関係を狂わせてしまう危険性がある。

この大々的な変化の中で主役を務めるのは昆虫だ。英国の科学者が半世紀にわたる英国のデータを調べたところ、気温の上昇に伴って、アブラムシの発生が一ヵ月早くなり、鳥の産卵時期も一週間早くなっていることがわかった。季節が長くなったからといって、アブラムシの数が増えているわけではないが、出現時期が早まったということは、より若くて傷つきやすい植物が狙われることになる。

この現象は、涼しい避難所として機能するはずの日陰の森林地帯でも起きている。研究を主導した生態学者のジェイムズ・ベルは、「もしあなたが日光浴をしたいと思ったら、おそらく海岸か草原に行くことだろう。森林地帯には行かないはずだ。だから、森林地帯にも気候変動に対する反応が生じていたことには本当に驚いた」と言う。どうやら、逃れる場所はどこにもないようだ。

木の芽が芽吹く日がイモムシ出現の引き金となり、それにより、そのイモムシを捕食する鳥の最初の産卵日も決まる。この方程式が少しでもずれると、連鎖的な影響が出る可能性がある。ハナバチは出現する合図を典型的に気温から受け取るが、多くの植物は開花のタイミングを日照時間の長さによって決めている。そのため、春と冬の気温がどんどん上昇を続けると、ここでもミスマッチが生じるのだ。レディング大学のミツバチ専門家であるサイモン・ポッツはこう語る。「英国には、気候変動の影響を受けて、様々なことの準備が早まるという明確な証拠がある。そのため、ハナバチはみな早く出現してくるが、花はそうじゃない。明らかに日照時間は今まで通りだからね。送粉者と植物の関係がデカップリングし始めていて、非常に繊細で非常に高度な食物網が混乱し始めているんだ」

一部の昆虫にとっては、英国の温暖化は好ましい展開だ。近年では、クマバチの一種、ヴァイオレット・カーペンター・ビー（*Xylocopa violacea*）やコオロギの一種、イトド（*Ceuthophilus spp.*）などの昆虫が英仏海峡を渡って定着する一方、ヨーロッパジャノメなどの在来種の蝶は、気候変動の恩恵を受けて冷涼な北部にも移動し、個体数の減少を乗り越えつつある。また、野生のランなどの花も北上している。

二〇二〇年春、英国蝶類保全協会のアソシエイト・ディレクターであるリチャード・フォックスが、かつては主に英国南部に生息していたシータテハが、英国本土で最も北に位置するスコットランドのダネット・ヘッドの近くで発見されたという写真をツイッターで興奮気味に公開した。[16] フォックスは、「蝶の種は将来的に地中海付近の暑い場所には住めなくなるかもしれないが、英国はまだ涼しく湿った場所なので、種によっては定着できる余地がある」と言う。だが、それほど柔軟性がなく、年に一度の繁殖サイクルという制限のある英国の一部の蝶は、苦境に陥ることになるだろう。蝶は、典型的な〝ゴルディロックス的〟〔イギリスの童話「ゴルディロックスと三匹のクマ」に基づく概念で、過度すぎず不足しすぎない状態を好むこと〕生物で、あまり寒すぎず、あまり暑すぎない環境を必要とする。「蝶の本は書かないほうがいいね。気候変動のせいで、すぐ期限切れになってしまうから」と、『Imperial Majesty, A Natural History of Purple Emperor（皇帝陛下――イリスコムラサキの自然史）』の著者、マシュー・オーツは《ガーディアン》紙で語っている。[17]

とはいえ、蝶やその他の昆虫も、いくらかの適応はできなくもない。研究者たちは、オオカバマダラが、摂食と繁殖に適した気候を求めてより長い距離を移動できるようにするために、より大きな翅を発達させていることを発見した。また、飢えたマルハナバチの女王が、開花には少し早すぎる時点で冬眠から覚めたときには、葉に穴を開けて植物の開花を予定より数週間前倒しにさせることも判明している。だが、気候変動によって植物の性質が大きく変わり、昆虫が植物を見つけられたとしても、食料源としてのその価値が減少していたら、こうしたテクニックはほとんど意味をなさなくなるだろう。石炭、ガス、石油を大量に燃やすことにより大気中に増加した二酸化炭素は、植物に吸収されてその生長を促すことから、一部の人から楽観的に「植物の餌」と呼ばれている。植物にとってこの新たな〝餌〟は、単一作物農業が昆虫に提供するメニューのようなものだ。つまり、同じものばかりたくさんあり、必ずしも健康的とは言えないのだ。科学者たちは、二酸化炭素（CO_2）は、子供がチョコレートケーキだけの食事で育つような形で植物を育てる。二酸化炭素が植物の栄養価を低下させ、亜鉛やナトリウムなどの栄養素を含まないエンプティー・カロリーを昆虫にもたらすことを発見した。カンザス州の大草原で行なわれたある調査では、バッタの個体数が毎年約二パーセントずつ減少していることがわかったが、研究者たちは、考えられる減少原因から農薬の使用や生息地の喪失を除外できる十分な証拠があると確信した。その結果、バッタは気候変動による飢餓状態にさらされていると結論づけたのである。

オクラホマ大学の研究者たちは、調査地に自生するトールグラス〔茎が長いイネ科の草本〕のサンプルを毎年採取して保存していた。その結果、過去三〇年間で草の総重量が（おそらく二酸化炭素の蓄積により）二倍になっていたものの、植物の窒素含有量は四二パーセント減り、リン含有量も半分以上減少し、ナトリウムに至ってはほぼゼロになったことを発見した。この研究を率いたエレン・ウェルティによると、バッタ、他の昆虫、そして草食動物にとってこのことは、「ケールではなくレタス」を食べているような状況だという。「二酸化炭素の増加により、一口あたりの植物の栄養価が低下し、その代償を昆虫たちが支払っているのです」と彼女は言う。

気候変動は、昆虫を栄養不足に陥らせる可能性があるだけでなく、植物の香りにも変化を与えているようだ。餌を探す送粉者は、花の色や数だけでなく、植物の香りにも注意を払う。ミツバチは、香りを思い出して、それを特定の植物や花蜜の含有量と関連付けることができる。フランス、マルセイユ近郊の灌木地にあるローズマリーが発する香りの分子を測定したところ、ストレスを受けた植物は異なる香りを発しており、養蜂されているミツバチはその香りを避けることが判明した。[18] 今後、気候変動の影響で干ばつや猛暑などのストレスを受ける植物が増えれば、それらは昆虫にとって風味に欠ける食べ物になるだけでなく、近寄りたくもないものになってしまうだろう。

こうした植物の変化は、少なくとも昆虫から見れば、気候変動の影響が最も深刻に現われている症状かもしれない。マット・フォリスターは、「まだよくわかっていないことがたくさんあるが、私の直感では、植物は深刻な影響を受けていると思う」と言う。「昆虫は植物のわずかな変化にも敏感だ。大干ばつのような出来事があると、多くのことに一度に被害が及ぶことになる」

だが、温暖化はすべての昆虫を絶望の淵に追い込むわけではない。あらゆる再編成の場合と同じように、そこには勝者と敗者がいる。そして私たちの関心は、山の中で減少するカワゲラを心配する一握りの科学者よりも、地球温暖化に束縛を解かれて略奪のかぎりを尽くす昆虫の大群のほうに、より簡単に惹きつけられる。

二〇二〇年、聖書にも登場する虫害は、新型コロナウイルスによるパンデミックの災厄をはるかに超え、東アフリカでは、過去数十年で最悪のイナゴの大発生に襲われた。「アフリカの角」地域〔角のように張り出しているアフリカ最北東の地域〕は、二〇一九年の後半に平年の最大四〇〇パーセントという降水量に見舞われ、イナゴの繁殖が進んだ。気温上昇もイナゴの個体数を増加させると考えられており、いずれの要因も気候変動に大きな影響を受けている。ケニアの農民は無駄に鍋を叩いて数十億匹のイナゴを追い払おうとしたものの、空が暗くなり、イナゴが降りてくると、トウモロコシやソルガムが食べ尽くされるのをなすすべもなく見つめるしかなかった。その後、インドの西部と中部でも別のイナゴの大群が発生し、ここ数世代見たことのない勢いで土地を食い荒らした。

温暖化が進むと、ジャガイモ、大豆、小麦などの農作物を襲う多くの害虫や病原菌が増えることが考えられる。米国の研究者グループの試算によると、三大穀物（小麦、米、トウモロコシ）が虫害を受ける量は、温度が一度上がるごとに二五パーセント増加し、温帯地域の国が最も大きな被害を受けるという。[19]また、作物の害虫は、単純化されて捕食者がいなくなった環境で繁殖する傾向がある。これも単作農法のレガシーだ。

米国の郊外では、アオナガタマムシを目にする機会が増えるだろう。これはアジア原産の鮮やかな緑色をした甲虫で、デトロイトに運ばれた木製の梱包材にしがみついていた数匹を通して、米国に持ち込まれたらしい。この貪欲な甲虫は、北米で何億本ものトネリコの木を枯らし、今では東ヨーロッパにも進出している。冬の気温が上がれば、この害虫はさらに北へと広がって、さらなる被害をもたらすだろう。

家庭環境においてさえ、望ましくない昆虫の新たな大量出現に悩まされるようになると思われる。ある推計によると、気温、湿度、降雨量の変化により、二〇八〇年までにイエバエの個体数は二倍以上になるそうだ。[20]だが、イエバエは廃棄物を食品に付着させることで病気を引き起こす可能性はあるとはいえ、少なくとも致命的な病気の主な媒介者ではない。

半面、デング熱、チクングンヤ熱、ジカ熱などの病気を媒介する蚊の数が増えていることは心配だ。ネッタイシマカ（*Aedes aegypti*）とヒトスジシマカ（*Aedes albopictus*）という二つの蚊の種は、最も強力な病気の媒介者で、気候が彼らにとって好ましいものになるにつれ、熱帯地方から広がっていくと予測されている。これらの蚊の生息域が拡大する地域には一〇億人もの人々が暮らしており、蚊により媒介される致命的な病気が、これまで蚊の脅威を考慮する必要がなかった北米や北ヨーロッパにももたらされることになる。蚊の生息域の拡大を研究したジョージタウン大学の生物学者、コリン・カールソンは、米国の公共放送ＰＢＳに次のように語っている。「今から二、三〇年後には、そうした病気はもはや〝他人事〟ではなくなるだろう」[21]

蚊の卵は、氷点下の気温では死ぬ傾向にある。このことは逆に、地球が温暖化すれば、蚊は新たな縄張りが征服できるようになることを意味する。すでに過去一〇年間において、フランスとクロアチアではデング熱、イタリアではチクングンヤ熱、ギリシャではマラリアの流行が勃発している。こうした侵入は、前触れである可能性が高い。地中海沿岸地域はすでに一部が熱帯地域と化しており、熱と湿気が増すにつれて、ヨーロッパ中央部や英国南部までもが、恐ろしい新参者たちの攻撃範囲に入ることになるだろう。「温暖化が進めば、西ナイル病が発生する可能性がある。マラリアも復活するかもしれない。人間の健康問題の面で、実質的な変化が生じる可能性がある」と英国の昆虫学者サイモン・レザーは言う。

私たちは、こうした脅威に対してとる反応を賢く調整しなければならない。蚊は、その犠牲者の数から見ても、間違いなく、地球上で最も人間を死に至らしめる生物だ。だが、蚊を退治しようとするあまり、私たちはしばしば巻き添え被害の大きい武器を使ってしまう。DDTは、広く蔓延した蚊を撃退するために開発された化合物だったが、蚊は抵抗性を獲得し、他の野生生物にも悪影響を及ぼしたため、使用が禁止された。その後、その代わりとして開発された有機リン酸化合物のナレドが、ハナバチや魚や他の生物に有害であるという証拠があるにもかかわらず、蚊の生息地に撒布されている。

蚊の生息域が拡大するなか、私たちは、フロリダのようなところから得られた教訓を学ぶべきかもしれない。そこでは、かつてアメリカ先住民が煙幕を張り砂に埋もれることを通して蚊を遠ざけていた。初期の白人入植者は、体に熊の脂肪を塗ったり、油を塗った布を燃やしたりして蚊を寄せ付けないようにしていた。だが、それでは不十分で、フロリダはデング熱や黄熱病の蔓延に見舞われてしまった。「蚊の大群が牛を窒息させ、人間を自殺に追いやった」とゴードン・パターソンは著書『The

Mosquito Wars（蚊との戦い）』の中で書いている。[22] 宇宙時代が到来し、フロリダ東海岸の蚊が蔓延する湿地帯にケネディ宇宙センターが建設されても、蚊がNASAの技術力に屈することはなかった。一匹の蚊などは、スペースシャトル「エンデバー」に乗り込み、シャトルが周回軌道に乗るなか、戸惑う宇宙飛行士の周りを飛び回った後、ファンのフィルターに吸い込まれて潰されたという。

しかし、暑さを好む昆虫たちが押し寄せてくるのではないかという不安を一つの生物で代表するとしたら、それはおそらくオオスズメバチになるだろう。あなたも「殺し屋スズメバチ（キラー・ホーネット）」と呼ばれているこのカリバチについて聞いたことがあるかもしれない。虎縞模様の腹部、焦げ茶色の大きな顔、スパイダーマンのようなティアドロップ型の悪魔的な目、そして凶暴な大あごを持つ、この親指大の巨大なスズメバチは、漫画に出てくる極悪人の風貌をしている。だが世間で騒がれているにもかかわらず、殺し屋スズメバチが殺すのは人ではない〔ただし日本では刺されて落命したケースもある〕。ミツバチを殺すのだ。オオスズメバチはミツバチの巣の外をうろつき、出てきた働き蜂の首を残酷に落とすと、不幸な犠牲者をバラバラにして幼虫に食べさせる。

この殺戮は、ミツバチの巣が全滅するまで続き、犯行現場は何千もの死体の散乱によって明らかになる。だが、場所によってはミツバチが反撃することもある。オオスズメバチが在来種として生息している地域のミツバチは防衛戦術を進化させてきた。巣に侵入してきたスズメバチに集団で体当たりしたあと、ボールのような塊となって敵を覆い、飛翔筋を振動させて最大四七℃の熱を発生させ、オオスズメバチを生きたまま焼き殺すのである。だが、欧米のミツバチはオオスズメバチに慣れていないため、彼らの殺戮に対しては本質的になすすべがない。

オオスズメバチ（***Vespa mandarinia***）〔英語の通称はエイジアン・ジャイアント・ホーネット〕は、その名の通り、東アジアと東南アジアの森林や山麓が元来の生息地だ。類縁種のツマアカスズメバチ（***Vespa*** *velutina*）〔英語の通称はエイジアン・ホーネット〕と混同されることが多いが、ヨーロッパに進出したツマアカスズメバチは、英国やフランスで膨大な数のミツバチをバラバラにし、養蜂家たちは、すでにミツバチヘギイタダニや農薬の影響を受けているコロニーの生存能力を憂慮している。一方、オオスズメバチのほうは、おそらく貨物船をヒッチハイクして北米西海岸に上陸したものと思われる。

二〇一九年八月にカナダのヴァンクーヴァー島で三匹のオオスズメバチが確認されてカナダ当局を慌てさせ、さらに南の米国国境付近でも別の一匹が発見された。一二月になると、今度はさらに南方に約一九キロ下った米国ワシントン州で、再びこの種が見つかった。怒り狂ったオオスズメバチに数回刺された養蜂家は、このカリバチを駆除するために、コロニー全体を燃やさなければならなかった。また、次に近い場所で発見されたところからさらに南西に二五キロ離れた場所で生きたオオスズメバチの女王蜂が発見されたことから、海外から繰り返し侵入したか、あるいはスズメバチが活発に拡散したことが示唆された。二〇二〇年の五月までには、米国西海岸にオオスズメバチが定着したように見受けられ、《ニューヨーク・タイムズ》紙は「米国に〝殺し屋スズメバチ〟出現――オオスズメバチの阻止急がれる」と題した記事を掲載した。[23]

日常生活を麻痺させ、大量の失業者を生み出した悲惨な新型コロナウイルスのパンデミックで疲れ切った米国人にとって、殺し屋スズメバチ（日本で一部の人々からそう呼ばれていた）が国中に蔓延するという見通しは、二〇二〇年が呪われた年であることを裏付けるようなものだった。「殺し屋スズメバチか。もちろん。二〇二〇年だからな。なんでもこい……受けて立つぞ」コメディアンで俳優のパットン・オズワルドはそうツイートした。[24]

慌てた市民は、攻撃的なスズメバチに似たものなら何でも殺し始め、セミクイバチ（*Sphecius* 属）〔セミを狩るカリバチ〕やグレイト・ゴールデン・ディガー・ワスプ（*Sphex ichneumoneus*）〔穏やかな性質の無害なカリバチ〕などもその対象となった。さらには、マルハナバチの女王蜂までもが、アマチュアによる未熟な害虫駆除の犠牲になった。昆虫学者たちの電子メールの受信箱は、オオスズメバチと思われる画像で埋め尽くされるようになったが、その画像はほぼ例外なく誤認されたものだった。カリフォルニア州の代表的な昆虫学者、ダグ・ヤネガは、《ロサンゼルス・タイムズ》紙の取材に対し、「日本、中国、韓国の共同研究者たちは、私たちが何というスノーフレーク〔自分が繊細で傷つきやすいと思い込んでいる人〕なのかとあきれている」と語った。[25] 英国でも、デヴォン州とコーンウォール州で、めったにないオオスズメバチの目撃事例があったことをきっかけに、度を越して熱心な住宅所有者たちがモンスズメバチ（*Vespa crabro*）〔ヨーロッパ最大の真社会性のカリバチ〕の巣を破壊した。それに類似する反応として生じたのは、野生生物保護団体の職員に、この侵入者への対応措置を勝手に助言することだった。

ワシントン州農務省の昆虫学者クリス・ルーニーによると、何百マイルも離れた場所にいる人々から、スズメバチの駆除を手伝いたい、という熱烈な申し出があったという。さらには、スズメバチの駆除方法に関する「完全にイカれた」提案もいくつかあった。その中には、ボランティアに防護服を着せて粘着性の素材をまぶし、スズメバチを着地させてから有毒な殺虫剤をかけまくるという印象的なアイデアもあった。「彼らが冗談で言っていたのか、本気で言っていたのかはわからないが、あれは間違いなく、僕らが受け取ったなかで最も馬鹿げたアイデアだったね」とルーニーは言う。

ルーニーは、この脅威に対応するため、水差しにオレンジジュースと日本酒を混ぜて入れたにわか作りのスズメバチ・トラップを携えて、ワシントン州のブレインという国境沿いの街に出かけた。それが誤認だったと判明することよりも、オオスズメバチが米国全土に広がる可能性の方が心配だったと言う。昆虫学者の中には、大草原の厳しい冬の寒さや、聳え立つロッキー山脈という障壁を指摘して、オオスズメバチの東進を否定する人もいるが、ルーニーはそれほど楽観視していない。このカリバチが拡散する可能性を最初に分析したとき、ルーニーと共同研究者は、オオスズメバチは海岸沿いにカリフォルニアのベイエリアまで広がり、さらに北はアラスカのアンカレッジまで到達する可能性があることを発見していた。

米国中西部にはオオスズメバチの生息に適した場所がないが、東海岸はこのミツバチ殺しにとって絶好の場所だ。そこにオオスズメバチが行くには、女王蜂がポット用の培土や他の貨物の中に潜り込み、その貨物が列車に積まれ、ニューヨークまで運ばれるだけでいい。ルーニーは言う。「これは起こりうるシナリオだ。心配だね。彼らがどの程度定着するかはわからないが、もし三〇〇箱のミツバチの巣箱のある養蜂場を経営しているなら、その一部を失うかもしれないし、あるいはすべてを失うかもしれない。まだ誰にもわからないんだ」。気候変動は、オオスズメバチに資する形で彼らの生息環境を徐々に改善しているため、その定着にプラスとなるだろう。また、オオスズメバチは地中に巣を作るため、ミツバチよりうまく猛暑から逃れられると思われる。それにひきかえ、ミツバチのほうは、感染症と戦う能力や食料調達能力を低下させる熱波にさらされることになる。

気候変動は、フランスでツマアカスズメバチの生息地が急拡大したように、オオスズメバチの移動速度に拍車をかける可能性がある。ツマアカスズメバチは、二〇〇〇年代初頭にフランスに上陸して以来、一年間にほぼ八〇キロも移動を続け、今ではアルプス山脈でも見つかっている。オオスズメバチの拡散方法についてはまだよくわかっていない。ブリティッシュ・コロンビア州とワシントン州という離れた場所での発見は、コロニーが分蜂したというよりも、別々に持ち込まれた系統であることを示唆しているが、ツマアカスズメバチのような範囲の拡大は問題を引き起こすことになる。ツマアカスズメバチの女王蜂をフライトミル（基本的に飛翔昆虫用のトレッドミルとして機能する実験装置）に取り付けたところ、二〇〇キロも飛び続けられる能力が示された。「たとえ一週間飛び続けて達成した距離だったとしても、これだけの距離が飛べるということは信じ難い。つまり、気に入るところが見つかるまで、かなりの距離が飛べるということだ」とルーニーは言う。それでも、科学者たちはまだ、ツマアカスズメバチの拡散を促しているものは何なのか、また、西ヨーロッパでツマアカスズメバチが増加しているように、米国でも近いうちにツマアカスズメバチが蔓延するようになるのかどうかについて、まだつかめないでいる。

この侵略は人間を標的にしたものではないとはいえ、オオスズメバチが増えるということは、必然的に刺されて非常に痛い思いをする人が増えることになる。数十回刺されれば、かなりの確率で死ぬ。日本と中国では数十人がこの運命を辿っている。二〇一三年には、シルクロード発祥の地である中国北西部の陝西（せんせい）省で少なくとも二八人が刺されて命を落とした。専門家によると、こうしたケースは以前より増えているという。[26]

北米でオオスズメバチに刺された二人目の人物という名声を得たコンラッド・ベルベは、刺されたときの痛みを鮮明に覚えている。ヴァンクーヴァー島の東端に位置する都市ナナイモにできた巣を最初に偵察した彼の共同研究者は、刺されてすごすご退散した。そこで、この新たな脅威と対処するために招集されたベルベは、オオスズメバチの活動量が低下する夜間に近づくことにした。養蜂家かつ昆虫学者の彼は、通常の養蜂用オーバーオールの下にさらに二枚の服を重ね着し、手首と足首にケブラー製のジョイントガードを付けたあと、ふだんは「チェーンソーやゾンビの黙示録から身を守るために使う」ボディアーマーに、体をくねらせて入ったのだった。

ベルベは、住宅地にある公園の土の中にできた巣に、恐る恐る近づいた。だが、そのとたんに数匹のスズメバチに襲われ、太腿の上部四カ所を刺されてしまった。そこは布が伸びて、皮膚にぴったりくっついていた場所だった。後になって、革手袋に針が刺さっていたことも発見した。

　ミツバチとは違い、オオスズメバチは何度でも刺すことができる。その毒は、彼らの好物であるミツバチのほぼ一〇倍で、一〇匹以上のマウスを殺すのに十分の量だ。「そのときの痛みは、まるで真っ赤に熱された画鋲を肉に埋め込まれたようだった」とベルベは振り返る。刺された箇所には膿状のひどいミミズ腫れができ、筋肉痛で階段の上り下りが苦痛になった。毒を十分に吸収すれば、腎不全を起こして死に至ることもあるが、ベルベは自分の怪我について達観している。「それは彼らの防衛のためのメカニズムだったことを念頭に置かなければ。私は侵入者で、彼らは幼虫を守っていたに過ぎないのだから」

　オオスズメバチに刺されることは、「シュミット刺突疼痛指数」には含まれていない。これは、アリゾナ大学のベテラン昆虫学者であるジャスティン・シュミットの耐え難い実体験に基づいて開発された、膜翅類（ハチ目）に刺されたときの痛みの尺度だ。シュミットは、アシナガバチ（「過熱したフライ用の油を一滴腕に落としたときのような痛み」）から、サシハリアリ（「一種の究極的な疼痛で、一二時間身悶えするような痛み」）まで、あらゆるものに刺された経験がある。[27] ただシュミットは、オオスズメバチであろうとツマアカスズメバチであろうと、スズメバチに刺されたことはなく、同僚の苦悩に満ちた描写から察するに、その痛みの尺度は三くらいだろうと言う（尺度は、一から四まで）。一九八〇年代初頭にこの指標を開発したシュミットは言う。「三は確かに悲惨な部類だ。もちろん、どこを刺されたかにもよるが。まぶたや鼻だったら、もっとひどいことになるだろう」

　一方、ナナイモで刺されたベルベは、一連の甲高い罵りの言葉を押し殺しながら、二酸化炭素の消火器を手にとって巣に戻り、オオスズメバチに吹きかけて失神させた。そして、拾い上げた個体をアルコール防腐剤の中に放り込んで、すばやく殺した。その後、さらに多くのオオスズメバチが現われて攻撃してきたが、これも二酸化炭素を吹きかけられ、ベルベのチームは巣を掘り起こして、幼虫のいる育房をバラバラにすることができた。結局、全部で一五〇匹から二〇〇匹のオオスズメバチが駆除された。

ベルベは、オオスズメバチが引き起こした懸念には動じることなく、憂慮している養蜂家たちに「冷静さを保ち、ミツバチを保つように」と助言するほうを好む。もう一つの、それより冷静さを欠いた箴言(しんげん)は、ブリティッシュ・コロンビア昆虫学会のポスターに見られる。このポスターには、ヘリコプターよりも大きなオオスズメバチが高層ビルを引き裂き、人々が恐怖で逃げ惑うという、一九五〇年代のエイリアン侵略スタイルのイラストが描かれている。[28] そして、スズメバチを棒で叩いて殺し（スラップ！）、その写真を「パチリ」と撮り（スナップ！）、その画像を学会にメールで「サッ」と送ること（ザップ！）を勧めている。また、オオスズメバチに遭遇した際には、「まだ刺されていないなら、じっとして動かないのが一番ですが、刺されたら目を覆って逃げてください」とアドバイスしている。

殺し屋スズメバチの大群や、猛烈な暑さにもめげずに行進する不屈のゴキブリの姿は、気持ち悪く感じられて当然だ。だが、これらの本当に怖い部分は、気候変動そのものである。それは私たちが自分たちと他のすべての生物に対して自らもたらした存亡の危機であり、何十年にもわたって必死の警告が発せられてきたにもかかわらず、それを避ける方策は遅々として進んでいない。

少し前にベルベがポッドキャストを聴いていたとき、ある質問が取り上げられた。「殺し屋スズメバチを殺したのは何ですか？　それこそ私たちが恐れるべきことなんじゃありませんか？」。ベルベにとって、その答えの一つが、自らオオスズメバチに吹きかけた二酸化炭素であるという事実は重要だ。「二酸化炭素は気候変動を推し進めている原因の一つであり、殺し屋スズメバチなどより、はるかに人々が念頭に置くべきものだ。殺し屋スズメバチの心配をするより、気候変動を助長しているすべての活動を変えることが重要だ」と彼は言う。

しかし、社会不安や戦争を引き起こす可能性のある洪水、暴風雨、干ばつの脅威に対しても、私たちは、不承不承、慎重な対応しかとってこなかった。そんななかで、昆虫の窮状が私たちを動かすという希望はあるのだろうか。より現実的な目標は、少なくとも気候危機の猛攻撃から逃れられる時間と空間を少しでも確保するために、複雑につながり合う、昆虫に適した生息地を復元し、そうした場所が有害物質をほとんど含まないようにするために協調して努力することだ。私たちに残された時間は多くない。気候変動は、長い時間をかけて続く、ほとんど感知できないような自然の再編成であり、ずっと先の世代が対処しなければならない問題のように感じられることがよくある。だが、そんな感覚は、気候変動がすでに進行していることを痛感させられる出来事に揺り動かされることがある。

＊

オーストラリアは、極端な状況に強い国だ。その環境のライフサイクルは、何千年にもわたって繰り返されてきた火事と再生、灼熱の日差しと豪雨によって形づくられてきた。気候の状況がこれまでの限界を超えつつあるのではないかという疑念が頭をもたげたときには、必ずと言っていいほど、一九〇八年にドロシア・マッケラーが書いた詩『マイ・カントリー（私の国）』のよく知られた一節が引き合いに出される。「私は太陽に焼かれた国を愛している。広大な平原、急峻な山脈、干ばつと豪雨による洪水の国を」

それでも、オーストラリアが二〇一九年の夏を迎えたとき、何かがおかしくなっていると思わせられることが起きた。キャンベラの国会周辺でミツバチが酔っぱらったように歩き回り、他のミツバチが死んでいるという奇妙な光景が見られたのだ。国会の主任養蜂家であるコーマック・ファレルは、ミツバチが猛暑で発酵した花蜜に酔っぱらったのだと説明しなければならなかった。コロニーの中にいたしらふのミツバチが、酔っぱらいの侵入を阻んだため、彼らはヨロヨロふらつくか、アルコール中毒で死ぬしかなかったのである。

この特異な事態から始まったその年は、命に関わるほどの酷暑の夏を迎えた。二〇一九年は、オーストラリアで最も高い気温が記録された年となり、その六年前の記録を更新したのである。二〇一三年、オーストラリア気象局は、天気予報図に、高温で輝く紫色という新たな色を加える必要に迫られた。気温が前代未聞の五二℃に達すると予想されたからだ。オーストラリアで記録的な猛暑が観察された年のトップ5はみな二〇〇五年以降に生じたもので、二〇一九年の猛暑の夏が始まったときには、すでに長期的な干ばつが続いていた。

山火事のシーズンは、九月という早い時期に始まった。落雷による火の粉の燃えさしが乾燥した植生に飛び火して燃え広がったのだ。山火事は順風に乗って広大な国土を駆け巡ったが、とりわけ集中したのは人口の多い南東部で、ニューサウスウェールズ州、ヴィクトリア州、南オーストラリア州の各地で火災が発生した。シドニーは煙に包まれ、きらめく港やオペラハウスも暗いとばりに覆われ、火災警報器が鳴り、人々は咳にむせかえった[29]。シドニーの空気は一時、世界最悪の状態になり、新型コロナウイルス感染症の流行前であったにもかかわらず、あえて屋外に出ようとする人は、マスクを着用しなければならなかった。

いつのまにか、その光景はより黙示録的なものになっていた。海岸沿いの町に火の手が上がるにつれ、恐怖に怯えた住民や旅行者は海岸に逃げ込んだ。シドニーの南に位置するマルアベイの海岸で撮影された写真には、画面中央の砂の上に一頭の馬が立ち、そこに身を寄せて苦悩する人々の姿が、黄泉の国のような赤い光に包まれているという驚くべき光景が写っていた。さらに海岸を下ったヴィクトリア州のマラクータという町では、何千人もの人々が浜辺に追い詰められ、オーストラリア海軍の救出を待たなければならなかった。

一月までに、ギリシャ国土より広い面積の土地が焼け、火事で直接命を落とした人は三〇人を超え、煙を吸って死亡した人も四〇〇人に上った。焼け落ちた家屋の数も数千軒を数えた。火事はオーストラリアの暮らしにはつきものだが、これほどの事態は前代未聞で、いつもとは違うように感じられた。それまでの山火事には、「黒い土曜日」や「灰の水曜日」といった、その日一日の名前がつけられていたのだが、この大惨事は単に「黒い夏」と呼ばれるようになったのだった。とりわけこの火事は、炎が木々や草原を壊滅に追い込んだため、野生動物に大きな被害をもたらした。それまでまったく火災の被害を受けたことのなかった熱帯雨林も初めて広範囲に焼け、生物多様性に富むそこの住人たちをあぶった。オーストラリアは、数少ないメガダイバーシティ国〔生物種や固有種の多い国〕の一つで、世界の全生物種の約一〇分の一がこの大陸に生息している。何百万年にもわたる隔離は、好戦的なタスマニアデビルや卵を産む哺乳類のカモノハシなどのユニークな生物の系統を生み出してきた。この山火事は、その貴重な生命の宝庫に火をつけたのである。

シドニー大学の生態学者クリス・ディックマンによると、この火災で命を落とした動物は一〇億匹以上に及んだという。ディックマンは「地理的にも、被害を受けた個々の動物の数からしても、とてつもない出来事だった」と語る。この災害は複数の絶滅危惧種の生物を滅亡の淵に追い込んだ。それらには昆虫も含まれている。オーストラリアには二五万種の昆虫が生息しているが、名前が付けられているのはそのうち三分の一ほどでしかない。

科学者たちは、炎の中で葉にしがみついているに違いない生息範囲の狭い甲虫や、灰により水路が詰まって絶滅に瀕する水生昆虫などのことを憂慮した。適温になると鮮やかなターコイズ色に変わるバッタ、オーストラリアン・アルパイン・グラスホッパー（*Kosciuscola tristis*）は、山火事に取り囲まれてしまった。特定の種が絶滅したかどうかを確認するには何年もかかるかもしれない。だが昆虫学者は、たとえどのような種であっても、種子の撒布、栄養分のリサイクル、土壌の栄養補給などに重要な役割を果たす昆虫が大量に失われることは、焼失した森林の回復に影響が出ると指摘する。

この悲劇には、南オーストラリア州の沖合に位置する起伏に富んだ美しい自然豊かな辺境の島、カンガルー島のユニークな風味も一枚加わっている。病気や汚染の心配がほとんどないカンガルー島は、コアラに加えて、独自のカンガルーの亜種などの野生動物が数多く生息していることで知られている。また、この島は養蜂家にとっても天国のような場所で、純血種のリグリアン種のミツバチから採れる蜂蜜が作られている世界で最後の場所であると言われている。北イタリアのアルプス地方が原産のこのセイヨウミツバチ（*Apis mellifera ligustica*）は、一九世紀後半にオーストラリアにもたらされた。カンガルー島には、隔離と現地法が可能にした異種交配のない最後の純粋なコロニーがあり、このイタリアミツバチの奮闘は、ソフトでフローラルな味わいの蜂蜜だけでなく、美容やスキンケア用の製品の原料も生み出している。

カンガルー島で育ったピーター・デイヴィスは、当初、家業の農場で副業としてミツバチを飼っていたが、このミツバチは他のミツバチより餌の量や温度の変化にうまく適応できることに驚嘆した。趣味の養蜂は本職となり、今やデイヴィスが経営するアイランド・ビーハイブ社は、リグリアン種の蜂蜜を年間約一〇〇トンも生産するようになって、オーストラリア最大のオーガニック蜂蜜生産者の一つに成長した。

オーストラリアの他の地域と同様、山火事はこの島にもつきもので、二〇一九年のクリスマスの少し前に、島に生い茂るブッシー・マリ・ユーカリプタス（*Eucalyptus fruticetorum*）の木が燃え始めたときにも、デイヴィスはさほど心配しなかった。だが、一月三日までに、事態は風向きの変化によって消防隊の手に負えなくなり、人間とリグリアミツバチの双方が危険にさらされた。「火事は自然の摂理であり、私たちは常にこの事実に注意を払ってきたが、これほどの大規模な火事になるとは予想していなかった」とデイヴィスは打ち明ける。彼は必死に数百個の巣箱を安全な場所に移したが、迫りくる火事は苛烈を極め、その日のうちに五〇〇箱以上のコロニーが焼失してしまった。島内の三分の一の植生が焼けるなか、逃げ惑うミツバチたちは安全な避難場所を失った。

このトラウマ以来、デイヴィスは、残ったコロニーに直接餌を与えている。これらのコロニーはもはや蜂蜜を生産しなくなってしまった。シュガー・ガムとも呼ばれるユーカリ・クレイドカリックス（*Eucalyptus cladocalyx*）の花は、カンガルー島に住むリグリアミツバチの主な食料源だが、火災による焼失を受け、完全に回復するには一〇年以上かかる可能性がある。長年にわたる干ばつと火災の打撃を受けてきたオーストラリア中の養蜂家たちは、国内で蜂蜜不足が起こる可能性について警告した。

このような事例では気候変動の関与が見落とされがちだ。とりわけ、こうした問題が科学の領域から、せめぎ合う政治的な戦いに場を移して利用された場合、それは顕著になる。気候変動は、オーストラリアや米国などの一部の国において、私たちが一致団結して克服すべき科学的課題としてよりも、一種の党派的な視点として扱われている。このような否定とぼかしがもたらす悲劇は、多くの人々や多くの生物種が不必要な死を余儀なくされることだ——政治指導者たちが何十年にもわたって、臆病さ、既得権、観念的な姿勢を固辞してきたがために。

気候科学者たちは、高温で乾燥した環境は植生に火口箱のようなシナリオをもたらし、土壌を乾燥させて、山火事の可燃性燃料の量を増加させると繰り返し結論づけてきた。「黒い夏」を受けて行なわれたアセスメントでも、山火事を引き起こしたハイリスク状況が生じた可能性は、地球温暖化が進んでいなかったら、少なくとも三〇パーセントは低かったことが判明した。[30] だが、私たちに染み付いているあらゆるバイアスの力は、科学が予測した死と破壊を目の前でリアルタイムに見ていても、別の説明を見つけさせてしまう。デイヴィス自身も、火災があれほど大規模に広がった原因は、火災の際に生命と財産を危険にさらしかねない草や木の除去を規制が阻んでいることにあると考えている。だが、山火事の専門家によると、家の周囲に、燃え広がりを阻止する場所を作れば家を守ることはできるものの、このような危険回避の効果は限定的であり、火災の深刻さには天候と気候の方がはるかに大きな影響を与えるという。

テキサス工科大学の気象学者で、懐疑論者に対する啓蒙活動を活発に行なっているキャサリン・ヘイホーの言葉を借りれば、私たちが個人的に何を信じようと、最終的には科学的な現実を変えることはできないのだ。温度計は、保守主義者でもリベラル派でも社会主義者でもない。米国西部、ヨーロッパ南部、アマゾン川流域などを含む、世界の植生面積の四分の一の地域では、気温の上昇に伴って火災の季節が大幅に長期化していることが科学者たちによって見出されている。自然の変動と相まって、今後も地球温暖化は、人や昆虫や他の生物の住処が消失する機会を増やしていくことだろう。

気候変動の残酷な器用さは、何十年もかけてカワゲラの氷河の住処を解かしたり、何年もかけてバッタが必要としている栄養分を植物から奪ったり、あるいはわずか一時間か二時間で、稀少種のミツバチをバーベキューにしてしまう。私たちは昆虫に様々なダメージを与えているとはいえ、ある時点で昆虫の危機は、気候の危機がもたらす多くの災いの一つとみなされるようになるかもしれない。

ピーター・デイヴィスが体験した山火事の一部は、彼の息子が撮影した手ぶれの動画に収められている。動画は息子の家の中から撮られたもので、大きな窓を通して、木々や車、庭のブランコなどが猛り狂う炎に包まれて、あたり一面が真紅に染まる光景が映し出されている。一時には、破片が窓に飛んで来る。猛火に包まれた家は絶望的な様相を呈している。

このピーターの息子、ブレントン・デイヴィスは、「ここはすぐに、ものすごく暑くなるぞ」と言ったあと、トイレに行こうとした兄弟に、逃げられなくなるから行かないようにと叫んでいる。彼はドアを少し開け、ずっしりと重いホースで迫りくる炎に放水しようとする。それは、自分たちと隣人の財産を守るためにデイヴィスと二人の息子が払った勇敢な努力の一部だ。翌日の映像は、ブレントン・デイヴィスが被害状況を視察しているところから始まる。そこには、黒焦げになった二台の車のくすぶる残骸もある。家はなんとか残った。だが、多くのミツバチは生き残れなかった。「ああ、やるだけのことはやったんだが」と彼はコメントの形で語っている。

この山火事は、オーストラリアの各地でさらに二カ月間続き、最終的に、人々が喜んで迎えた大量の降雨によって鎮火した。だが、その数カ月後、猛火、焦げた町、ブレードランナーばりのオレンジ色の空という、今やおなじみになった情景が、今度は米国西部に戻ってきた。コネティカット州に匹敵する面積の土地が燃え、数十人が亡くなり、煙は民間航空機の標準高度より高く上がり、窒息させられたベイエリアから融解の進むグレイシャー国立公園を経由して東部のニューヨークまで太陽の光が遮られた。それは、平均約一℃という世界の温暖化に拍車をかけられて、米国の西側諸州が経験した史上最悪の火災発生年となった。

さらに多くの、さらに悪いことが待ち受けているだろう。科学者たちは、今世紀末までに世界の気温が約三℃上昇し、場合によってはそれを上回ると予想している。定着した「新常態（ニューノーマル）」は存在しない。

あるのは、ついに私たちがもう十分だと判断するまで、火災、洪水、種の絶滅といった新たな極限状態を次々に経験してゆくことだ。やがて、二〇二〇年の〝白熱する火災の年〟は、結局のところ、さほど異常な年ではなかったと思うようになるだろう。

6. ミツバチの苦役

サンフランシスコ湾の縁に沿って走るシリコンヴァレーを南に下ると、メンローパークにあるフランク・ゲーリーがデザインしたフェイスブック・キャンパス〔フェイスブック社は二〇二一年一〇月に社名をメタに変更〕を経て、マウンテンヴューにあるガラス張りの堂々としたグーグル本社〔二〇一五年に持ち株会社としてアルファベット社を設立し組織を再編〕に至る。そのすぐ近くのクパティーノには、宇宙からやって来た未来の巨大ベーグルさながら鎮座するアップル社の円形の本社がある。さらに先へ進んでサンノゼおよびその郊外と高速道路が入り組んだ場所を越えると、何億人もの人々の生活を形作っている巨大産業の中心地がさらに次々と現われる。

テクノロジーとソーシャルメディアの分野におけるシリコンヴァレーに相当するのは、表計算ソフトを活用して工業化した効率的な農業を展開するセントラルヴァレーだ。カリフォルニア州のこの二つの強大な経済力は、冷酷さとイノベーションの組み合わせという目のくらむような特質により現代の世界を再定義してきた。北はカスケイド山脈から南はテハチャピ山脈まで七二四キロを超えて広がるセントラルヴァレーは、カリフォルニア州のほぼ中央に位置し、地球上で最も農業生産性の高い地域の一つになっている。

かつて内海の底だったこの谷（ヴァレー）の肥沃な土壌は、今では米国の果物、ナッツ、野菜の四〇パーセントを供給するようになり、膨大な量のイチゴ、ブドウ、レタス、トマト、オレンジを生産している。[1]この細長い平坦な地域がなければ、レーズン、オリーブ、桃、イチジクのいずれも、米国内で十分な量を手にすることはできないだろう。この地域の影響力は、カリフォルニア州、ひいては米国のはるか先にまで及ぶ。ゴールドラッシュの採掘者が一八五〇年代に小麦栽培を始めて以来、セントラルヴァレーは農業技術を開拓し続け、それらは今や世界標準になった。

同地への初期の訪問者は、蒸気トラクターに目を見張ったものだったが、その後も発明は続き、機械式の綿摘み機、甜菜（てんさい）収穫機、トマト収穫機など、スチームパンクの夢をそそるような装置が次々に登場した。セントラルヴァレーの農家はすぐに灌漑技術を習得し、その後、地面から直接水を吸い上げるという環境上の失敗を犯した。これは今でも、場所によっては一カ月に五センチもの地盤沈下を引き起こしている。安価な労働力を使い、新品種を開発し、農地に農薬や肥料をますます投下することを通して、セントラルヴァレーの農業生産者たちは、四三〇億ドル以上の価値を生み出す食糧生産システムを構築し、生産量と利益を最大化する集約農業の青写真を世界に向けて発信してきた。

創意工夫と強大な力の組み合わせにより、農業経営者は土地を意のままにできるようになったかのように見える。だが、この強大な権力も、年々不安定になっている小さな変わりやすいもの、すなわちミツバチに依存しているのだ。工業化された農業には、工業規模の送粉者が必要であり、中でもアーモンド生産者は、他の誰よりも多くの送粉者を必要としている。カリフォルニア州は世界のアーモンドの八〇パーセントを生産しているが、アーモンド産業はさらなる成長を目指す。[2]アーモンド畑はすでにセントラルヴァレーの四七万三〇〇〇ヘクタールもの面積を占めるようになり、その広さはデラウェア州より大きい。それも、わずかここ二〇年の間に倍増したのだ。今後、さらに一二万一四〇六ヘクタールの土地がアーモンド栽培に転用される予定になっている。

アーモンドの木が実をつけるためには、一つの品種の花から別の品種の花に花粉を移す「他家受粉」が必要だが、それは、毎年二月につぼみが育ち、雪のように白い花が咲く短期間に行なわなければならない。困ったことに、この時期のミツバチは冬の寒さで休眠しているため、夜勤を想定せずに眠っている救急隊員を起こすようなことが必要になる。カリフォルニア大学デイヴィス校の養蜂研究者チャーリー・ナイは、「僕らは理に合わないことをやっているんだ」と言う。

受粉作業を行なうには、アーモンド畑一エーカー（〇・四ヘクタール）あたり、ミツバチの巣箱が二つ必要だ。言い換えると、世界中のアーモンドのほぼすべては、二三四万箱の巣箱に含まれる、およそ三〇〇億匹のミツバチの努力によって生み出されている。計画されている新たなアーモンド畑をまかなうには、さらに六〇万箱の巣箱が必要だ。

カリフォルニア州には約五〇万個の巣箱しかない。そのため不足分は、昆虫用のお抱え運転という見事な手段で補っている。毎年、米国内で商業的に飼われているミツバチのコロニーの約八五パーセントが、トラックに積まれ、固定されて、何百キロ、ときには何千キロも旅してセントラルヴァレーに運ばれてくるのだ。この米国の一地点は、毎年冬のほんの数週間、ミツバチのジャンボリーさながら、故郷を追われ、アーモンドという単一作物が整然と植えられた新たな環境に適応させられるミツバチが詰まった杉の箱でひしめく。これは世界最大の受粉イベントであり、自然界をひざまずかせて、人間のリズムに合わせようとする驚異的な作戦だ。

「最後の辺境を旅するカウボーイになったような気がするよ。代わりばんこに眠りながら夜通し運転を続けるんだ」と言うのは、ペンシルヴェニア州の養蜂家、デイヴィッド・ハッケンバーグだ。彼は一九六二年、高校生だったときにミツバチを飼い始め、毎年、二〇〇〇箱もの巣箱をカリフォルニアに運んでは、ペンシルヴェニアに連れ帰っていた。

　この企ては、ときに失敗することがある。二〇一九年に、カリフォルニア州からモンタナ州に戻るミツバチを満載したトラックが横転し、一億三〇〇〇万匹のミツバチが吐き出されて、恐怖に怯えるドライバーたちの頭上を飛び交い、この蜂群に立ち向かうため、防護服に身を包んだ消防士たちが出動を余儀なくされた。その一年後には、アーモンド栽培のこの地で、数千匹のミツバチが女性の車を覆った。必死にハイウェイを走ってミツバチを振り払おうとしたものの失敗した女性は、地元の消防署に車を乗りつけた。するとすぐにミツバチたちが消防署長の車に乗り移り、今度は署長を慌てさせたのだった。

　養蜂家たちの非公式な祭典であるこの大会は、その規模の大きさと、アーモンド生産者から支払われる高額の受粉料から「養蜂界のスーパーボウル」と呼ばれている。だが、これはカレンダーに記載されている唯一のゲームではない。そうしたミツバチの多くは、再びトラックに乗せられて国中をめぐり、フロリダ州のメロン、ペンシルヴェニア州のリンゴ、メイン州のブルーベリーなどの受粉を担わされる。

　セイヨウミツバチ（***Apis mellifera***）は米国では新参者の部類に入るが、米国の食料システムを支える無給の季節労働者として、その地位を迅速に確立した。世界的に見ても、ミツバチの労働力に対する渇望は増加の一途を辿っている。国連によると、受粉に依存する農業の生産高は、過去半世紀の間に三〇〇パーセント増加したそうだ。[3] たとえばオーストラリアでは、約一五億匹のミツバチがヴィクトリア州の果樹園における受粉のために南部に運ばれており、オーストラリア政府はこれをオーストラリア史上最大の家畜の移動と位置付けている。

　だが、このミツバチ依存の時代は、病的な現実に阻まれている。世界のほとんどの場所で、ミツバチは致命的な害虫や病気、有毒化学物質に襲われているのだ。養蜂自体も、黄金色の蜂蜜を手にするという牧歌的な娯楽から、農業大国でますます増大するやかましい受粉要求に応えながら、コロニーの壊滅的な喪失を必死に食い止めるという一種の後衛部隊と化した。「もはや、かつての廉価で楽しい趣味ではなくなってしまった」とレディング大学のミツバチ専門家、サイモン・ポッツは言う。

中国では、一九世紀にセイヨウミツバチが導入されて以来、在来種のトウヨウミツバチ（*Apis cerana*）が八〇パーセントも減少した。セイヨウミツバチが中国に持ち込まれたのは、より多く、より甘い蜂蜜を生み出すからだが、彼らは同時に病気も持ち込んで、在来種に大打撃を与えてしまったのだ。現在、いくつかのトウヨウミツバチの亜種が絶滅の危機に瀕しており、セイヨウミツバチが顧みない在来植物の行方が心配されている。その半面、セイヨウミツバチ自身も、自生地で課題に直面している。二〇一四年にEUに加盟している一七カ国を対象として行なわれた初めての包括的な調査では、ベルギー、スウェーデン、デンマークなどの国で、毎冬、ミツバチのコロニーが二〇パーセント以上失われていることが判明した。[4] また、二〇一七年から二〇一八年にかけての冬には、ポルトガル、北アイルランド、イタリアでミツバチのコロニーの四分の一が消滅している。

フランスの養蜂家は、例年にない遅霜のために花が枯れ、飢えたミツバチが蜜源を失ったために、蜂児〔ミツバチの幼虫〕にシロップを与えなければならない事態に陥った。コロニーの喪失は、一九九〇年代には年平均五パーセントだったのが、現在では三〇パーセントにまで拡大しており、フランスの養蜂家たちは、気候変動による天候の乱れを主犯に挙げている。ネオニコチノイド系殺虫剤の使用は国を挙げて取り締まったものの、殺虫剤がもたらす害に対する懸念も、たとえそれが有機殺虫剤であったとしても、消えてはいない。「養蜂家たちは混乱している」と、全仏養蜂連盟会長のアンリ・クレマンは言う。「以前より少ない量しか得られない蜂蜜を生産するために、より多くの巣箱を備えることを余儀なくされ、死んだハチを補充したり、群れを維持するために、多くのコロニーを作ったり買ったりすることを余儀なくされているんだ。蜂蜜の生産は崩壊してしまった」

クレマンは、この状況は「緊急事態」であり、「殺虫剤の使用を減らし、樹木や垣根を復活させ、送粉者や生物多様性に配慮してより多様な作物を栽培するという農業生態を支える真の政策」が必要であると言う。ヨーロッパ大陸におけるコロニー喪失に関して行なわれたある研究では、果樹園、または菜種、あるいはトウモロコシの花だけから採餌したミツバチのコロニーは、より多岐にわたる植物の花から採餌したコロニーに比べて、冬場の喪失が大きいことが判明した。この状況がさらに悪化すると、ヨーロッパの生活の基本的局面が不安定になりかねない。「ミツバチがいなくなれば、果物や野菜、さらには穀物さえ失われる。そして、ミツバチがいなくなれば、鳥や哺乳類なども失われるといったように、喪失は波及してゆく。ミツバチは生物多様性の礎なんだ」とクレメントは言う。[5]

英国では、長期的な傾向が深刻だ。レディング大学によると、一九八五年から二〇一二年にかけて、ミツバチのコロニーが五四パーセントも減少した。[6] 英国に存在するミツバチの巣箱の数では、同国が生産する農作物の三分の一の受粉しかまかなえないため、負担の多くは地面に巣を作るマルハナバチなどの野生のハナバチの肩にかかっている。同大学のミツバチ専門家サイモン・ポッツは、「たとえ理論的にすべてのミツバチの巣箱を適切な場所に適切な時期に配置して作物を受粉させたとしても、それでもまだ大量に不足することになる」と語り、世界の一部の地域ではミツバチのコロニーの総数が増加しているものの、「とりわけヨーロッパと北米では、需要と供給との間に大きなギャップがある」と付け加えた。

ポッツは過去三〇年間にわたってミツバチを研究してきたが、最近、送粉者の喪失の緊急性を訴えるために政治の世界に足を踏み入れた。一度などは、英国の政治家を招いて朝食会を開いたが、そこには、ジャムもマーマレードもなかった。送粉者を必要とする食品を出さなかったのだ。このあからさまな指摘は一般の人々にも伝わっている。ポッツは、話題をふったわけでもないのに、地元のパブの常連客から、ミツバチの喪失について話しかけられる。これは、ミツバチが一般の人々の意識の中で、昆虫の危機を代表する最も親しみやすいシンボルとなったことを示すものだ。

ハチに刺されることを想像するとひるむ人もいるだろうが、私たちの多くは、彼らの重要性やその世界に起きている異変を漠然と認識している。そしてその懸念は、ハチに対する温かな感情さえ燃え上がらせている。イリノイ大学の昆虫学者、メイ・ベレンバウムは言う。「二〇年前に、裏庭にハチがやってきた人から電話があったとしたら、その内容はハチの殺し方を教えてほしいというものでした。でも今では、どうやったらハチを助けられるのかと聞いてくるのです」

ハチに対する人々の考え方に重要な転機が訪れたのは、二〇〇六年に不吉な出来事が生じたときだった。ミツバチの働き蜂が、女王蜂と子供を後に残して、三万匹から四万匹という単位で巣を空にし、コロニーを一瞬にして崩壊させ始めたのである。養蜂家はミツバチの死骸には慣れている。健康なコロニーのメンバーが巣の掃除をする際、仲間の死骸を冷然と地面に投げ捨てるからだ。だが、そこには死骸もなく、不在ということ以外には、犯罪の証拠もなかった。事態は恐ろしくも不可解な新たな段階に入ったように思えた。

ペンシルヴェニア州の養蜂家ハッケンバーグは、やがて「蜂群崩壊症候群（ＣＣＤ）」と呼ばれるようになる現象をいち早く経験したことにより、養蜂界のちょっとした有名人になった。二〇〇六年一一月、フロリダ州タンパのすぐ南で四〇〇箱の巣箱を点検していた彼は、奇妙な恐怖感に襲われた。「息子がフォークリフトに乗っていて、私はミツバチに煙を吹きかけていたんだが、飛んでいるミツバチがほとんどいなかったんだ。何かおかしいという不気味な感じがしたんで、巣箱のふたを次々に開けてみた。するとハチがいなかった。巣箱は空になっていたんだ」
愕然としたハッケンバーグは、両手両膝をついて砂利の中を這いずり回り、蜂の死骸を探し始めた。「何もなかった」と彼は言う。「四〇〇箱も巣箱があったのに、みつかった死骸は、五ガロン〔約二〇リットル〕のバケツ一個をいっぱいにすることもなかった」。ハッケンバーグは息子に事情を説明しようとしたが、あまりのショックに言葉がすんなり出てこなかったという。「これまでの人生で、言葉に詰まることなど一度もなかったんだが」。その年、八〇パーセントに当たる巣箱のコロニーを失った彼は、すぐに他の養蜂家も同じようにこの現象に直面していることに気づいた。

フロリダ州やジョージア州で相次いだCCDの報告は、二〇〇七年の一二月末までには、全米二四州に広がっていた。ほどなくしてCCDは海外にも飛び火し、スイスと英国で同じ症状が現われた。英国で最初に警鐘を鳴らした養蜂家のジョン・チャップルは、ロンドン西部の庭にあった一四のコロニーをすべて失ったとき、この現象をもっと詩的な名称で呼んだ。一八七二年に、航行可能な状態だったにもかかわらず、不可思議にも乗員がいなくなった状態で漂流しているところを発見された船の名にちなんで、「メアリー・セレスト症候群」と名付けたのだ。

やがて、世界中のミツバチの巣箱を空にしてしまうこの謎の症候群は、一部の者に「ミツバチの黙示録」の幕開けとみなされるようになった。二〇一三年には、「ミツバチのいない世界」という見出しとともに一匹のミツバチが《タイム》誌の表紙を飾った。[7] 食品チェーンのホールフーズは、ミツバチの重要性を強調するために、ロードアイランド州の店舗から、送粉者に依存しているすべての生鮮食品を一時的に撤去した。その結果、通常販売している四五三点の商品のうち二三七商品が消え、その中には、リンゴ、アボカド、ニンジン、柑橘類、青ネギ、ブロッコリー、ケール、タマネギが含まれていた。

CCDの原因はいまだに議論の的となっており、科学者たちは、病気、農薬、ストレス、栄養不足のいずれか、あるいはそれらの複合的な要因によって引き起こされるのではないかという仮説を立てている。だが、ハッケンバーグは、様々な面で昆虫に害をもたらしているネオニコチノイド系殺虫剤が原因だとして譲らない。「このことに異議を唱えているのは化学会社だけで、科学的には明白だ」と彼は言う。

ハーヴァード大学により行なわれたある研究では、健康なミツバチに、昆虫の中枢神経系を攻撃するネオニコチノイド系殺虫剤の一種イミダクロプリドを含む異性化糖を与えた。[8] その結果、六カ月経たないうちに、一六のコロニーのうち、一五までが死滅してしまった。フランスの研究者が行なった別の研究では、極小の無線タグをミツバチに装着したあと、同じくよく使用されるネオニコチノイド系殺虫剤であるチアメトキサムの入ったショ糖を与えたところ、この化学物質にさらされたミツバチは、採餌後に巣に戻る確率が大幅に低下した。

何が原因にせよ、CCDはミツバチの存亡がかかる懸念材料としてはやや影を潜めたが、不幸なことに、他の冷酷な脅威が次々と前面に現われてきた。その先頭に立つのは、体長わずか一ミリ以下（鉛筆の先ほどの大きさ）で、見ることも聞くこともできないにもかかわらず、世界中のミツバチのコロニーに壊滅的な打撃を与えているミツバチの敵である。

この敵、ミツバチヘギイタダニ（***Varroa destructor***）（学名は文字通り「破壊ダニ」の意）は、ミツバチを苦しめるだけのために地球に現われたような生き物だ。このダニには、ミツバチにしがみつくのに最適な四対の脚と、宿主の外骨格に巧みに穴を開けて内臓を吸い取る口器以外のものはほとんどない。具体的には、血液に似た循環液であるミツバチの血リンパを吸い取って、栄養分を蓄えたり毒物をろ過したりする臓器を空にする。このダニの手口に新たな光を当てる研究を行なった昆虫学者のサミュエル・ラムゼイは、「蚊がきみの皮膚に着陸して血液を抜き取るというより、蚊がきみの皮膚に着陸して肝臓を液化し、それを吸い取って飛び去ってゆくようなものだ」と表現する。[9]

この小さなクモ形類(がた)の生物は、ミツバチにしがみついて移動し、その体液を吸い取ると、その注意を今度はミツバチの子世代に向ける。巣箱内にある蜜蠟(みつろう)で作られた六角形の空間は、ミツバチの幼虫が成長する「育房」として使われている。メスのミツバチヘギイタダニはこの空間に落下して幼虫に寄生し、その背後に隠れてミツバチに似た匂いを発し、発見を逃れる。

ダニは卵を産み、その卵が孵化して成長し、再び増殖する。巣の中のダニの数は、春には四週間ごとに二倍になり、弱ったハチにまとわりつくダニをさらに生み出す。この害悪は、ミツバチの免疫システムにダメージを与え、ウイルスを感染させることでコロニーを破壊する。ミツバチヘギイタダニの原産地はアジアで、その地のミツバチは長い年月のうちに、コロニーからダニを排除する手段を身につけた。だが、一九七〇年代から一九八〇年代にかけて、このダニがヨーロッパと南北アメリカに広がったとき、セイヨウミツバチには防御手段がまったくなかった。世界中のコロニーがミツバチヘギイタダニの大発生に苦しめられ、ダニの侵入を防げたのはオーストラリアだけだった。必死の努力にもかかわらず、ダニを撃退する長期的な解決策はまだ見つかっていない。

寄生ダニ、栄養不足、有害化学物質などの弊害は重なって生じることがよくあり、コロニーの体力を限界まで衰弱させる。米国農務省が行なった分析では、次のように指摘されている。「これらの問題が一度に一つだけ発生するなら、ミツバチも多くの問題を乗り越えることができるかもしれない。だが、これらの問題が多種多様な組み合わせで発生した場合には、ミツバチのコロニーは弱体化し、生き延びる能力が奪われる可能性がある」

米国におけるコロニー喪失の状況は、世界でも最も過酷なものの一つだ。苦境に立たされた米国の養蜂家を対象としたある調査によると、二〇一八年から二〇一九年にかけての冬季には、管理されているミツバチのコロニーの四〇パーセント近くが失われたという。[10]この驚異的な損失率は、冬季のた
った数カ月で約五〇〇億匹のミツバチが死滅したことを意味する。その冬の記録は、メリーランド大
学が一三年にわたって行なってきた調査において最悪であり、損失率は、コロニーの約一〇パーセン
トが失われる通常の越冬時に比べて急増していた。

絶え間なく続けられるいわば〝養蜂のトリアージ〟は、このような減少が決定的なものになること
を押しとどめている。農業の原動力としての価値の高さが、四方八方からの攻撃を受けながらも、ミ
ツバチの完全な消滅を防いでいるのだ。健全なコロニーは二つに分けられ、新しくできたほうのコロ
ニーには、購入した新たな女王蜂が入れられる（女王蜂は、きちんと梱包されて郵送されてくる）。
冬が来る前には、女王蜂により多くの卵を産ませて喪失を補うため、あらゆる努力がなされる。また、
米国などの一部の国では、すでにあるコロニーを充満させるために、ミツバチを国内のある地域から
別の地域に移動させている。

野生のハナバチには利用できないこうした人間の介入により、ミツバチの個体数の急減という傾向
は鈍った。デイヴ・グールソンは次のように語る。「ミツバチは決して世界的な絶滅の危機に瀕して
いるわけではない。絶滅するようなことは決してないだろう。ミツバチは家畜であり、その数は何よ
りも経済に左右されるのだ」。こうした経済的インセンティブは、世界中でミツバチの巣箱の数を押
し上げ、国連の統計によると、今やそれは約一億個を数え、一九六一年当時の合計数のおよそ二倍に
達している。

とはいえ、世界には大きなばらつきがある。北米やヨーロッパではコロニーの数が減ったものの、
アジアや南米では増加してきている。また、ウズベキスタン、セルビア、ニュージーランドでは養蜂

ブームが起きている一方で、イタリア、フランス、エジプトでは養蜂家たちが危機感に捉えられて怯えている。このことは、ミツバチの数には、一定間隔で繰り返す山と谷の波があることを示唆しているように見えるが、一部の昆虫学者は、一見どこにでもいるように思えるミツバチの状態に自己満足してはならないと警鐘を鳴らす。マイアミ大学のミツバチ専門家、アレックス・ゾムチェクは次のように語る。「もし、ミツバチを大規模に繁殖させる方法がわかっていなかったら、僕らはすでにミツバチの絶滅を目にしていただろう。僕はこの言葉を軽々しく使っているわけではない」

ゾムチェクは、ミツバチは地球上に二億年近くにわたって存在してきたと指摘する。この期間には、地球の大陸塊が移動し、恐竜が咆哮して滅び、人類が他の霊長類から分岐して、車輪、印刷機、iPhoneを生み出してきた。「だが、僕らはこのほんの三〇年の間に、ミツバチを絶滅の淵まで追い込んでしまったんだ。もし人間が、死亡率を上回る勢いでミツバチを繁殖させてこなかったら、彼らは絶滅していただろう。時計の針が最期に二、三回振れたあいだに、ミツバチは危機的な状況に陥ってしまった。人間は彼らを食物のピラミッドにはめ込んだ。果物や野菜には受粉が必要だが、それはミツバチが担っている。僕らは非常に効率的なシステムを構築したけれども、それは一瞬にして崩れてしまうほど脆いものでもあるんだ」

このシステムの効率性は、長年保ち続けられてきた養蜂の概念さえ覆してしまった。ジョージ・ハンセンは、多くの人と同じように、ミツバチのビジネスとは蜂蜜を作ることだと考えていた。一九七〇年代半ばにオレゴン州西部で「フットヒルズ・ハニー社」を設立したときの目的は単に、ミツバチを飼って蜂蜜を作り、それをトーストに塗ったりパンケーキに絞ったりしようとする人たちに売る、というシンプルなものだった。「自分は蜂蜜ビジネスに参入すると思っていたんだ」と、蜂の絵が印刷された野球帽のつばで、いかつい顔と淡いブルーの目を覆いながらハンセンは言う。「だが、社名は変えなかったものの、ビジネスは変えることになった」

二〇二〇年一月、私はハンセンに会うために、カリフォルニア州、セントラルヴァレーの中心部にある都市、モデストの郊外に出向いた。私は彼のトラックに座り、オレゴン州から持ち込まれた彼の七〇〇〇箱の巣箱を眺めた。フェンスで囲まれた待機場のコンクリートの上に、ミツバチの巣箱が数百箱ずつ整然と並べられていた。一九八〇年代から一九九〇年代にかけてハンセンは、アーモンド生産者が受粉のために一箱の巣箱に支払う金額を一五ドルから二〇ドルに引き上げるのを見ていた。その後、その値段は一箱五〇ドルに跳ね上がり、ハンセンは「もうこれで頭打ちだろう」と思ったが、価格はどんどん釣り上げられていった。「今では一箱二〇〇ドルだ。巣箱が用意できれば、ではあるがね。価格には規制がない。ある意味、西部開拓時代みたいなもんだ」

この西部劇的な世界には、家畜泥棒さえ登場する。ただし、盗まれるのは牛ではなくミツバチだ。巣箱の価格高騰に加えて、アーモンド生産者が送粉者を求めて殺到しているため、無防備な養蜂家からミツバチを盗むのは窃盗犯にとって、ますます実入りの良い仕事になっている。ビュート郡の警察官で、「ミツバチ盗難刑事」と呼ばれているローディー・フリーマンによると、二〇一六年には盗難が急増して一六九五箱の巣箱が盗まれ、その前年の一〇一箱を大きく超えたという。二〇一七年にも一〇四八箱が盗まれた。

警察の発表によると、この盗難事件の主犯は、カリフォルニア州のいくつかの郡で窃盗を繰り返し、養蜂家たちを〝ハチなし〟にしたウクライナ人のギャングだという。二人の男が逮捕されて裁判にかけられたが、その手口は、暗闇にまぎれてフォークリフト車を使い、待ち受けていた車両に素早く巣箱を積み込んで逃走するという巧妙なものだった。警察によると、フレズノ市近郊のみすぼらしい土地が〝チョップショップ〟〔盗難車をパーツに分解する場所〕として使われたらしい。そこで、複数の所有者の巣箱のコロニーを分割して、より多くの新たなコロニーを作り、正当な所有者の名前を巣箱から荒っぽく削り取っていた。

これらの犯罪は、並外れたブームが訪れていることの兆候だ。もしナッツに全盛期があるとすれば、アーモンドはカリフォルニアに来て数百年経った今、その全盛期を迎えている。アーモンドの木は、一七〇〇年代にスペインのフランシスコ会修道士によってカリフォルニアに持ち込まれたもので、同地域の砂壌土と地中海性気候が合って、順調に育った。最初のアーモンド果樹園は一八四三年にサクラメント近郊のベア川沿いに作られたが、アーモンド栽培が激増したのは、もっと最近のことだ。一九六〇年代と一九七〇年代には、アーモンドシェーカー、スイーパー、ピックアップマシンなどの革新的な技術が、木からナッツを叩き落とし、防水シートで受け止め、運搬するという肉体労働に取って代わった。

アーモンド農法の洗練された現代性は、今やシリコンヴァレーで見られるあらゆるものに匹敵している。セントラルヴァレーのほぼすべての町からどの方向に向かっても、アーモンドの木立が無数に並ぶ光景に出くわす。それは、隅から隅まで均一な土壌で、採算のとれない野の花はほぼまったく生えていない。

そんな風景の中を車で走っているデニーズ・クォールズは、一エーカーほどの土地にアーモンドの木がぎっしり植えられた家を横目で見て言う。「ここの人たちはみんなアーモンドを植えているのよ、誰もがね」銀行員だったクォールズは、アーモンド産業の成長に着目し、ブームにつきものの珍しい仕事を手にした。彼女の場合、それはミツバチの仲介人になることだった。クォールズは、数十人の養蜂家とアーモンド生産者を結ぶマッチングの表計算シートのようなものを作り、様々な農場を行き来して、ミツバチと果樹園が確実に組み合わせられるよう図っている。毎年一月と二月には、アーモンド受粉ビジネスで大儲けするために、モデストに家を借りる。この忙しい時期だけで十分な収入が得られるので、一年の残りの大半は、仕事よりゴルフに費やしているという。

「ここ一五年間、バレンタインデーに夫に会ってないわね」と、派手なオールピンクの養蜂服にベールをつけた彼女は言う。車の後部にはジップロックに入れたアーモンドが積まれている。クォールズと私は、ハンセンの巣箱の待機場から車で少し行ったところにあるアーモンド農場で話をした。目の前では、テキサスからの長旅を終えた数百個のミツバチの巣箱がトラックの荷台からフォークリフトで運び出されている。そこには、ヒアリの検査官もいた。ヒアリはテキサス州に侵入した外来種で、農作物や在来生物を脅かしている。検査官は、トラックで密航してきたと思われる容疑者を見つけ、さらなる検査を行なうために、プラスチックのチューブに入れて密閉した。

近くの家畜飼育場から漂ってくる刺激的な香りを除けば、太陽が巣箱の後ろに沈んでいく様子を眺めるのは心地よい。だがそれも、旋回していたミツバチの一匹が私の顔にぶつかり、その棘のある針を私の上唇に突き刺して、自らを死者の数に加えるまでだった。マルハナバチはかなりおとなしいが、何度でも刺すことができる。一方、ミツバチの場合は、一度刺すだけで、腹部と消化管の一部が引き裂かれて死に至る。養蜂家は刺されても平気な人が多いので、私は押し殺した悲鳴を上げるだけに留めようと努力した。

クォールズの仕事は儲かるかもしれないが、砂上の楼閣のように感じられることもあるという。サプライヤーがバイヤーの要求を満たせるかどうか保証できない状況でブローカーを務めるのは簡単ではない。「みんな心配してるわ。ミツバチの喪失を示すデータが実際にあるから。供給できるミツバチの数は限られていて、足りなければセーフウェイに行って買ってくればいいというわけじゃないでしょう？」とクォールズは言う。増大する養蜂家のプレッシャーを軽減するには、ミツバチへギイタダニに対するより良い対処法を見つけなければならないし、現在の受粉システムはおそらく持続可能なものではないと彼女は考えている。「どこかで、やり方を変えなければ。それがどこなのかはわからないけれど、やらなきゃならない。計画が必要よ」と彼女は言う。

アーモンド生産者との契約を守って、カリフォルニア州に何百万匹ものミツバチを送粉者として送り込むには、ミツバチを生かし、健康に保つことが必要だ。そこでハンセンは、他の養蜂家と同様に、ミツバチの群れを丈夫に保つための様々な工夫をしている。干からびた待機場ではミツバチの餌がほとんどないため、ハンセンはマッシュルームを逆さにしたような青いプラスチック製の容器を置く。何千匹ものミツバチが、ビール酵母、大豆の粉、少量の砂糖、ビタミンなどを混ぜたプロテインミックスを食べるために、この容器の筒や底部の隙間から入ってくる。同じ材料は、ハンバーガーのような形に成型されて、巣箱の中にも入れられる。また、ミツバチの別の燃料となる、シュガーシロップから作られた炭水化物がプラスチックの桶に入れられ、自動車に給油するときのように、ノズルを通して巣箱の中に補給されている。

コロニーの運命を大きく左右する女王蜂には、特別の注意が向けられる。女王蜂は、一日二〇〇〇個もの卵を産み落とす産卵マシンだ。女王蜂の成績が悪いと、コロニーはよろめいてしまう。そのためハンセンは、複数の女王蜂を収めた箱を用意していて、それは一種のトレーニングキャンプの役目を果たしている。小さなケージに入れられた女王蜂は、スクリーンを通して働き蜂から餌を与えられるのだ。これらの予備の女王蜂は、ハンセンが大きなコロニーを二つに分割し、新しいリーダーが必要になったときに使われる。それらはまた、ハンセンと一〇人の作業員のチームが、巣箱を一つずつ点検して受粉に最適な状態に保つ際にも、入れ替え用の女王蜂として使われる。この作業の主なターゲットは、少量の卵を不規則に産んでいる女王蜂だ。「そんな女王蜂を見つけたら、つまみ出して、コロニーの世話をしてくれる若くて元気な新しい女王蜂と挿げ替える」とハンセンは言う。「そうすれば、コロニーを経済的に価値のあるものにできるが、そうしなかったら、そのコロニーはおそらく崩壊してしまうだろう」

以前は、このような方法でミツバチの健康を維持する必要はなかったのだが、アーモンド産業はあまりにも重要だった。現在、彼の収入のおよそ八〇パーセントは受粉サービスからきており、そのうちの半分は完全にアーモンドの受粉だという。

アーモンド産業は概して巧みなマーケティングを行なっており、米国だけでも過去五年間でアーモンドミルクの売上が二五〇パーセントも増加した。また、この産業はカリフォルニア州の州内総生産（GDP）に年間一一〇億ドルをもたらし、一〇万人の雇用を支えている。多くの点で、これは驚くべきサクセスストーリーだ。肥満の増加や肉食に伴う様々な環境破壊が懸念される社会において、健康的でおいしいナッツが勝利を収めたのである。だが、この成長はまた、自然界が耐えられる限界を超えているのではないかという疑問を生む。アーモンドは、ミツバチにこれ以上の負担をかけない方法で作ることができるのだろうか？

農業界は、これまで苦境に立ち向かって克服してきたやり方を踏襲し、救いは技術の向上にあるとみなしている。生産者を代表するカリフォルニア・アーモンド協会は、協会員が依存している送粉者を支援する計画を立てた。それには、ミツバチへギイタダニを駆除するための新たな武器を見つける努力や、ミツバチがより多様性に富む栄養豊富な餌がとれるようにするため、特徴のないアーモンドの並木の中により多くの野の花を植えるよう土地所有者に訴えることなどが含まれている。後者の取り組みには、少なくともいくらかの成果はあった。二〇一三年以降、アーモンドの果樹園に植えられた野の花の面積は、一万三八〇〇ヘクタール近くに及んだ。だが、これは、アーモンドの単一栽培が占める面積のほんの一部に過ぎず、生産者の中には、ミツバチが彼らの換金作物より野の花に多くの時間を費やすのではないかと心配している人もいる。それでも、アーモンド業界は進歩的な方向に進んでいると主張する。

「私たちは、養蜂家や在来種の送粉者に対する責任について真剣に考えています」とカリフォルニア・アーモンド協会の農業担当ディレクター、ジョゼット・ルイスは語る。「アーモンドがミツバチに受粉を媒介してもらうのは、不自然なことではないことを思い出すのも重要です」と彼女は続ける。ルイスは、アーモンドの果樹園はネオニコチノイド系殺虫剤を大量には使用していないこと、そして、開花期には殺虫剤の撒布を控えるようになったことを指摘する。さらに、野生のハナバチを支援するために、アーモンド農家の三分の一は生垣を作る努力をし、半分は被覆作物を植えるようにしているという。ルイスは、今では、不毛な単一栽培のモデルに変化が訪れていると主張する。「すべてのアーモンド農家がクリーンで整然としたモードを支持しているわけではありません。これは、私たちが考え方を進化させていることの表われです。私たちのヴィジョンは、持続可能な風景の一部としての持続可能なアーモンド果樹園の姿なのです」

さらに、ミツバチの需要にまつわる騒動を緩和するような技術革新もある。アーモンド業界は、「インディペンデンス」と呼ばれるアーモンドの品種を開発した。この品種は自家受精するため、必ずしもミツバチによる受粉を必要としない。適度な風さえあれば、粘着性のある花粉を数ミリ移動させてめしべに送り、アーモンドを実らせることができる。現在、生産者が必要としているミツバチの数の半分ほどもあれば、さらに生産量を増やすことができるはずだ。

しかし、送粉者を必要としない農作物への移行は、ミツバチにとっては必ずしも福音ではない。ミツバチは現在、依存のサイクルに陥っているが、それは少なくとも農家にとって、ミツバチを完全に消滅させないための動機付けになっている。農作物の受粉は、土地に使用される農薬の大幅増加を防いでいる数少ないガードレールの一つかもしれない。「ミツバチは、ほとんどの人が認識でき、感謝している生物です。そのため、農場の健康がいかに私たち自身の健康と関連しているのかを意識させるのに大きく貢献してきました」と、ハワイ大学の研究者であるエセル・ヴィラロボスは言う。彼女は、「インディペンデンス」が多くの実をつけるには依然としてミツバチが必要であることを示した研究論文の共著者だ。[11]「私たちは、自然界を守ることのメリットを見失いがちですが、ミツバチは、選択しなければならない問題があることを気づかせてくれたんです」

おそらく最も困難な選択は、ミツバチヘギイタダニの疫病をどうするかということだろう。最も残酷なダーウィン的解決策は、ミツバチをダニにより実質的に消滅させ、免疫力を持って生き残った雑多な個体に、数百年かけてダニに負けない種を作り上げさせることだ。だが、もちろん、このアイデアの問題は、その間も、私たちは食べ続けなければならないことにある。こうして、養蜂家の苦悩は続く。多くの養蜂家がしているように、ジョージ・ハンセンも、ミツバチがいくらかのダニから救われることを期待して、連邦政府が認可した殺ダニ剤を染み込ませたプラスチック片を巣箱に差し込んでいる。二〇一九年、ハンセンはコロニーの二〇パーセントを失った。それは彼にとって過去最悪の被害だったが、それでも全国平均よりはましだった。全面的な災難を避けようとするのは、終わりなき戦いだ。「自然界では、たとえ分封（ぶんぽう）〔巣分かれ〕するコロニーでも、毎年どんどん増えていくわけではなく、かろうじて同じ量にとどまっているんだ。もし五〇パーセントのコロニーが崩壊するとしたら、それは私にとって満足できるものではないね」とハンセンは言う。

二カ所目の巣箱待機場では、枯れた桜の木のそばに、さらに多くのハンセンの青と白の巣箱が並んでおり、アーモンド果樹園に置かれる前の最終的な準備が施されていた。それは言わばミツバチのピットストップのようなもので、ベールで顔を覆った作業員のチームが巣箱の手入れをしている。雇われた作業員たち――全員ロシア人だ――が蓋を外して巣枠を並べ替えるその頭上を、ミツバチたちが渦を巻いて飛んでいる。地面に散乱しているのは、ハンセンが言うところの「大掃除」により巣箱から排除されたミツバチの死骸だ。ミツバチの寿命はほんの数週間しかなく、絶えず巣を再生し続けることが必要なのだ。かつて語学を専攻していたハンセンは、一月の弱い日差しのもとで楽し気に作業を続けるスタッフとロシア語で雑談を交わしている。

巣箱のコロニーを整える作業は前年の夏に始まり、ミツバチが活動を再開した後に女王蜂の産卵を順当に進ませるためにコロニーがスーパーチャージされる。炭水化物やタンパク質を与えて数を増やし、冬の立ち枯れが悲惨なものにならないようにするのだ。それでも養蜂家たちは、できることは限られているという感覚を抱いている。「確実な治療法も、成功を保証するレシピもない」とハンセンは言う。「私たちにできることは、コロニーをできるだけ健康にして、最終的に天然の免疫力で乗り切ってくれることを祈るだけだ。究極的には、それしかない」

この死への新たな進軍マーチと人工的に推し進められるエネルギー補充は、ミツバチを自然界のアバターとしてロマンティックに捉える者たちを不安にさせるかもしれない。世界には二万種以上のハナバチが存在するが、ミツバチは、これらの素晴らしい生き物たちに私たちが期待するすべてのものを備えている。彼らは、腹部を黄色と黒の縞模様で飾り、8の字ダンスを踊り、針で刺して、蜂蜜を作る。昆虫減少時代の抗議活動は、ミツバチの格好をする人がいなければ完璧にならない。

だが、もっと実用的な視点から見れば、ミツバチは空飛ぶ小さな牛や豚と大差ない。より典型的には、スーパーマーケットに豊富な果物や野菜、蜂蜜を並べるために、人間が工夫して作った家畜として使われているのだ。多くの人は、夏ののどかな風景の中で野生の草原を飛び回るハチの姿を想像したいだろうが、現実には、米国を含め、特定の作物の受粉に必要な野生のハナバチがまったく足りていない国が増えている。

現在の農業生産システムには大きな欠陥があるとはいえ、管理されたミツバチがいなければ、それは完全に崩壊してしまう。ハンセンは、リンゴをかじっていた友人の十代の子供に、ミツバチへの対応を叱責されたときの苦い皮肉を思い出す。リンゴは、そもそも中央アジアの原産で、ヨーロッパ人入植者によって北米に持ち込まれ、人間が世話をして育てたミツバチの軍隊による交配作業があってこそ一年中店頭に並んでいる代物(しろもの)なのだ。

それでも、野生のハナバチに対する懸念と管理されたミツバチに対する懸念は相互排他的なものではない。ミツバチによる組織的な受粉は現代の農業に不可欠なものであり、私たちに十分な食料を確実にもたらし、養蜂家たちに重要な収入をもたらしてくれているが、その一方で、ミツバチは、有毒な化学物質、衰弱をもたらすダニ、病気、そして不快な人間の介入といった次々と襲いかかる苦難にさらされている。そしてそれは、養蜂家自身が抱えている葛藤でもある。デイヴィッド・ハッケンバーグは、コロニーに与えるセントラルヴァレーの化学物質の影響を嫌って、カリフォルニアにミツバチを運ぶことを数年前にやめた。「とんでもなくひどい状態で戻って来るんだ」と彼は言う。

ミツバチをトラックで移動させる行為は、ミツバチにストレスを与えるだけでなく、国内の一地域から他の地域に病気を広めることにもなる。自然界でもミツバチは新たなコロニーを作るために移動するが、その際の移動距離は二～三キロに過ぎない。ミツバチが到達する距離の限界を打ち破ったのは人間の交通手段だ。「今や風景の中には〝病んだ〟ミツバチと巣箱が散らばっている。移動養蜂家たちが欠陥のあるコロニーを捨てるので、地元のミツバチの巣や地域の植物が汚染されてしまうんだ」とアレックス・ゾムチェクは言う。病気を持ったミツバチが採餌すると植物に残留物が残り、それを他の送粉者が拾ってしまうのだ。このプロセスをゾムチェクは新型コロナウイルスの拡散になぞらえる。「ウイルスは違うが、仕組みは同じだ」

養蜂を続ける者は、ザルで水を汲み出そうとしているように感じることがよくある。「カリフォルニア・ミネソタ・ハニー・ファーム」を経営するジェフ・アンダーソンは、「僕らはヘロイン依存症にかかっているようなもんだ」と言う。「アーモンドの受粉のためにここに来なければならず、そうしなければ終わりだ。これはミツバチにとってよいことかって？　いや、そうじゃない。一年三六五日間、毒を食べていたら、すぐ病気になってしまうさ」

多くの意味で、ミツバチはハナバチを代表するものではまったくない。両者の境界線は米国政府の態度に明確に表われている。ミツバチには、それに対する脅威を研究して取り組むための専用の政府部門があるが、米国内に生息する他の四〇〇〇種のハナバチすべてを担当するのは、米国農務省にある、別の小さな研究所だけだ。もし、脅威にさらされている昆虫がすべて商業的に価値のある家畜とみなされていたら、昆虫の世界に危機は生じていないだろう。ワシントンDCから車で少し行ったところにあるメリーランド州ベルツヴィルには、一九三〇年代以来、米国農務省のハナバチ研究所（ビー・リサーチ・ラボラトリー）がある〔主にミツバチの研究を行なっている〕。ハナバチ研究所は、窓に曇りガラスが嵌められた大きなレンガ造りのビルの三階にあり、一階と二階は、牛の研究に使われている。「ハナバチの方が断然面白い」と語気強く言うのは、ハナバチ研究所の所長〔本書執筆時〕、ジェイ・エヴァンスだ。チェックのシャツを着込み、ウェーブのかかった髪をたくわえたエヴァンスは、ミツバチを脅かす様々なものに腐心しながら日々を過ごしている。

最近のコロニー喪失は「まともじゃない」とエヴァンスは言う。「冬に向かうまではとてもいい状態なのに、突然壊滅してしまうんだ。この仕事は、かつてかなり不活発で、ストレスも少なかったんだが、今では、ストレスだらけだよ」

ハナバチ研究所は、実際にはいくつかの小さな研究所からなる。各研究所にはハナバチの瓶、顕微鏡、コンピュータが並び、壁にはハナバチ関連の用具が飾られている。養蜂家は、病気になったり死んだりしたミツバチを研究所に送って無料で原因を調べてもらうことができるため、ベンチの一角には、ぐったりした様子のミツバチが入った封筒やビニール袋が積み上げられている。冷蔵庫は、いわば〝地獄のハチホテル〟で、透明なバイアルに入れられたミツバチが保存されており、一匹ずつにミツバチヘギイタダニが付着している。ここでの研究のほとんどは、ノゼマ病やチヂレバネウイルスといった一握りのミツバチの病害に対する理解を深めて対策を講じることが目的だ。[12] チヂレバネウイルスはミツバチヘギイタダニの蔓延に関連して生じるもので、このウイルスに感染したミツバチの翅は、飛翔能力のないずんぐりとしたものになり、コロニーでは役に立たないため、すぐに死んでしまう運命にある。一方、アメリカ腐蛆病は、感染した幼虫やサナギが死んだ魚のような臭いを放つ、最も不快な病気だ。この細菌性の病気はミツバチの幼虫を死に至らしめ、感染力が強く、感染したミツバチの巣や設備をすべて焼却しなければ、その進行を止められないことが多い。

これらの脅威がどのように広がっていくかについては理解が深まっているものの、研究者たちは全面的な勝利ではなく、主にギリギリの攻防戦での勝利しか手にできていない。また、敵もより悪魔的になっている。二〇一九年に、ハナバチ研究所はチヂレバネウイルスの遺伝的多様性が高まっていることを発見し、これにより新たな治療法の開発がより困難になった。ミツバチヘギイタダニは、様々な農薬に対して免疫を持ちつつあり、科学者たちは回避策を模索している。たとえば、最近ではミツバチの腸内細菌がダニに対する武器になる可能性があることが判明した。

研究所では、自らのミツバチの喪失さえ防げないでいる。コロニーを収めた木の枠組みのある魅力的なガラスケースが窓際に置かれていたのだが、最近、そのコロニーが摩訶不思議に消えてしまったのだ。奇妙なことは他にもあったとエヴァンスは言う。たとえば、女王蜂が暖かな一月に卵を産んでいた。

二〇一九年九月、私はエヴァンスに会うために研究所を訪れた。私たちは白い養蜂用の防護服を身に着けて（とてつもなく大きな防護服を着た私は、激やせ中の幽霊のように見えた）、ハナバチ研究所の裏手にある巣箱が設置されている場所に向かった。エヴァンスは、燻煙器から煙を吐きかけながらコロニーをチェックする。これは、山火事が近づいているように思わせてコロニーの注意をそらすためのテクニックで、これによりミツバチで覆われたフレームを検査することができるのだ。今回はすべて順調に見えたが、脅威は決して遠くに留まっているわけではない。ミツバチ研究の最前線の場所でさえ、長期的な予後は、積み重なる死骸の代わりを常に補充する必要性を指し示している。

私たちがセイヨウミツバチと呼んでいるミツバチは、実際にはアフリカ北部が原産だ。人類はその膨大な数のミツバチを利用し、ヨーロッパ中に広めて繁殖させてきた。セイヨウミツバチには、イベリア系、イタリア・スイス系、トルコ系などの亜種がある。その後、セイヨウミツバチは、藁で作った養蜂箱に入れられて初期の植民地に向かう船に乗せられ、米国に導入された。困惑したアメリカ先住民は、ミツバチを「白人のハエ」と呼んだという。養蜂は、しばらく珍奇な趣味のようなものに留まっていたが、一八五〇年代にオハイオ州のオックスフォードという町で静かな革命が起こった。ロレンゾ・ラングストロスという名の牧師が、伐採されて彼の土地の前を通りすぎた〝プーさんの木〟を見て、ある事に気づいたのだ。これらの木に作られたミツバチの巣内にある巣板は、みなサイズが均一で、巣板と巣板をミツバチが通り抜ける間隔は、ほぼ一センチだった。

現在、オックスフォードに住んでいるゾムチェクは、「それが彼の〝エウレカ〟の瞬間だったんだ」と言う。「そのスペースこそゴルディロックス・スポットで、大きすぎることも、小さすぎることもない。この間隔を作れば、巣板を箱に移して、ミツバチにコロニーを作らせることができるのだ、と」。このたった一つのポータブルな発明が土地の生産性を高めて、米国を小さな家族経営の農場の国から、巨大農業企業に占有される国へと変えたのだった。そうした農業企業は、単一作物でひしめき、山のような農薬が投入され、雑草のない巨大な畑を運営している。「あの巣箱がなかったら、現代の農業はなかっただろう」とゾムチェクは言う。

それ以来、人間はミツバチの新たな用途を考え出すことに長けてきた。その極端な例はNATOが資金を提供しているプロジェクトで、魅力的な砂糖水の匂いと爆発物の匂いを関連付けるようにミツバチを訓練するものだ。クロアチアで行なわれた実験では、ミツバチは巣から半径二キロ以内の爆発物を巧みに探し出し、探知犬より優れた成果を上げた。食料生産をてこ入れさせるだけでは飽き足らず、私たちは今、地雷除去にもミツバチの活躍を期待しているのだ。

この新たな現実は、ミツバチを成功させるものでもあり、打ち負かすものでもある。だが、一握りのミツバチの種にこれほどのスポットライトが当てられたことは、ハナバチの世界における真の存亡の危機を隠し、さらにはその危機を助長するものにさえなっている。ミツバチも含めたハナバチの中で最も絶滅の危機に瀕しているのは、マルハナバチや単独性のハナバチをはじめとする管理されていない種であり、それらは、地球上に存在する二万種のハナバチの大部分を占める。ランカスター大学の昆虫学者、フィリップ・ドンカースリーは、「ミツバチは受粉サービスの代表的な存在だが、あまりにも注目されすぎている」と言う。「野生の送粉者の保護に目を向けなければならないのに、ミツバチがすべての関心を奪ってしまっているんだ」

管理されているミツバチに比べて、野生のハナバチの状況についてはあまり知られていないが、調査によると、すべてうまくいっているという状況ではないようだ。二〇一七年のIPBESの報告書によると、ヨーロッパ北西部と北米では野生の送粉者が減少しているという。同報告書は、危機の真の規模を明らかにするために、「送粉者と受粉双方に関する国際的または国内的な長期モニタリングが緊急に必要である」と指摘している。[13] 少なくとも、その喪失が軽くないことは明らかだ。世界有数の自然保護団体である国際自然保護連合（IUCN）は、二〇一五年に、ヨーロッパに生息する二〇〇〇種近い野生のハナバチのアセスメントを世界で初めて行ない、データが完全ではないことを認めた上で、一〇種に一種の割合で、それらが絶滅の危機に瀕していると発表した。この数字には驚くべき減少事例が含まれている。たとえば、ヨーロッパ大陸のマルハナバチ種の四分の一は絶滅の危機に瀕しているという。

　殺虫剤の使用、草本豊富な草原を無に帰してしまう集約的な貯蔵用牧草の生産、野草地の耕作といったおなじみの問題が野生のハナバチを脅かしている。ミツバチとは異なり、野生のハナバチには、世話をしてくれる専属の飼育者もいなければ、彼らを苦しめている大規模農業経営者からの時宜を逸した懸念も寄せられていない。この問題は大陸をまたいでいる。米国では、今やネヴァダ州の砂漠に点在するわずか七カ所に生息地が限られてしまったモハーベ・ポピー・ビー（*Perdita meconis*）の絶滅を防ぐために、苦しい努力が続けられている。ミツバチのように黒と黄色の縞模様があるが、腹部がよりほっそりしているこのハナバチは、二種類の稀少で相互に重要な砂漠のケシの花〔ラスベガス・ベアポピーとドウォーフ・ベアポピー〕が減少したために激減した。米国の反対側では、ニューハンプシャー大学の博物館コレクションを分析した結果、ニューイングランドに生息する一四種のハナバチが、過去一〇〇年の間に九〇パーセントも減少したことが判明している。[14] 研究者たちは、地面に巣を作るハキリバチやヒメハナバチなどを含むこれらの昆虫の減少は、「主要な作物の生産や食料供給全般を危うくする懸念がある」と警告している。

このような減少は、遅ればせながらも認識はされてきた。二〇一七年に米国政府は、ラスティーパッチド・バンブルビーの個体数が九五パーセントという壊滅的な減少を被っていることを受けて、この種を在来種のハナバチとして初めて絶滅危惧種に指定した。かつては野草やクランベリー、リンゴなどの重要な送粉者だったこのモコモコした生き物は、米国東部の草原や大草原から姿を消し、今ではそれぞれ隔てられたわずかな地域でしか見られなくなっている。残念なことに、このリストに加えられるべき候補者は他にもたくさんいる。米国生物多様性センターは、北米とハワイに生息する在来種のハナバチ四〇〇〇種以上を調査した結果、十分な調査データがある種については、半数以上が数を減らしていることを見出した。[15] 心配なことに、四分の一の種は絶滅の危機に瀕しているという。

ミツバチ以外のハナバチの種は、ミツバチより重大な危機に瀕しているのだ。しかも彼らは、この有名な旅する親戚ができない、あるいはできても効率的ではない仕事をやってのけている。たとえば、青く輝くブルー・オーチャード・ビー（*Osmia lignaria*）は、サクランボやアーモンドの受粉において、ミツバチよりはるかに優れた仕事をする。だが、この単独性のハナバチは、葦の中や他の生物が作って放棄した穴の中に巣を営み、泥で育房を作って子を育てるために繁殖に時間がかかり、生産者にとってはミツバチよりもコストがかかるのだ。

中には、単にミツバチの能力を超える仕事を手掛けているハナバチもいる。植物は、植物の実質的な精子である花粉を送粉者の体に擦り付ける代わりに、花蜜ドリンクを無料で提供しているが、なかには、それを簡単には差し出さないものがある。トマト、ピーマン、カボチャ、ブルーベリー、クランベリーなどはみな、花粉を放出するための刺激、つまり振動受粉が必要な作物だ。マルハナバチは体が大きいので、翅を一分間に二万四〇〇〇回ほども振動させることができ、独特の怒号のような音を立てる。この音は、戦闘機のパイロットが経験するものの五倍にあたる五〇Gもの重力加速度を生み出すという。ミツバチにはないこのスキルは、花粉をひきはがして、これらの植物を繁殖させることができるため、毛むくじゃらでふくよかな体が花粉の収集と散布に適しているマルハナバチは、トマトが栽培されている温室で非常に重宝されるのだ。毎年、ヨーロッパから六〇カ国以上の温室に約二〇〇万箱のマルハナバチのコロニーが輸出されているが、この大量輸送が裏目に出ているところもある。

チリには世界最大のサイズを誇るマルハナバチが生息している。このモコモコの毛皮をまとったマルハナバチの名は、インカオオマルハナバチ（*Bombus dahlbomii*）。その大きさは最大で四センチにもなる。〝空飛ぶネズミ〟の異名を持つこのマルハナバチが今、ヨーロッパからの新参者に負けて数を急激に減らしているのだ。そのためチリでは、「モスカルドン」と呼ばれ、死者の魂を運ぶものとして先住民に崇められているこの巨大なマルハナバチを保護するための運動が立ち上がった。モスカルドンを狂わせているヨーロッパのハナバチ自身が、本来の生息地で危険にさらされているというのは、なんとも皮肉な話である。ミツバチとは違い、これらの野生のハナバチは数の多さで危機を回避することはできない。一つの巣に数万匹ものミツバチが暮らしているのとは異なり、地面に作った巣にいるマルハナバチはせいぜい数百匹だ。

野生のハナバチは個体数が少ないため、農薬や病気などで生息地が荒らされると大変なことになってしまう。そのため、一部の農業生産者が、トマトの受粉を機械のバイブレーターで行なうという変わった方法をとるようになったのも不思議ではない。ただし、それはせっかちな人には向いていない。ある実験では、バイブレーターで六四〇株のトマトの花を受粉させるのに一二時間もかかったという。トマト一株あたりにつき一分以上もかかったわけだ。

ハナバチは、私たちが恩恵を受けている奇跡的なことを、日々無償で行なってくれている。カシューナッツからグレープフルーツまであらゆるものを受粉させるだけでなく、様々な製品の材料を提供してくれているのだ。たとえば、ミツバチの巣の密封剤である蜜蠟は、リップクリームなどの原料になる。また、プロポリスは、弦楽器のニスに、そして一部の国では歯磨き粉の原料にさえ使われている。受粉不足を補うテクノロジーの準備が整っている証拠はほぼないため、大量の人間が代替ミツバチとして働くという光景は、農業の将来を描く上で決して遠い未来の姿ではない。

このシナリオは、すでに中国南西部の一部で現実のものとなっている。農薬の乱用とハナバチの生息地不足により、近年、リンゴやナシの果樹園から送粉者が姿を消したのだ。いなくなったハナバチの代わりとして、花粉を入れた壺に絵筆や鶏の羽をつけた棒を入れて、大勢の農業従事者が手作業で果樹園の木を受粉させている。花から花へと花粉を移す作業は骨が折れるが、中国の農村部では安価な労働力があるため、実行できないことではない。

とはいえ、世界中の農場でこの作業を行なうための労働力が確保できるとも、はたまた最初の人類が登場してランチのメニューを思案するはるか前から植物と共存してきた昆虫と同じ結果が得られるとも思えない。このことは、たとえばヨーロッパのようなハナバチによる受粉が主流となっている地域に、農作物の受粉をめぐる気がかりな問題を提起する。一般的に、ヨーロッパ諸国は、米国に比べて畑の面積が小さく、ハナバチに優しい生垣がより多く残されているため、戦略的に設置された箱からミツバチを飛び出させて作物を広範囲に受粉する必要はない。

だが、野生のハナバチが次々と死んでいくことにより、秩序立った自然界のサービスの枠組みは崩れつつある。おそらくヨーロッパでは、受粉のために人の手で育てられたミツバチへの依存度を高めていくことになるだろう。そうすれば、短・中期的には当面の食糧安全保障上の危機が回避できるかもしれない。だがそれは、米国が陥っているような依存関係の束縛をもたらすことになる。ランカスター大学の昆虫学者であるドンカースリーはこう語る。「私たちはますますミツバチだけに依存するようになるだろう。何千年にもわたって私たちが学んできたことがあるとすれば、それは、ある仕事をするために一つのものだけに依存し始めると、それが壊れた途端に、もはや存続不能になるということだ」

ヨーロッパには六八種のマルハナバチが生息しているが、そのうち約半数は減少傾向にあり、一六種は絶滅危惧種の「レッドリスト」に登録されている。ドンカースリーが個人的に気に入っているのは、アカオマルハナバチ（*Bombus monticola*）だ。腹部の端がオレンジ色に染まった魅力的な姿をしており、一部の山岳地帯や高地の荒地にしか生息していない。ドンカースリーは一度、「典型的な昆虫学者の」シーンと彼が呼ぶ状況で、このマルハナバチを捕えたことがある。ヨークシャー・デールの山頂を疾走し、巨大なバタフライネットを使って捕捉したのだ。だが、ライチョウの狩猟のために生息地が季節ごとに焼かれているため、この種の将来の展望は先細りしつつある。

植物の受粉をランダムに飛び回って行なうミツバチとは対照的に、秩序立った植物の送粉者であるマルハナバチは、空中に留まるために、一秒間に約二〇〇回という驚異的な速さで翅を上下させることが必要で、膨大なエネルギーを消費する。サセックス大学の生物学者、デイヴ・グールソンが発表した二〇一〇年の論文によると、この動物の代謝率は、記録がある全生物の中で最も高く、ハチドリさえも上回るという[16]。人間の男性がマーズバーを食べた場合、約一時間でそのエネルギーを消費することになるが、マルハナバチが人間と同じ大きさだとしたら、わずか三〇秒で同量のエネルギーを使い切ってしまうそうだ。花蜜豊富な花という形でもたらされるエネルギーに対するこの旺盛なニーズこそ「現代の英国に暮らすマルハナバチが直面している問題の中心にあるものだ」とグールソンは言う。彼は、一〇〇年前には当たり前のように存在していたこのハナバチの種を探すために、イングランド南部をむなしく渉猟してきた。田舎から草原や野草がほとんどなくなってしまったため、マルハナバチ、ひいては野生のハナバチ全般は、ひどく衰退している。二〇一九年に行なわれたある調査では、英国の野生のハナバチやハナアブの三分の一が減少してしまったと結論づけられた。[17]

マルハナバチがいなくなったら、その影響は甚大だ。マルハナバチは、ヨーロッパから中国、北米までを通して、自然界で最も重要な送粉者だ。「マルハナバチがいなければ、まったく種をつけることができない植物がたくさんある」とグールソンは言う。だが、ミツバチとマルハナバチを含むミツバチ科以外にも、様々な色のハナバチを擁する万華鏡のような世界があり、そうしたハナバチの大部分は、8の字ダンスもできなければ、蜂蜜を作ることもできない。たとえば、女王蜂やコロニーを持たずに一匹だけで暮らす単独性のハナバチは、米国に生息するハナバチの種の九八パーセントを占めており、世界的にも重要な送粉者になっている。

これらのハナバチを、カリバチや得体の知れないエイリアンと間違える人はかなりいるだろう。ハキリバチ科のハナバチは、巨大な頭部と強力な大あごを持ち、それを使って、葉や泥、砂利、木のパルプなどを噛み砕いて巣を作る。生息場所は、地下の穴や木の空洞で、カタツムリの殻で暮らすものさえいる。また、葦の中に住み、葉を正確な大きさに切って巣の入り口を塞ぐことにより、卵が食べられないようにするものもいる。同じく地面で営巣するコハナバチは、汗をかいた額を舐めて塩分を摂る習性から、スエット・ビーと呼ばれている。その遠い親戚に当たるアルカリバチは、玉虫色に輝く見事な腹部の帯で知られる。オーストラリア、クイーンズランド州の最北端に生息するクアシヘスマ・ビー（*Euryglossina*［*Quasihesma*］）は、毛がなく、体長はわずか一・八ミリしかない。ヒメハナバチ属のマイニング・ビーは、地下にトンネルを掘ることができる。ヴァルチャー・ビー〔直訳すると

「ハゲタカ・ハナバチ」は、蜜や花粉ではなく、動物の死骸の腐肉を食べ、鋭い顎で死骸の目を切り裂いてから肉を剝ぎ取る。

場合によっては、これらの驚くべきハナバチが、彼らの有名な親戚から間接的な被害を受けることがある。二〇一九年の夏、ヴァーモント大学の受粉専門家、サマンサ・アルジャーと三人の共同研究者は、ミツバチが野生のハナバチに病気を移しているという研究結果を発表した。[18] ヴァーモント州で十カ所以上を調査したところ、ミツバチを襲う二種類の病原体（チヂレバネウイルスと、黒色女王蜂児病ウイルスと呼ばれる、女王蜂になる幼虫を襲う致命的なウイルス）が発見される割合は、商業用ミツバチの巣から三〇〇メートル以内の場所で見つかったマルハナバチの間で高くなっていたのだ。

この論文の研究者たちはまた、ミツバチの巣の近くで咲いていた花からこれらのウイルスを検出したが、いわくありげなことに、巣から離れた場所にいたマルハナバチや植物からはウイルスの痕跡が検出されなかった。この発見は、受粉のためにミツバチが大量に移動することは、野生のハナバチに恐ろしい病気をばらまいているのではないかという、科学者たちの潜在的な懸念に、より明確な証拠を与えることになった。「一般の人々がしている大きな勘違いは、ミツバチが送粉者保護を象徴するイメージにふさわしい、と思い込んでいることです」とアルジャーは言う。「それは馬鹿げています。まるで、ニワトリを鳥類保護の象徴的なイメージにするようなものなのですから」

二〇一七年に発表された、この分野の過去の研究を調べた研究では、好悪双方の証拠が見つかったものの、大方において、ミツバチは病気を蔓延させ、同じ生息地にいる野生のハナバチを駆逐してしまうという点で、有害な影響を与えていると考えられた。その一年前には、ミツバチヘギイタダニが、花を訪れたマルハナバチを含めたハナバチに、「軽々と乗り移ってゆく」ことを示した科学論文も発表されている。[19]

このようなハナバチ同士の頭痛の種は、最も人気のある昆虫危機対応策の一つに影響を与えている。それは都市型養蜂だ。現在、デトロイトから、ロンドン、シドニーまで、世界中で庭や屋上に養蜂場を作ることがブームになっている。養蜂講座の参加者も急増した。多くの企業も、オフィスビルの屋上にミツバチの巣箱を設置したことを、環境に配慮している証として誇らしげに宣伝している。ベルリンでは、都市部での養蜂が非常に人気になり、にわか養蜂家には手に負えない状況が発生したため、養蜂家協会が「シュヴァームフェンガー」〔「分封キャッチャー」の意〕と呼ばれる約三〇人の専門家を派遣して、軒下や街灯に群がるミツバチの塊に対処する事態に陥っている。「現在、かなりの流行になっていますね。巣箱をバルコニーやどこかに置いて、自分は自然に貢献していると思っているんです」とボランティア分封キャッチャーの一人、アルフレッド・クライエフスキーは《ニューヨーク・タイムズ》紙に語っている。[20]

巣箱を設置するのは誰でもできる。だから、戦争で荒廃したシリアや、タンザニアの難民キャンプ内でも養蜂家が存在し続けるのだ。だが、だからと言って、ミツバチを飼うことが常に有益な選択肢であるとは限らない。ミツバチはその数の多さから、植物の少ない都会の環境をあっという間に支配してしまい、劣勢に立たされた野生のハナバチはほとんど餌がない状況に置かれてしまう。ミツバチを飼うことに惹かれる人は、ミツバチの採餌を助けるために様々な種類の花を植えたり、病気のマルハナバチに小さじ一杯の砂糖シロップを与えたりするタイプである可能性が高い。だが、ミツバチの巣箱を置くことが、野生のハナバチの生息地を奪ったり、新たな病気に感染させたりすることになるとすれば、せっかくの努力も水泡に帰してしまう。

ハナバチは、熱帯地域よりも温帯地域で多様性に富む点で珍しい生物だが、都市にミツバチの巣箱があふれると、この多様性は損なわれてしまう。二〇二〇年に発表されたキューガーデンの報告書の推定によると、英国の都市部で養える巣箱の数は、一平方キロメートルあたり約七個だそうだ。だが現在、ロンドンには、巣箱の数が現在五〇箱を超えている場所もある。管理の行き届いていないミツバチの巣は、「疫病と伝染病の小さな生態系」になっていると、ブリストル大学の生態学者、ジェーン・メモットは《ガーディアン》紙に語っている。

「ミツバチを導入すると、意図せずにマルハナバチや単独性のハナバチたちを飢えさせてしまうかもしれない」と言うのはドンカースリーだ。「都市部には送粉者のための余地があまりない。ミツバチを導入すると、プレッシャーをさらに高めることになる」。農村部でさえ、ミツバチは問題を引き起こすことがある。オーストラリアの科学者グループは最近、ミツバチを「害虫」と呼び、ミツバチが在来種のハナバチにノゼマ病を蔓延させたり、有害な外来雑草を受粉させたりする懸念があるとして、国内の国立公園に管理されたミツバチの巣箱を置かないよう当局に訴えた。ひとたび農業分野や、屋上で蜂蜜を作るヒゲを生やしたヒップスターたちから視線を移せば、ミツバチに対する愛情の欠落を目にする場合があるのだ。

ミツバチは「花蜜と花粉を集めるうえで頂点にいる存在」だとゾムチェクは言う。一つのコロニーが一年を乗り切るには、約四五キログラムの蜂蜜が必要だ。〇・五キログラムの蜂蜜を作るには二〇〇万本の花が必要なため、一〇〇箱や一〇〇〇箱もの巣箱を置くとなると、必要な花の数は数十億個にもなる。「これだけのものを支えられる現代の農業地域など、どこにあるというのか」とゾムチェクはいささか大げさに問いかける。「ミツバチが田舎の花を食べ尽くしたら、他の送粉者には何が残されるというのか」と。

保護活動には、このような苛立ちがつきものだ。サンゴのような環境の要(かなめ)やビーバーのような勇敢な技術者に注意を向けなければならないのに、パンダのような生態学的にはマイナーなプレイヤーに山のような注目が集まる。だが、突き詰めて言えば、それはパンダのせいでも、ミツバチのせいでもない。厄介で自滅的なやり方で地球を再構築してきたのは人間であり、ある生物が他の生物よりも優先されるようになったのは、人間に生来備わる偏見によるものなのだ。

動物との関わりは、現代では生活の片隅に追いやられている。その片隅には、ペット、ときおり背景に現われる家畜、そして野生動物のドキュメンタリー番組で取り上げられ、広告や子供向けの本で日常的に使われるエキゾチックな動物がいる。親近感がわくほど身近な存在でありながら、蜂蜜を作るという不思議な力を備えているミツバチは、良くも悪くも、そうした複数のカテゴリーにまたがることになった。だが彼らは、その多才さを活用してくれと人間に頼んだわけではない。人間の食生活を助けるために、途中で病気を拾いながら世界中に広がることを望んだわけではないのだ。政治家は彼らを小道具にし、怠惰なマーケティングは彼らを自然保護のシンボルにした。今後、私たちができることは、オランウータンやトラのような「キーストーン種」〔個体数が少なくても、その種が属する生物群集や生態系に及ぼす影響が大きい種〕がそれぞれの生態系のためのトーテムとして使われてきたように、他の送粉者のためにミツバチの知名度を利用することだ。

実際的には、人間にとっての有用性だけを考えることをやめて、ミツバチの本質的な価値について考えてみたらどうだろう。広大な食料生産のマトリックスからミツバチを救い出すことはできないかもしれないが、この素晴らしい生物の幸福を維持するために何ができるかを、立ち止まって考えてみることはできるはずだ。

7．君主の旅

カリフォルニアの一年は膨大な数のミツバチの流入で始まり、それが終わるころ、もう一つの昆虫が大移動してくる。だがこちらのほうは、トラックの運転手も、体を覆う白い防護服も、ブンブンうなる巣箱も必要としない。毎年一〇月になると、オオカバマダラ〔英語名は〝君主〟を意味する「モナーク・バタフライ」〕の大群からなるオレンジ色と黒の波が、遠くアイダホ州やユタ州から訪れて、カリフォルニアの海岸でサーファーやテック技術者たちに混じるのだ。

観光客はこの壮観を見ようと州の南半分に点在する木立を訪れる。オオカバマダラはそこでユーカリの木々に群がって、比較的暖かい彼らの冬休みを過ごすのだ。同じころ、別のオオカバマダラの大群が、さらに長く過酷な移動を開始する。この大移動は、国境や複数の世代を越えるもので、米国北東部とカナダから南下して、メキシコ中央部に尖った背骨のように聳えるシエラ・マドレ山脈にある十カ所ほどの隠れ家へと向かう。

現代の航空機がエンジンをふかしてニューヨークからメキシコシティまで五時間足らずで旅客を運ぶことを考えると、同じルートを辿るオオカバマダラの旅はとてつもない偉業だ。レーズンほどの重さしかない、このはかない生物は、翅と気流と研ぎ澄まされた本能だけで、四八〇〇キロ近くの多難な長旅を完遂する。何百万匹ものオオカバマダラがこのルーティンを毎冬こなし、中には一日に四〇〇キロ飛び続ける個体もいる。

科学者たちは、この長大な距離を移動するオオカバマダラのナビゲーション能力に長いこと頭をひねってきたが、近年、その答えが少し見えてきたようだ。たとえば、ある研究では、数匹の蝶をミニチュアのフライトシミュレーターに入れてみたところ、この生物の触角には「感光性の磁気センサー」があり、これがコンパスの役割を果たしてオオカバマダラをメキシコまで南下させることがわかった。[1]

オオカバマダラは、寒さを逃れるために南に渡り、数世代かけて北に戻る。北に戻るのは、春に好物の草本であるトウワタの花が咲き、それに卵を産み付けるためだ。孵化した幼虫は、唯一の食料であるトウワタを食べる。冷血動物であるオオカバマダラが成長するには、最適な気候条件が必要だ。暖かさを求めて移動する彼らのタイミングを正確に把握するには、複雑な実験が欠かせない。

北米全域のボランティアは、二〇年以上にわたって、南へ飛んでいく一〇〇万匹以上のオオカバマダラに小さな円形のタグを付けるという骨の折れる作業を行なってきた。[2] そして、そのうちの一万三〇〇〇個ほどのタグが、蝶がメキシコに到着したあとに回収された。データを記録した研究者たちは、興味深いことに気がついた。オオカバマダラは太陽の角度に応じて移動を開始し、ペースを調整していたのである。蝶たちは、旅の開始箇所にかかわらず、正午の太陽の角度が地平線から約五七度になったときに飛翔を開始していた。そして、旅の中盤になるとペースを上げて、一日平均約四七キロの距離を移動し、メキシコに到着するときには、一日一六キロほどの距離に戻していた。

オオカバマダラの移動の謎を解き明かすのは難しいかもしれない。だが、その本質的な姿、すなわち飛行中の姿や木のねぐらで翅を休めている姿は、美が最も凝縮された形と言えるだろう。それは、未知の土地を目指して壮大な旅をする蝶が作る慈悲深い巨大な覆いであり、私たちの平凡な暮らしの矮小化されたカラーパレットを鮮やかなオレンジ色と黒で活気づけてくれる。

オオカバマダラの渡りは、気象レーダーに映るほど巨大な自然現象であり、航路の下に住む人々を積極的なチアリーダーにさせるほど甚大な影響力を持つ。ミネソタ州選出のエイミー・クロブシャー議員は、教師だった母親が毎年オオカバマダラの格好をして、「Mexico or bust（メキシコに行くか、破滅するかだ）」というプラカードを掲げていたことを思い出す。昆虫の世界には、オオカバマダラより長い距離を移動するものもいるが（インド・アフリカ間の一万八〇〇〇キロを飛んだウスバキトンボの記録がある）、これほどの大集団で繰り返し移動する昆虫は他に類を見ない。

「これは本当にすごいことです」と、オオカバマダラの移動を研究している生態学者のダラ・サターフィールドは言う。南に向かうオオカバマダラはテキサス州を通過する際、一つの不定形の飛路（ひろ）に集まる傾向がある。サターフィールドは数年前にダラスでそれを目撃した。「ある庭で、何百匹ものオオカバマダラが、ウェルベシナ・ウィルギニカ〔英語名は「フロストウィード」〕の花から蜜を採餌していました。燃料を貯めるために、あまりにも一心不乱に採餌していたので、ブドウの実をもぐみたいに、花から摘み取ることができたほどです」。テキサス州を一団になって通過するオオカバマダラは、嵐や飢餓から人為的な災害までの様々な危険に直面する。米国南部をローライズのパンツのベルトのように包んで走る州間幹線道路一〇号のようなロードキル〔動物が車両に轢き殺されること〕のホットスポットでは、何百万匹ものオオカバマダラが車やトラックに押しつぶされて命を落とす。長旅を終えたものさえ安全ではない。すべてのオオカバマダラの約九五パーセントが一握りの小さな場所に結集するため、たった一度の嵐や急激な暑さに襲われただけで、大損害を受けるのだ。二〇一六年には、激しい嵐がオオカバマダラの留まっていた数千本の木をなぎ倒し、氷点下の気温も重なったことから、約三分の一にあたるオオカバマダラが死んでしまった。

春になって気温が再び上がり始めると、オオカバマダラはトウワタを見つけて交尾するために一斉にメキシコから旅立つ。産み落とされた卵は孵化してイモムシになり、サナギになったあと新たな蝶に変身して、世代を超えて米国を目指し、北上してゆく。そして次の南下が始まるころには、祖父母も知らなかった木に本能的に戻ってゆく。蝶がこのような移動を試みること自体が驚異であり、それを何世代にもわたって成功させているという事実は、ほぼ理解の範疇を超えている。「彼らが渡りを達成したときの喜びはひとしおです」とサターフィールドは言う。「私たちがこの移動に魅了されるのは、困難な旅が、ある意味、文学的なレベルで語りかけてくるからです。それはとても人間的なことで、少なくとも私はすっかり魅了されてしまいました」

だが、この自然の驚異は、オオカバマダラの研究者が数十年以内に絶滅すると語るほど不安定な状況にある。生息地の喪失、殺虫剤の猛威、気候変動という、おなじみの問題が世界中で蝶の数を減少させており、オオカバマダラはその先頭に立つ不幸な旗手となっている。

メキシコ中央部の山岳地帯にあるオオカバマダラの越冬地域は、伝統的にヘクタール単位で測定されている。一九九六年から一九九七年にかけての冬、ねぐらに就くオオカバマダラの生息地域は、野球場一八個分の広さに相当する一八ヘクタールに及んでいたが、二〇一三年までには、ロンドンのトラファルガー広場よりも狭い〇・六ヘクタールにまで縮小してしまった。一ヘクタールの生息地には、二〇〇〇万匹以上のオオカバマダラが暮らしていると考えられている。近年は、わずかな回復が見られ、二〇一八年から二〇一九年の冬には、メキシコ中央部で六ヘクタールにわたる生息地が確認された。だが、この見かけ上の回復は一年後にはすみやかに解消され、生息地はまた二・八ヘクタール分の森林にまで減少した。

カリフォルニアに向かう西部の個体群の惨状はさらに驚くべきもので、ザーシーズ協会が行なった調査によると、一九八〇年代には四五〇万匹ほどもあったオオカバマダラの大群は、二〇一九年にはわずか二万九〇〇〇個体にまで減少していた。その前年に記録された個体数は史上最低の二万七〇〇〇匹だった。これは、記録が残っている最大個体数のわずか一パーセント未満にすぎない。オオカバマダラは今、崖っぷちに立たされており、数を減らしたサバイバーを崖から転落させるのに、たいした刺激は必要ないだろう。ワシントン州立大学ヴァンクーヴァー校のオオカバマダラ研究者、シェリル・シュルツは、「このままだと、西部のオオカバマダラは三五年後には消えているでしょう」と警告する。[3]

大部分の昆虫がそうであるように、オオカバマダラの個体数も急激に変動する。メキシコでは、近年、個体数がやや回復したものの、長期的な見通しは悲惨な下降傾向を示している。二〇一五年、米国魚類野生生物局は、一九九〇年以来一〇億匹近くのオオカバマダラが消滅したという不幸なニュースを発表した。この個体数は、南北アメリカ大陸に暮らす人間の数を合わせた数にほぼ匹敵する。[4]何百万もの小さなオレンジ色の旅人が木を覆い、その重さで枝がしなり、ときには折れるほど凝集している光景は、かつてライオンがヨーロッパを席巻していたという考えと同じように、すぐに記憶から消え去り、理解できないものになってしまうかもしれない。「今後の一五年間で、おそらく非常に大幅な減少を目にすることになるだろう。生息地が劣化しているからだ」と言うのは、著名な蝶の専門家で、一九九二年に「モナーク・ウォッチ」という研究・保護団体を設立したオーリー・テイラーだ。「オオカバマダラはこの地球上で唯一無二の存在を代表する生物の一つなのに、僕らはその存在を消し去ろうとしているんだ」

オオカバマダラの個体数の減少は一九九〇年代から熱心に追跡されているが、科学者たちはこの不振の理由をまだ解明してはいない。それでも、自然の生息地を破壊して行なう単作農業と化学物質の撒布が最も疑われている。「ここで蝶の数が減ったのは、米国人がそこらじゅうに忌々しいラウンドアップを撒き散らしたからだ」。ふだんは愛想のよいメキシコ人の森林科学者、クアウテモック・サエンス＝ロメロは、そう簡潔に言い放つ。

不吉なことに、サエンス＝ロメロは、オオカバマダラにとってスプレーやブルドーザーよりもさらに長期的な脅威となるものの同定に貢献することになった。オオカバマダラがメキシコに到達したときに身を寄せるオヤメルモミが、人間が引き起こした気候変動によって消滅する危険性があるというのだ。気温の上昇が続き、干ばつの期間が長引くと、オヤメルモミの生育に適した地域が消滅してしまう。サエンス＝ロメロが共同執筆した二〇一二年の研究論文によると、気温がこのまま上昇を続けた場合、オヤメルモミの生育に適した地域はメキシコ国内全域で九六パーセントも縮小するという。[5] この縮小率はオオカバマダラ生物圏保護区内では一〇〇パーセントに達し、メキシコ中央部の山岳地帯にある保護区内のオオカバマダラの生育地は完全に消滅してしまうことになる。

「この木に適した場所は、まったくなくなってしまうだろう」。二〇二〇年一月にオオカバマダラ保護区を訪れた私に、サエンス＝ロメロはこう語った。この科学者は、ベレー帽とポケットのたくさんついたベストを好んで着ている。二〇年前、彼はこの山で、肌寒い日にはセーターを着ていたという。だが一九七〇年代以降、メキシコ中央部は急速に温暖化し、セーターを着る必要はほとんどなくなった。「木はすでに枯れ始めている。今は二〇二〇年だ。健全な木がなければ、オオカバマダラは確実に死んでしまう。私たちは最悪のシナリオに向かって突き進んでいる」と彼は言う。

オヤメルモミは、十分に成長できれば、四六メートル以上に育ち、外側に突き出した針状の葉に覆われた枝がオオカバマダラを保護する。この木はオオカバマダラに対して主に二つの役割を果たしている。まず、気温が下がると、樹冠の一部が、地面から放出される熱の一部を閉じ込めるブランケットのように働くので、蝶は快適に過ごすことができる。もう一つは、枝がシンプルな傘の役割を果たして、オオカバマダラが雨に濡れないようにする。翅に水滴が溜まると、それが凍って氷になるため、蝶は死んでしまうのだ。地球の温暖化によってオオカバマダラが凍死してしまうというのは、気候変動の悪しきパラドックスの一つである。

気候変動の影響は、オヤメルモミの最適生育ゾーンである海抜三〇〇〇メートル以上の高地にまでじりじりと及びつつある。このモミの木は、他の大部分の樹木と同様に、環境の変化に適応して、より快適な温度の場所にゆっくりと生育地を移していくことができる。だが、地球温暖化の急速な進行により、オヤメルモミの好む気候は、彼らが追いつくことのできる速度の一〇倍もの速さで、山の斜面を這い上がっているのだ。一見すると、大部分の木は健全に見えるが、サエンス＝ロメロは、ある木の先端が茶色くなっていたり、別の木の針状の葉が垂れ下がっていたりするのを鋭く指摘する。水分不足と厳しい暑さがモミの木を弱らせ、色が薄くなったり、葉が落ちたり、病気にかかったりしているのだ。

一部の木は、問題の兆候を明らかに示す樹液をにじませている。これは、木の防御行動で、キクイムシが侵入して木を内側から食い荒らしていることを示している。意図せずとはいえ、私たちは芸術や詩により神格化された蝶を追い出し、弱った木の中で生涯の大部分を暮らし、徐々にその木を破壊する体長三ミリの泥色の甲虫が住めるように森を変えてしまっているのだ。サエンス＝ロメロは言う。「すべての木が枯れるわけじゃないが、確実にみなストレスを受けることになるだろう。オオカバマダラは永遠にここにいるわけじゃない。地元の人々にとって、この言葉はとても受け入れがたいものだ。彼らはツーリズムがもたらすドルをあてにしているからね。私はみんなに嫌われているよ。彼らには未来がないと言っているんだから」

熱帯雨林の炎上や、氷山に乗って漂流するホッキョクグマの寂しげな姿は、心が痛むとはいえ、私たちの生活にとっては抽象的な悲劇だ。だが、多くの人にとって、裏庭の身近な生物であるオオカバマダラが減ってゆくことは、ゾッとするほど身近に感じられる。この喪失感に科学者の検証は必要ない。メキシコでは、オオカバマダラの崩壊は、それまで生きてきた記憶の中で容易に確かめることができるからだ。私が出会ったとき七十代半ばに差し掛かっていたフランシスコ・ラミレス・クルスは、少年時代にメキシコ中央部にある故郷の高山の森を旅したことを振り返る。「昔はどこでも見かけたものだったが、今はもう、そんなことはない。大きな群れは見あたらず、ここに少し、あそこに少しっていう感じだ。蝶の個体数も少なくなり、飛来する時期も以前よりかなり遅くなった」

地元では「ドン・パンチョ」の愛称で親しまれているラミレス・クルスは、メキシコシティから西に一一三キロ離れた美しく険しい土地にある小さな町、ラ・メサで、選挙により選ばれたリーダーを四〇年間務めてきた。この町は、オオカバマダラの生息地を保護するために設立され、世界遺産に登録された国立公園、オオカバマダラ生物圏保護区（マリポーサ・モナルカ生物圏保護区）に隣接している。

*

この保護区では、地元の人々にはよく知られていたものの外国人にとっては比較的最近まで謎に包まれていたサンクチュアリの周囲に境界線を設けることになった。米国とカナダの研究者たちは、オオカバマダラのメキシコの隠れ家を突き止めるまで、一世紀近くを費やしてきていたのだ。

「オオカバマダラのメキシコの隠れ家発見」――カナダの動物学者、フレッド・アーカートが三〇年近くかけて捉えどころのないオオカバマダラの生息地を探し続け、ついにミチョアカン州の山中でオヤメルモミがオオカバマダラの重みでたわんでいるのを目撃した一九七六年、《ナショナル・ジオグラフィック》誌は、この見出しを高々と掲げた。この場所からほど近いところにあるラ・メサでは、「エヒード」と呼ばれる一種の共同農業を営んでおり、住民が土地からの恵みを共有している。このメキシコ中央部の山岳地帯では、それは主にジャガイモ、小麦、トウモロコシといった作物だ。

エヒードの収入は伐採からももたらされてきたため、森林はオオカバマダラ生物圏保護区の境界まで伐採されてきた。オオカバマダラの保護区内での違法伐採は、地元の人々が国際的な観光目的地を抱えることに経済的なメリットを見出し始めたため、近年は激減している。だが、オオカバマダラの減少は、この方程式を逆転させようとしているのだ。

私が出会ったとき、ラミレス・クルスは口ひげをきれいに切りそろえ、デニムジャケットにカウボーイハットをきめていた。彼は、素晴らしいトルティーヤを作る妻と一緒に、険しい谷が一望できる崩れかけた家に住んでいる。家の敷地には、彼が苦労して建てた白亜の小さな礼拝堂があり、そこには様々な聖母マリアの姿が数多く描かれている。ラミレス・クルスは慎重な人物で、貧困にあえぐ町の強い味方として評判を築いてきた。野良犬がうろつき、未だにロバが荷物運搬に使われているラ・メサには遅ればせながら電気が引かれたが、それはラミレス・クルスの粘り強い努力によるものだった。

オオカバマダラ生物圏保護区に続く小道には、観光客の宿泊用に建てられた有料の木造小屋の維持に雇われているエヒードのメンバーがときおり姿を見せるほかは、人影がなかった。ここ数年、木造小屋はまったく使われていない。地元民によると、蝶がいないことと、ミチョアカン州の不安定な治安状況が観光客を遠ざけているのだという。

さらに、これらの懸念に陰惨な事件が重なった。オオカバマダラ生物圏保護区の中心には、地元の共同体によって管理されている自然保護区が一ヵ所あるが、その中で最大の規模を誇るエル・ロサリオ・オオカバマダラ保護区を管理していたオメロ・ゴメスが二〇二〇年一月に失踪したのだ。二週間後、自らの所有地で牛に餌を与えていた男性が、農業用の溜め池に浮かんでいる死体を発見した。それはゴメスだった。ゴメスはエンジニアとしての仕事を辞めて、〝太陽の恋人〟と自ら呼んだオオカバマダラの保護活動を始め、オオカバマダラに包まれた自らの姿を撮影して、見る者を魅了することの動画をソーシャルメディアに投稿した。こうした活動により、自身が元伐採者であったにもかかわらず、この地域の違法伐採に断固として反対する姿勢を示したのである。彼が無残な姿で発見された数日後、保護区でガイドのアルバイトをしていたラウル・エルナンデス・ロメロも他殺体となって発見された。

彼らの死の真の動機が完全に明らかになることはないかもしれないし、犯人が見つかることもないかもしれない。保護区内での違法伐採はほとんどなくなったが、その亡霊は未だに漂い続けている。他のことはともかく、この殺人事件に対する国際的な非難は、残酷な金繰りをほのめかす。つまり、蝶から利益が得られないなら、木そのものから得ればいい、ということだ。「もしオオカバマダラがいなくなったら、私たちは林業に切り替えて、伐採に戻るだろう」とラミレス・クルスは言い、他の共同体が観光客を自分たちの蝶の森に誘うために、ラ・メサの近くにあるオオカバマダラに適した木を伐採していると付け加えた。「他の共同体が伐採しているのに、なぜ私たちがそれをやってはいけないんだ」と。

オオカバマダラの避難所は、一見止められないように見える悪循環に潰されつつある。気温の上昇が木を枯らし、オオカバマダラによる観光を危機に陥れ、地元住民が収入を得るために木を伐採し、炭素が大気中に放出されて、さらなる温暖化を引き起こしているのだ。

サエンス＝ロメロは、この死のスパイラルを阻止するために、森を文字通り山の上に移動させるという大胆な計画を立てた。膨大な数のオヤメルモミを山の中腹に三五〇〇メートルほど移動させれば、この木は周囲の温度にもっと耐えやすくなる。それによってオオカバマダラのねぐらを維持することができるようになり、この蝶の大移動が守られる、という算段だ。だが、この計画に疑問を抱く人もいる。「僕が狂気の一歩手前にいると思っている人もいるさ」とサエンス＝ロメロは認める。それでも、オヤメルモミが人間の手で移動させられることにどう対処するかを調べるため、研究者と地元の土地所有者からなる雑多なグループが、実験的な植栽地を標高の異なる三カ所に設けた。これらの植栽地に蒔く種子は木の上から採取しなければならないため、地元の人々はロープと握力と祈りだけをあてにして、目のくらむような高所に登ることを求められている。

最も標高の高い、海抜約三四〇〇メートルの植栽地では、四年前に植えられた数本のオヤメルモミが、近くの低木が投げかける陰に守られて順調な生育を見せ始めた。標高が四〇〇メートル高くなっても悪影響はなく、それより低い標高に生育するオヤメルモミより状態がいい。難しいのは、山頂に近づくにつれて土壌が岩盤に変わり、山が先細りになるために木を植えられる範囲が狭くなることだ。気候変動の容赦ない性質は、これらの問題に拍車をかける。メキシコの平均気温は、世界の他の地域と同様に、今後数十年、あるいは数百年にわたって上昇していくものと思われる。山頂でさえ温室効果ガスの覆いの下で焼かれ、オヤメルモミが生育できる場所はもはやこの山脈内にはなくなり、限界を超えて無の闇に消えてゆくことになるだろう。

他の森林で覆われた巨大な火山は、しばらくの間なら生育場所に適するかもしれない。近くには五〇〇〇メートルを超える峰もある。だが、それらもいずれは同じ運命を辿るだろう。まるで、オオカバマダラが留まっている梯子の一段一段が計画的に燃やされているかのようだ。

　オオカバマダラの陰鬱な運命は、より標高の低い場所に植えられたオヤメルモミの木が暗示している。ラミレス・クルスは大きな木製の桶にネットを張って数百本のオヤメルモミの苗木を育てている。雨量を測るための容器も用意しているが、サエンス＝ロメロがその容器を手に取ったところ、完全に空になっているのを見て驚いた。雨季は通常六月から一〇月までだが、農家がこの生育期に備えてトウモロコシを植えるには、その前に雨が降ることが必要だ。通常、冬季にはいくらかの雨が必ず降る。地元で「カバニュエラス」と呼ばれる豪雨だ。だが、空になった雨水計を見ると、その年はそれがまったく降らなかったことがわかる。ラミレス・クルスは人差し指を使って、自分が育てているトウモロコシの大きさが着実に小さくなっていることを示した。

　メキシコでは干ばつが長期化しており、降雨はより短時間で急激なものになっている。これは、作物の生育期間を短くし、オヤメルモミを病気にするシナリオだ。最も悲惨だったのは、二〇一〇年に、ラ・メサからほど近い場所で地滑りが起き、数十人が亡くなったことだ。ラミレス・クルスの呑気（のんき）な七面鳥が周囲で甲高い声を上げるなか、サエンス＝ロメロが「予想以上に乾燥していて心配だ」という。オヤメルモミの最も標高の低い植栽地、トラルプハワの町でも、その二カ月間、恵みの雨が降っていなかった。「何もない（ナーダ）、何もない（ナーダ）、何もない（ナーダ）」と、サエンス＝ロメロが信じられないといった様子でつぶやく。「これを見ると、思っていたより時間がないようだ」

　気温の上昇は各地のオオカバマダラに打撃を与えている。テキサス州では気温が三二℃を超える猛暑日が急増して、トウワタが育たなくなっている。米国中西部やカリフォルニア州沿岸部のオオカバマダラの生息地の気温も上がっている。オーリー・テイラーは「個体数推移の各段階を見ると、すべての段階から不吉な前兆が見えてくる」と言う。テイラーが設立した団体「モナーク・ウォッチ」に何百人ものボランティアが参加しているのは、オオカバマダラが彼らの献身的な愛情を引き出したからだ。多くの米国人は、個体数を増やすためにトウワタを植えたり、オオカバマダラを繁殖させたりしているが、そうやって放たれたオオカバマダラがメキシコにたどり着く可能性は、自然界の荒波に揉まれた野生のオオカバマダラより低い。

この努力はときおり失敗に終わることがある。二〇一五年に行なわれた研究では、善意のオオカバマダラ・ファンが、冬に枯れない熱帯種のトウワタを大量に植えていたことが判明した。オオカバマダラはこの植物を喜んだものの、そこを離れて南へ移動する理由がなくなってしまったのだった。さらに悪いことに、ある熱帯種のトウワタ（*Asclepias curassavica*）は、オオカバマダラを衰弱させ、寿命を縮める寄生虫を宿す。この寄生虫に感染した蝶は、たとえ移動を試みたとしても、ほとんどがメキシコまで辿り着けない。

こうした失敗は、オオカバマダラの個体数を減少させないためのシーシュポス的な努力がねじれた例だ。それでも、研究者や愛好家たちは決してあきらめない。テイラーがオオカバマダラに魅せられたのは、オオカバマダラの類縁種であるワタリオオキチョウに殺されかけたあとだった。この蝶の種に対するアレルギーが強かった彼は喘息を発症し、肺の腫れを抑えるために薬を飲まなければならなかった。「肺の水を抜くために、屋外で木に背をもたせかけて寝なければならないほど、ひどかった」とテイラーは当時を振り返る。しばらくミツバチを扱う仕事をしたあと、彼はオオカバマダラの研究を始め、自分がオオカバマダラに魅了されたこと、そして運よく、この蝶にはアレルギー反応が起きないことに気がついた。「オオカバマダラは、生命の仕組みについてたくさんのことを考えさせてくれる素晴らしい生物だ。だが形勢は不利になっている。毎年失われていく生息地に植樹していないからだ。これは、赤の女王がアリスに言ったことに似ている。つまり、同じ場所に留まりたければ、全力で走らなければならない。どこかに行きたければ、その二倍の速さで走らなければならない。僕らはもっと努力しなければならないんだ。それだけは確かだ」

オオカバマダラの物語の驚くべき残忍な側面は、それが驚嘆の念を抱かせるにもかかわらず、滅亡の危機がほとんど防がれていないように見えることだ。オオカバマダラは草の根活動の焦点となっており、人々は、その数を数えたり、トウワタを植えたり、失われた生息地を復活させたりして努力を尽くしている。米国議会でも紛糾した議論が交わされ、数え切れないほどの募金活動も行なわれている。さらには、カナダのケベック州から、テキサス州ヒューストン、メキシコのグアナファトに至るまで、何百人もの首長が、草地を保護し、危険な化学物質の使用を削減し、市民にトラ色の訪問者の重要性を伝えることによってオオカバマダラの数を増やすという厳粛な誓約書に署名している。

それでも、このような不安に駆られた努力にもかかわらず、オオカバマダラは北米のごく一部の地域を除いて抹消される危機に直面している。これは、オオカバマダラと類縁的・習慣的な関連性を持つけれども、この蝶に比べて、ごくわずかな称賛、保護資金、はては認知度しか持たない何千もの他の蝶や蛾の種にとって、非常に厳しいシナリオだ。

蝶と蛾を擁する鱗翅目は、昆虫界で二番目に大きな目であり、名前が付けられているものだけで一六万種を超える。まだ確定されていない種や未発見の種を含めると、真の数はこの二倍以上になると思われる。蝶はカラフルで目立ち、楽しみをもたらしてくれるので、世界中の研究者や熱心なボランティアたちが、蝶の個体数の記録を熱心につけている。そうした記録は、他の昆虫のモニタリングに比べて異常なほど多い。たとえば、シンガポールの昆虫の全体的な健康状態はほとんどわかっていないにもかかわらず、そこに生息する蝶の半数近くが、おそらく植生の減少によって、過去一六〇年の間に姿を消したことは判明している。[6]

蝶の趨勢は日本でも、かなりはっきりと把握されている。政府と自然保護団体が一九二カ所の森林で分析を行なった結果、二〇〇五年から二〇一七年の間に、よく見られる蝶の種の四〇パーセントが個体数を減らし、おそらく絶滅の危機に瀕していることが判明した。[7]日本の国蝶に選ばれている勇ましいオオムラサキも九〇パーセント数を減らしている。その原因として日本政府は、鹿による植生の破壊、農薬の使用、水質汚染などを挙げている。

ニュージーランドの大部分の場所では、昆虫に関するデータがわずかしかないが、二〇一九年に行なわれた調査では、ニュージーランド人の半数が、オオカバマダラの卵、幼虫、さなぎをほぼまったく目にしていないことがわかった（オオカバマダラはアメリカ大陸だけでなく、オーストラリア、ニュージーランド、および太平洋の一部の島にも生息している）。そこからタスマン海を挟んだところにあるオーストラリア北部の熱帯地方は、地球に残された最も生物多様性豊かな飛び地の一つだが、そこでも蝶たちは苦境に陥っている。ケアンズの北に位置するオーストラリアン・バタフライ・サンクチュアリは、一五〇〇種もの熱帯や亜熱帯の蝶にぽかんと見とれる世界中の観光客を惹きつけている。このサンクチュアリでは、長年にわたって二〇種類の蝶や蛾の繁殖を成功させてきた。だが、ある日突然、そのプロセスが完全に破綻してしまったのだ。

蝶のライフサイクルは、メスの蝶が厳選した特定の植物に卵を産み付けることから始まる。厳選する理由は、幼虫であるイモムシの好き嫌いが激しいからだ。種類や季節にもよるが、産卵してから約二日〜一〇日後に、イモムシたちは殻を嚙み切って外に出て、親が選んだ葉っぱをムシャムシャ食べるベルトコンベアになる。ほどなくしてイモムシは自分の皮に収まりきらないほど大きくなり、さらに成長するために何度か脱皮を繰り返す。その各段階は「齢期」と呼ばれる〔孵化後に一回目の脱皮をするまでが第一齢、一回目と二回目の脱皮の間が第二齢、というように数えられる」。

イモムシは最後の段階で、絹のさなぎ（蛾の場合は繭）を形成し、その中で体が分解されて、蝶として生まれ変わる。熱帯地域では、通常四週間以内にこの変態が完了して、蝶として姿を現わす準備が整う。だが、より長い期間が必要な種もあり、最長で数年かける種もいる。

オーストラリアン・バタフライ・サンクチュアリのスタッフは、幼虫の餌となる植物を育てたり、ペンタスやイクソラといった蝶が好む植物を置いたりして、この繁殖を助けるために全力を尽くしている。飛び回るためのスペースや日陰も用意されている。そして最も強い幼虫を増殖させ、卵から蝶になる成功率を九〇パーセントという高率に高めている。この率は自然界ではたったの一パーセントだ。

そんな折、二〇一四年に異常なことが起こり始めた。雨季のモンスーン降雨期間が短くなり、奇妙なことにヘラクレスサンが真冬に羽化し始めたのだ。また、別の種の幼虫の一群も成長を始め、一齢期早すぎる誤った脱皮齢期で羽化したために死んでしまった。そのあとも、他の二つの群で同じことが起こった。それは大惨事だった。

サンクチュアリの誰にとっても、そんなことは記憶になかった。飼育実験室の責任者、ティナ・クプケは言う。「まったく不可解でした。あらゆるものが死んでしまうなんて、私たちにとって初めてのことでした」そんななか、二〇一五年八月に、アゲハの仲間であるオーチャード・スワローテイル・バタフライ（*Papilio aegeus*）が、前翅のやや丸まった状態で羽化し、飛ぶことができなかった。数週間後には、すべての幼虫の成長が悪化して、オーチャード・スワローテイル・バタフライは一匹残らず死んでしまった。

その少し後には、玉虫色の宝石のように美しいオオルリアゲハの幼虫が成長段階の途中で死に始めた。「成長が止まり、文字通り溶けてしまったんです。液化して、ほんとに消えてしまったんです」とクプケは言う。このサンクチュアリは、オオルリアゲハの種蓄〔繁殖用のストック〕の大部分を保有し、許可を受けた飼育者に定期的に卵を郵送していたため、サンクチュアリで起きた問題は、この種の繁殖個体群を急速に枯渇させたのだった。

翌年の夏も雨季はまったく訪れず、熱帯地方は異常な高温にさらされた。そして、さらに三つの種が崩壊した。スタッフは必死になって新たな繁殖方法を模索した。二五年間にわたり幼虫の飼育に使ってきたペトリ皿は、熱がこもりすぎたり、湿度が高すぎたりするようになって、使えなくなった。幼虫は、二五年間喜んで食べていた食用植物を拒んだ。そして様々な脱皮齢期で死んでいき、数カ月のうちにサンクチュアリの種の半分が失われてしまった。

それはまるで呪いをかけられたかのようだったという。「二五年間、ちょっとした不調はあったけれど、こんな一〇〇パーセントの壊滅など、一度もありませんでした。次々に消えていくなんて」とクプケは言う。「ほぼすべての種が、一年半の間に何らかの極端なトラウマに襲われたんです。とても、とても奇妙な状況でした」。サンクチュアリのスタッフは、オオルリアゲハを復活させようと必死に努力した。どこかに病原体が潜んでいる場合に備えて、あらゆるものをこすり洗いし、リセットが起こることを期待して数カ月繁殖を中断した。クプケは野生のオオルリアゲハの子孫がより良い結果をもたらすかどうか確かめるために、特別な許可を得て、野生種を網で捕獲した。野生種は実験室の中と外の両方で、新品の滅菌済みの装置を使って育てられた。だが、うまくいかなかった。「胸が張り裂けそうでした。この五年間は、生き延びさせるために無我夢中だったんです」とクプケは言う。

雨季がより正常になったことと新しい繁殖方法に助けられて、多くの種は回復することができたが、大量死以前のレベルには達せず、オオルリアゲハの復活については、何も効果がないように見えた。

卵や幼虫はDNA検査が行なわれ、この種が様々な病気に冒されていないかどうかも調べられた。それでも決定的な結果は得られず、多くの説が浮かび上がることになった。気温や降雨量の変化が破滅をもたらしたのではないか？ 毒素が関与したのではないか？ 食用植物が変化したからではないか？ 景観が変化したからではないのか？ 原因が何であれ、クプケは南北アメリカやヨーロッパの蝶の専門家からも同じような話を耳にしていた。「誰もが同じ話をしていました」とクプケは言う。「私たちだけじゃなかったんです。三二年間何かをし続けるというのは、地球の年齢で考えれば長いことではありません。でも、この五年間の影響は、甚大で劇的なものでした。それだけは言えます」

こうした状況は、ヨーロッパでことさら顕著だ。一九九〇年から二〇一一年にかけて、ヨーロッパの草原に生息する蝶の個体数は、五〇パーセント近くも減った。欧州環境機関は、農業と農薬使用の増大により、ヨーロッパ大陸全域の土地が蝶にとって「ほぼ不毛の」場所になってしまったことが原因だとしている。[8]

EU全域の草原に生息する八種の蝶の主要種が個体数を減らしており、それらには、ヨーロッパ、アジア、北アフリカに分布して多様な植物を餌にするジェネラリストの蝶、イカルスヒメシジミや、翅に赤錆色の斑点があり、オスの縄張り意識が特に強いことで知られるスモール・ヒース・バタフライ（*Coenonympha pamphilus*）が含まれる。

蝶は今や狭い範囲に押し込められ、ヨーロッパの多くの地域では、道路脇の草むらや、たまにある鉄道の引き込み線などでしか見つからなくなった。自然保護区に住処を見つける運のいい蝶もいるが、その数は消滅しつつある広大な草原の影響を相殺するには到底足りない。ベルギーの政治学者で欧州環境機関を率いるハンス・ブルイニンクスは、「生息地を維持できなければ、これらの種の多くを永久に失うことになる」と警告している。

米国の状況も、それよりましだとはとても言えない。オハイオ州に生息する八一種の蝶に関する二〇年分のデータを分析した報告では、合計生息数が毎年二パーセントの率で減少していることがわかった。これは、人の一世代より短い期間に、三分の一の蝶が消えてしまったことを意味する。この研究論文の著者、タイソン・ウェプリッチは、オハイオ州で「二〇年間にこれほど減少したというのは衝撃的だ」と語る。彼は、他のカテゴリーの昆虫も同じように減少しているのではないかと考えている。蝶については、他の昆虫より詳しい情報があるからだ。「現在、蝶は、十分なモニタリングデータのない種の代理人の役目を務めている」とウェプリッチは言う。

このオハイオ州の研究では、市民科学のアプローチが採用された。すなわち、蝶を愛する熱心なボランティア軍団が繰り返し観察しているデータを活用したのだ。そのルーツは英国にある。J・B・S・ホールデイン〔英国の生物学者〕の有名な言葉に、自然界は、神が「甲虫を法外に好む」ことを示している、というものがあるが、もし神の好みに英国人が口を出す機会があったとしたら、おそらく蝶も含めるように促したことだろう。標本用の昆虫針で固定された最古の昆虫は（今でも当時の道具で固定されている）、英国に迷い込んできたチョウセンシロチョウで、一七〇二年五月にケンブリッジシャー州で捕獲されたものだ。[9]腹部がわずかに反り返り、翅の白と黒のコントラストも薄れているが、オックスフォード大学でそれを目にする予約がとれた人にとっては、驚くべき姿であることに変わりない。

蝶の採集は、海外を旅した人が、そこで発見した昆虫を本のページの間に挟むという趣味から発展して、英国富裕層の代表的な趣味となった。もはや英国から姿を消してしまったオオベニシジミなどの標本は、オークションで何百ポンドもの値がついている。ヴィクトリア朝の英国には、社交界のセレブになった鱗翅類研究者もいる。ヨーロッパ、南アフリカ、インド、オーストラリアなどで蝶を収集したマーガレット・ファウンテインがその人だ。

ファウンテインは卵や幼虫から何千匹もの蝶を育て、数多くの研究論文を発表した。蝶のライフサイクルを描いたスケッチブックは、その価値が評価されて、ロンドンの自然史博物館に収蔵されている。二〇一九年、ファウンテインの故郷ノリッチに非公式のブループラークが設置された。彼女の名の下には「私は忌々しい鱗翅類研究者で、愛を愛した」という碑文が刻まれている。

時は下り、青年時代にインドで蝶に魅せられたウィンストン・チャーチルが、ケント州チャートウェルの赤レンガの屋敷の敷地内にバタフライハウスを建てた。妻のクレメンタインは夫を助け、チャーチルが幼虫から育てた蝶のために、フジウツギやラベンダーといった花蜜豊かな植物を植えた。チャーチルは、自ら「黒い犬」と呼んだ鬱病の発作を起こすことがあったが、蝶とその変態に魅了されていたという。当時は、自然を楽しむことも略奪することも、ほぼ罪悪感なく行なわれた時代だった。子供も大人も、田舎に出かけては捕蝶網を振り回し、地上のフライフィッシングさながら獲物を比較して楽しむことが正当な趣味だった。このような熱狂は、英国の著名人に限ったことではない。たとえば、『ロリータ』の作者である小説家・詩人のウラジーミル・ナボコフは、ロシアのサンクトペテルブルクで育ち、昆虫学に夢中になった。彼は後に、ハーヴァード大学の動物学博物館で蝶のコレクションを組織している。今でもハーヴァード大学には、ナボコフの「交尾器キャビネット」がある。この作家はブルーモルフォ（*Morpho peleides*）のオスの臓器を収集し、その戸棚に保存していたのだ。

自然保護への関心が高まるにつれて蝶の捕獲は減少したが、人々の周りを元気に飛び回るカラフルな生き物への憧れは変わらず、蝶愛好家のグループができ、森や荒野をトレッキングして思いがけない発見を楽しんだ。英国人は、蝶を殺してピンで留めることから、その数を数えることへと態度を進化させたのだった。トランセクトと呼ばれる、線で囲まれたパッチワークのような区画から得られるこのような観察記録はまとめられ、昆虫学者が軽犯罪を犯しても手に入れたいと思うような貴重なデータを提供している。

最近の傾向は、調査から痛々しく伝わってくる。英国政府の発表によると、生息地においてスペシャリストの蝶、つまりヒースの生えた原野や石灰質の土壌といった特定の風土に依存する蝶の数は、一九七六年以降、六八パーセントも減少したという。[10] 生息地をそれよりえり好みしないジェネラリストの蝶も、約三分の一減少した。四〇年間にわたって毎年蝶の個体数を数えている「UKバタフライ・モニタリング・スキーム」の報告によると、蝶にとって最悪だった一〇年のうち七年は今世紀になってから生じているという。

二〇一五年には、英国の蝶にとっての〝国勢調査〟とも呼ばれる、より頻度の低い統計で、一九七六年以降に七〇パーセントの種が出現率を減らし、五七パーセントの種が生息数を減らしていることが報告され、「英国の蝶は深刻かつ長期的に減少し続けている」と結論付けられた。[11] 総合的に見ると、英国の在来種の蝶および渡り蝶の種の四分の三が、以前より見られなくなったり、数を減らしたりしていることになる。英国の慈善団体である「蝶類保存協会」のアソシエイト・ディレクター、リチャード・フォックスは、「パブで誰かに説明するときのようにざっくり言うなら、英国の蝶の種の四分の三は一九七〇年代から減少していて、四分の一はうまくいっている、ということになる」と言う。

英国における蝶への懸念は、アリオンゴマシジミが国内で絶滅したことに端を発する。この蝶は、明るい青色の堂々とした蝶で、幼虫時代の最終齢になると、赤アリの巣の中で、その幼虫を食べて育つ。この蝶を英国南西部に再導入する努力が払われたが、その道筋は問題につきまとわれた。二〇一七年、アマチュアの昆虫学者で元ボディビルダーのフィリップ・カレンという男が、執行猶予付きの六カ月の刑を宣告された。カレンは、南京錠のかかったゲートを飛び越えてコッツウォルズの自然保護区に侵入し、数時間にわたって捕蝶網を振り回したのである。警察はその後、カレンの自宅で大量の蝶の標本を発見し、その中には二匹のアリオンゴマシジミも含まれていた。

今でも、ヴィクトリア時代に工芸品として珍重されたのと同じように、稀少な蝶の標本は多額の現金をもたらす。昆虫不足の時代は、捕蝶網で武装した新世代の犯罪者たちを生み出しているのだ。彼らは、カリフォルニアでミツバチの巣箱を強奪した犯人たちと同じように、需要がもたらす利益を敏感に感じ取っている。

英国の蝶に対するより広範な懸念が湧き上がったのは、二〇〇一年に蝶の減少を示す大規模な分析結果が発表されたときだった。この結果はメディアにかなり取り上げられ、英国議会でも質疑応答が交わされた。それ以来、一部の種は回復した。デューク・オブ・バーガンディ〔「ブルゴーニュ公爵」の意。和名はセイヨウシジミタテハ〕という派手な名前を持つ蝶の分布は、一九七〇年代に八四パーセントも減少したのだが、その後、この蝶が好む牧草地や低木の生息地の残存部分をつなぐ努力をした結果、サセックス州、ケント州、ノースヨークシャー州で、大きなカムバックを果たした。[12] それでも、オオカバマダラのケースと同じように、あらゆる調査やボランティアや活動家の運動も、危機に瀕している蝶の恐ろしく長いリスト全体について、大幅な減少を食い止めることはできなかった。

英国には、国内のそれぞれ離れた数カ所にしか生息していないウラギンヒョウモンのように、非常に稀少な蝶がまだいくらか生息している。だが今では、フォックスが指摘するように、「ごくありふれた庭の蝶」でさえ苦戦しているのだ。かつては数が多すぎて害虫とみなされていたオオモンシロチョウも、二〇一七年には生息数が一九パーセント減少した。

蝶の苦境は、蛾の苦境と軌を一にしている。二〇一三年に発表された英国の一般的な三三七種の蛾に関する大規模調査によると、二〇〇七年までの四〇年間で三分の二が個体数の減少に見舞われている。[13]とりわけ大型の蛾の被害が大きく、英国南部では総生息数が四〇パーセントもの減少を記録し、この地域を事実上、蛾の墓場にした。

だが、このような現象は直観に反するように思える。英国諸島はヨーロッパ北西部の涼しく湿った地域に位置しており、それより南の国々が耐えられないほど暑くなってくると、特定の種の蝶の間で人気になる。英国はまた、二一世紀に入ってからの最初の一〇年間に、自然保護対策への支出を倍増させた。にもかかわらず、二〇一五年に発表されたある研究が指摘しているように、農業地域に生息する蝶の種の総生息数は、二〇〇〇年から二〇〇九年の間に五八パーセントも減少した。[14]このことは、ネオニコチノイド殺虫剤の使用が比較的まれなスコットランドでは蝶の個体数が安定していることもあり、この化学物質に原因を帰すべきであることを示唆している。

世界で最も蝶の研究が進み、蝶の愛好家でひしめく国であるにもかかわらず、英国では多くの種が絶滅の危機に瀕しているのだ。さらに多くのデータが集められれば、昆虫に関する知識不足は軽減されるだろうが、それが発表されたときに、慰めが得られることにはならない。英国の研究者たちは、人々がカーテンの裏からいくらかの血痕を覗き見ていたところ、そのカーテンを引き開けて、ある種の静かな殺戮の情景を見せてきたのだから。

さらにズームアウトしてみると、蝶に関する英国の詳細な記録管理は、他の国でも同じような恐怖が潜んでいるにもかかわらず、それらの国ではそれが数値化されていないことを伺わせる。何と言っても、他の多くの国も、蝶の生息地を潰したり、農薬を撒布したり、化石燃料を燃やして窒素汚染を引き起こしたりしているからだ。窒素汚染は、土壌を酸性化させ、蝶の生息域を役に立たない新種の植物で覆ってしまう。「ここ数年目にしていない蝶や蛾がいる。それらは、晴れた日に庭で見られると思っていた、ありふれた蝶や蛾だ」とフォックスは言う。「私は今五〇歳で、草原に蝶があふれる姿を見るには、遅く生まれすぎた。だが今では、田舎で蝶を見かけることさえほとんどなくなった。蝶を見つけるたびに、私は〝おお、メモしておかなければ〟と思う」。フォックスは、この失われたエデンの地が人々の記憶から消えてしまい、再生させる緊急性が薄れてしまうことを心配している。「人々にかつての姿を思い出させ続けることが必要だ」と彼は言う。

蝶の衰退をアート・シャピロほど詳しく調べた人もいないだろう。彼は、漫画から、名言、アルゼンチンの政治まで、様々な情報を豊富に蓄えてきたが、専門はカリフォルニア北部に生息する蝶の研究だ。一九七二年以来、シャピロは、あたかも英国の蝶研究の綿密さをたった一人で体現するかのように、サクラメント川のデルタ地帯から、サクラメント・ヴァレーを抜けて、シエラ・ネヴァダ山脈の聳え立つ山々まで同じ場所を繰り返し歩き、見つけたものをメモしてきた。

カリフォルニア大学デイヴィス校で進化論と生態学の教授を務めるシャピロは、顔の大部分を覆うボリュームのあるあごひげと無秩序な髪により、長いことキャンパスで異彩を放ってきた。この大学は、同じくベテラン生物学者であるポール・エーリックが一九六〇年にベイ・チェッカースポット・バタフライ（*Euphydryas editha bayensis*）の研究を始めたジャスパーリッジ保護区から北へ車で九〇分行ったところにある。ちなみに同保護区に生息していたベイ・チェッカースポット・バタフライの個体群は二〇〇〇年までに絶滅してしまった。シャピロの研究調査は当初五年間のプロジェクトとして計画されたものだったが、今では北米で最も長く継続されている昆虫モニタリングプログラムとなっている。

二〇二〇年一月のある暖かい朝、カリフォルニア州にいた私は、シャピロの運転手兼話し相手として、一〇カ所ある彼の定点観測地の一つに向かっていた。目的地は、サクラメントの東側にある高級住宅地、ランチョ・コルドヴァの緩衝地帯となっている、アメリカン川沿いの開けた場所と木に覆われた場所からなる蝶の生息地だ。一九七〇年代には、この四五キロにわたる川沿いの地で五〜六種類の蝶を見ることができたが、今は、運が良ければ、一〜二種類の蝶が見られるだけだ、とシャピロは言う。

シャピロの記録管理アプローチはローテクで、シャツのポケットには白紙のカードとペン二本、そして油性マーカーの「シャーピー」が詰め込まれている。目にした蝶を、天候や植生などの情報とともにメモし、それをカリフォルニア大学デイヴィス校の共同研究者がコンピュータに入力するのだ。彼はスマホも持ち歩かなければ、カリフォルニア州では珍しく、車も運転しない。

建前上、ランチョ・コルドヴァにあるこの細長い土地では、えび茶色の翅に黄色の縁取りがある非常に特徴的な蝶、キベリタテハ（米国では「モーニング・クローク」、英国では「カンバーウェル・ビューティ」として知られる）が見られることになっている。ヨーロッパアカタテハ（英語名は「レッドアドミラル」）や、翅に目のような模様があることで有名なアメリカタテハモドキ（英語名は「バックアイ」）が見られる可能性もある。だが最近では、シャピロのカードに〝ゼロ〟と記載される日がかなり多い。「今年の冬はひどい。本当にひどい」とシャピロがつぶやく。

シャピロの研究地域は、羨ましがられるほど恵まれており、標高ゼロの地点からシエラ・ネヴァダ山脈の樹木限界線までの範囲内で、一五〇種以上もの蝶を観察してきた。それは、アルプス山脈かロッキー山脈、あるいは熱帯地方の特定の場所にのみ匹敵する豊かさだ。蝶の個体数は年によって増減する傾向があり、カリフォルニアに備わる多くの微気候は、長期的な兆候に多くのノイズの発生を促す。それでも、シャピロは一九九〇年代の末まで、目撃される蝶の個体数に緩やかな減少傾向があることに気づいていた。

そんな折、突然、大激減に襲われたのだった。

「それは一九九八年と一九九九年のことだった。標高の低い場所に生息していた一七種が突然数を減らしたんだ。何か深刻なことが起きているという警鐘だった」と彼は言う。シャピロを含む一二人の科学者チームは、北カリフォルニアの土地所有者が殺虫剤をネオニコチノイド系にシフトさせたことが原因である可能性が高いと結論づけた。それは、蝶たちに十字砲火を浴びせる恐ろしい選択だった。

徐々に個体数を回復させた蝶もいた一方で、姿を消してゆく蝶もいた。白と緑が混じった翅を持つラージマーブル（*Euchloe ausonides*）は、一九八〇年代にはよく見られた蝶だったが、今では局地的に絶滅している。オレンジ色と茶色と白が混じった鮮やかな翅を持つフィールド・クレセント（*Phyciodes pulchella*）も同様だ。かつてシャピロの研究室の外で繁殖していたコモン・スーティーウィング（*Pholisora catullus*）は、現在では不適切な名前になってしまい（「コモン」は「ありふれた」の意）、シャピロのトランセクトにコロニーが一つ残るだけになってしまった。「落胆させられるが、あまり考え込むと自殺したくなってしまうから、そうしないようにしているんだ。今では、ほとんどの蝶がほぼ駄目になってしまった」とシャピロは言う。

二〇一一年に始まった、焼けつくようなカリフォルニアの干ばつは、過去一〇〇〇年以上において最悪のものとなったが、意外にも低地に生息する一部の蝶にとっては恩恵となった。一方、頑丈な雪塊に頼って凍結や乾燥から身を守っている高地の蝶は大打撃を被った。その後の干ばつの緩和はカリフォルニア州の住民こそ安堵させたものの、蝶の減少傾向は再開し、その中には、オオカバマダラも含まれていた。蝶の中でも最も有名なオオカバマダラは、干ばつの間は個体数の爆発的な増加を享受したのだが、そのときに記録した数百万匹は、数万匹にまで激減してしまった。その理由は定かではない。ただし、温暖で雨の多い年は、様々なバクテリアや真菌の病気を蝶に蔓延させてしまうことがある。

「トウワタを植えた人はみな、〝やった！　オオカバマダラは救われた！〟と思った。トウワタとは関係なかったんだがね。だが、そのあと、また数を減らしてしまったんだ」とシャピロは言う。二〇一八年はおそらく、シャピロの四八年間にわたる研究生活における最悪の年で、すべての標高で個体数の減少が見られた唯一の年だった。「ひどいものだったよ」とシャピロは振り返る。

マツノキシロチョウやイヴァルダ・アークティック（*Oeneis chryxus ivallda*）など、標高二七七四メートルのキャッスルピーク山にしか生息していない種は、まったく見られなかった。イヴァルダ・アークティックは、三年連続で姿を消していたのだが、ようやく二〇一九年に目撃された。「去年、一匹見つけたんだ。一匹だけ！　だから絶滅したわけではなかった。今のところはね」とシャピロは言う。彼の研究のための散策は、蝶が消えてゆくことを確認する寂しいエクササイズになりつつある。「宇宙全体が蝶を滅ぼそうとしているかのようだ」とシャピロは言う。「まるで、幼い頃から患者を診ていて、その患者のことをよく知っている医師になったみたいな気がする。その患者は死にかけていて、私にはそのことがわかっているんだが、原因が突き止められないんだ」

私たちは草原を横切り、シャピロはまだ花をつけていないフィドルネック（*Amsinckia lycopsoides*）を指さした。いつもならシエラ・ネヴァダ山脈の山麓は、この時期までにシロガラシの花で覆われているはずなのだが、気候変動の影響で春の訪れが早まっているにもかかわらず、二〇二〇年の春はすべてが遅れていた。過去四〇年間にわたり、シャピロは毎年、冬の休眠期間が終わった後に羽化してきた成虫のモンシロチョウを、生きたまま最初に持ってきてくれた人にビールを一杯ふるまってきた。地球温暖化の影響により、この蝶の平均的な初飛来日は一月一八日に早まった。これは、シャピロがビールをおごり始めたときに比べて二〇日も早い。

それから一時間後、数羽の鳥と一匹のリスを見かけたが、蝶はいなかった。私たちはアメリカン川の流れに沿って斜面をジグザグに進み、カリフォルニアのゴールドラッシュが終わったあとに作業が中止されて埋められた浚渫(しゅんせつ)の跡をとぼとぼ歩き続けた。

一九七二年当時のシャピロは、気候変動が破滅的な状況をもたらすことになるとも、研究でアルゼンチンに行き、彼の最もお気に入りのパタゴニアのシルヴァー・バタフライ（*Argyrophorus argenteus*）が雲の切れ目から差し込む光の柱の中で舞う姿を見ることになるとも思っていなかった。シャピロが歩んできた道は、蝶の世界が変化して、彼の周囲で壊れてきても変わらない。たとえ蝶が見られなくなっても、それを探して一日二四キロ歩き続けることが目標なのだ。現在七四歳のシャピロの体調はおおむね良好だが、キャッスルピークには行けなくなった。膝の具合のせいで、登ることはできても、下るのが難しくなったからだ。「蝶の目標は私の目標と同じだ。つまり、できるだけ長く生き続けるということだ」。シャピロはそう言って、おばのミニーが、お気に入りのメロドラマ番組『ヤング・ドクター・マローン』を見ている最中に心臓発作で亡くなったという逸話を披露し、「蝶を探している間に逝くことができたら最高なんだが」と付け加えた。

結局のところ、すべての蝶がこの世からいなくなってしまったら、私たちは何を失うのだろうか？蛾と蝶の共通の祖先は約三億年前まで遡ることができる。そのときから現在までの間に、植物と腹ぺこのイモムシとの間でゆっくりとした進化の軍拡競争が行なわれ、共依存の状態に至ったのだ。

だが、その関係は蝶に資するほうに傾いている。受粉を完全に蝶に依存している植物はなく、動物も蝶がいなくなったからといって飢えることはないからだ。皮肉なことに、蝶を救うためにこれだけ努力が払われているにもかかわらず、私たちの生活は蝶がいなくなっても支障なく続けられるだろう。「蝶は生態学的には無意味な存在です」とエリカ・マカリスターは言い、ハエは蝶のような人気はなくても、送粉者としては、蝶よりはるかに価値があると指摘する。「本当に腹立たしいのは、蝶の幼虫は何でもムシャムシャ食べてしまうのに、それが許されていることです。育ったらきれいな昆虫になるから」

蝶の擁護者はこの意見をはぐらかそうとするかもしれないが、そうした議論はほとんど意味をなさないだろう。他の昆虫が私たちを生かしてくれるというのなら、蝶も生かしておく価値があるからだ。戦時中、芸術関連の支出削減が提案されたとき、蝶好きのチャーチルが言ったと誤って伝えられた言葉がある。「それなら、我々は何のために戦っているんだ?」

シャピロが蝶を探し始めたのは、一九五〇年代。フィラデルフィア郊外の不幸な家庭生活から逃れようと必死になっていた一〇歳の頃だった。上着のポケットにフランク・ルッツの『Field Book of Insects(野外昆虫図鑑)』を詰め込み、家の近くの森や草原で何時間も過ごしたという。何と言っても蝶は、私たちを自然の喜びに触れさせて、周囲の環境から引き上げてくれる。蝶は、環境変化の敏感な指標としても重要だが、もっと根本的な部分において、私たちに穏やかな畏敬の念を抱かせることにより、精神的な健康を保ってくれる魔法の強壮剤なのだ。これらの昆虫は、どんな金銭的価値も付与できない宝物だ。昆虫の危機は、私たちが共有する家の床板を引き剝がしているだけでなく、壁に飾られた美しい芸術品をも剝ぎ取っている。「要するに、美学と感傷の問題なんだ」とシャピロは言う。「明日、世界中の蝶が絶滅したとしても、生態系は崩れない。だが、人々は蝶が好きなんだ。蝶はきれいだし、無害だ。蝶を怖がる人に会ったこともあるが、その数は少ない」

二時間の探索を終えて、ブラックベリーの茂みの中を車に向かって戻っていたとき、シャピロが叫び声を上げた。驚いて周囲を見回した通行人の目には、この毛むくじゃらの男性が、通りすがったハイフライヤーと呼ばれる蛾〔「高飛車」の意。学名 *Hydriomena nubilofasciata*〕に腕を振り回している姿が目に入っただろう。私にその蛾は見えなかったが、シャピロにとっては、なんとか昆虫〝ゼロ〟の日にはならずにすんだわけである。ただし、そこに蝶はいなかった。唯一目にしたのは、ランチョ・コルドヴァに向かう途中、国道五〇号線の上を不可解に飛んでいた一匹のオオカバマダラだけだった。「何も見られなかったのは残念だったが、それが科学と芸術の違いだ。芸術は現実を超越し、科学は現実を描写する」とシャピロは言った。

メキシコ中央部に戻ると、蝶は装飾品を超えるものとなっている。貧困と時折勃発する暴力に悩まされているこの地域にとって、蝶は経済の原動力だ。だが、その美しさは、ずっと以前から尊重されてきたものでもある。スペインに征服される前に作られ、その後発掘された土器には、蝶の絵が鮮やかに描かれていた。オオカバマダラの姿は、車のナンバープレートに描かれているし、学校や、サッカーチーム、企業にもそれにちなんだ名がつけられている。サエンス＝ロメロは、森を山の上に移すという計画が、一部の政府関係者の間で支持され始めているという。ただし、そのペースはあまりにも遅い。

中国の有名なことわざに「木を植えるのに最も適した時期は二〇年前だった。次に適した時期は今だ」というものがあるそうだ。渡りをするオオカバマダラについて言えば、「今」の先にはあまり希望が持てない。気候変動が設定するスケジュールに合わせて、成熟した樹齢八〇年のオヤメルモミが存在しているようにするには、現在すでに、標高の高い場所に数万本の木がしっかりと根付いていることが望ましい。だが、たとえどのような規模にしても、このシナリオが実現しそうな気配はない。他の地域と同じように、ここからも蝶は消えてしまうだろう。「私たちには、今、大量に、これらの木を植える必要がある。だが、そうなってはいない。蝶を救うのは夢なのかもしれない。でも、何かをすることは必要だ」とサエンス＝ロメロは言う。

オオカバマダラ生物圏保護区の中心にあるシエラ・チンクア保護区へと続く、曲がりくねったわだち道を進むには、徒歩でゆくか、用意された馬に乗ってゆくかのいずれかを選ぶことになる。サエンス＝ロメロと私は馬に乗ってエヒードを後にし、メキシコというより、スイスのアフタースキーの街と言ったほうがふさわしい、高山帯のモミの木が生い茂る高台の街をゆっくりと進んでいった。

最後の部分は徒歩で移動することになる。標高三一五〇メートル付近の岩が露出している場所に近づくにつれ、オオカバマダラが数匹現われて、頭上を飛び交った。そこは、オヤメルモミに適切な生育範囲の中間に位置する場所だ。岩の露出帯の頂上では、オオカバマダラがびっしり留まった木々が半円を描くように立ち並んでいる。そこから地形は再び下に向かって落ち込んでおり、まるでオオカバマダラは、メキシコ中央部に点在する森で覆われた一連の火山の眺めを見晴らすために、その場所を選んだかのようだ。

オヤメルモミの木には何百万匹ものオオカバマダラが留まり、オレンジ色のもやとなって、葉の緑を覆い隠している。枝を覆っている蝶の群れもあれば、岩場で日光浴をしている蝶、そして近くにある花の蜜を吸っている蝶もいる。そのとき、一陣の風に押されて蝶のさざ波が空に舞い上がり、木のまわりを鋭い角度で飛び回った。それはまるで白昼夢のようだった。十人ほどの見物人からざわめきの声が上がり、それを髪の毛にカリバチが入り込んだと言う女性の声が遮った。それを除けば、聞こえるのはオオカバマダラの羽音のみ。帆布のテントに降りかかる柔らかな雨のような音。それは現実世界を超えた神秘的な瞬間だった。

保護区の出口に向かう道筋では、地元の店が、ペン、帽子、バスケットなど、およそオオカバマダラがモチーフにできるあらゆる商品を販売している。出口には、リンカーン・ブラウワーに捧げられた一対の蝶の石像がある。ブラウワーは、世界で最も有名なオオカバマダラの専門家で、オオカバマダラの大移動を調べるためにメキシコを定期的に訪れていたが、二〇一八年に八六歳で亡くなった。

二〇一三年にはオオカバマダラ生物圏保護区にジミー・カーターを案内し、この元米国大統領から多くの質問を浴びせかけられたという。帰り際、この二人はビジターセンターの近くに何十台ものツアーバスが停まっている様子を目にし、植生の多くが観光客に踏み荒らされていることを心に留めた。その二年後、ブラウワーは米国政府にオオカバマダラを絶滅危惧種に指定するよう求める請願書にサインした。だが、四〇年の歳月をかけて守ってきた生き物たちが正式に保護されるかどうかを見届けることなく、この世を去ったのだった。

「私たちは、野生動物に対する文化的な理解を、芸術や音楽に匹敵するレベルにまで発展させる必要がある。モナリザやモーツァルトの音楽の美しさを大切にするのと同じように、オオカバマダラを大切にすべきだ」。ブラウワーは最後となったインタビューの一つで、そう語った。[15]

8．インアクション・プラン

最も目につく形で昆虫の危機を示しているのは、大真面目にミツバチのコスチュームを着こんで、押し殺された怒りを伝えようとする人々が増えたことだろう。二〇一九年の冬の終わり、まだ寒さの残る南ドイツでは、ミツバチの格好をして、黄色と黒に塗りわけた顔をしかめ、大きなお腹を抱えながらヨチヨチ歩く人間の姿がたくさん見られた。

ミツバチが環境保護のアバターとしてやや誤解を招く地位を確立して以来、同様の抗議活動は他にもあったが、このときバイエルン州の市民が、英語とドイツ語のプラカードを振り回す群衆を単なる非主流派の変わり者として片づけたのは、無理もなかったろう。プラカードには、「Bee a hero!」〔「英雄になろう！」の意。BeをBeeと表記して、ミツバチにかけている〕と「Nur mit uns brummt die wirtschaft」〔「経済は私たちと共にあってこそ羽音をたてる」の意。羽音と活況をかけている〕と書かれていた。

だが、今回は小さな政治的地殻変動が起きていた。自然保護団体と政治団体の連合が生物多様性に関する国民投票を提案し、昆虫の命を救うために、ヨーロッパ農業の心臓部に暮らす人々の生活を根底から覆そうとしていたのだ。請願者たちは、農地の三〇パーセントを有機栽培にして昆虫にやさしいものにし、湿地や生垣を復元し、農薬の使用量を減らし、光害を抑制するように求めていた。[1] このいわば昆虫再生のための憲章とも言える「セイヴ・ザ・ビーズ」運動は、大胆かつ変革的だが、まったく実現するあてのないものに見えていた。

バイエルン州は、ドイツで最も保守的な州であるだけでなく、最も熱心に農業に注力している州でもある。そこでは農薬をふんだんに使った単一作物の農地が広がり、膨大な規模にわたって農業の威力を見せつけている。環境規制を施行しようとする試みはおろか、風力発電機を設置しようという試みさえ妨害に遭って実現してこなかった。そのため、同地の保守的な州政府には、一部の〝地面を這う不気味なやつ（クリーピー・クローリー）〟を助けるだけのために農業従事者に足かせをはめようとするこの奇妙な草の根運動を笑い飛ばす自信があった。

だが、蓋を開けてみれば、接戦どころではなかった。直接民主制の見事な例を示すかのように、請願者たちは、一七五万人のバイエルン人の支持をとりつけたのである。これは、全有権者の五分の一にあたり、州政府に提案を実施させるために必要な一〇パーセントの閾値をゆうに超えていた。恐ろしいクレーフェルト昆虫調査の発表から二年後、有権者たちはコオロギ、蝶、マルハナバチ、ヒバリなどが消えた周囲の環境を見回して、もう十分だと思ったのだ。「正直に言って、最初はそれほど楽観的に考えてはいなかった」と、「セイヴ・ザ・ビーズ」運動の主要スポークスマンとなったマルクス・エアルヴァインは言う。だが彼は、メディアが昆虫の悲観的な運命を声高に報道するにつれ、寒さをものともせずに街頭演説会や署名活動に続々と集まるバイエルン人の長蛇の列を目の当たりにすることになったのだった。「地盤は固まっており、適切なタイミングだった。だから自然に爆発したんだ。結果が速報されたときには泣いてしまったよ」と彼は言う。

もちろん、ただちにおとぎ話のような結末が訪れたわけではなかった。強大な力を持つ農産業が変化を求める声に対して総力を結集させたうえ、より自然に近い無農薬栽培に切り替えようとするバイエルン州の試みは、現状維持のために農家に金をばらまくEUの政策となじまなかったからだ。それでも、昆虫やそれに依存する生命の崇高な構造を残忍に扱う方法を開拓して世界中に輸出してきたヨーロッパ大陸は、近代化のツールは「原子をこじ開け、潮の流れを制御するには十分だが、人類史上最古の課題である〝土地を損なわずに生活する〟には不十分である」[2]（自然主義者アルド・レオポルドの言葉）ことに気づき始めた。

この無鉄砲な近代化の進歩は、遅ればせながらも、徐々に巻き戻されつつある。フランスはネオニコチノイド系殺虫剤の使用を禁止し、ドイツは夕方以降の明るい照明を規制し、ノルウェーはオスロの中心部にミツバチのための安全な避難場所を作った。昆虫の危機への対応は断片的で、資金も不足しており、ときに混乱をきたすこともあるものの、回復のアウトラインは見えている。少なくとも昆虫は、地球上から生物相が失われつつあるという暗い話題に含まれるようになった。「数年前まで、ミツバチや蝶以外の昆虫は害虫とみなされていたんだ」と、ドイツの生物学者ヨーゼフ・ライヒホフは言う。「それが変わり、〝昆虫〟という言葉はもっと良い印象を持たれるようになった。みな、ミツバチが重要であることについては知っていたが、今や他の昆虫も重要であることがわかったんだ」

人間による昆虫界の破壊を元に戻すための取り組みは、巨大な農産業の見直し、文化的規範の進化、向上した生活水準と環境破壊のデカップリングなどを伴う複雑な挑戦に思える。ヘルシンキ自然史博物館の生物学者、ペドロ・カルドソは言う。「脅威は加算されるものではなく、増殖していくものだ。種が耐えなければならない脅威が一つだけなら、生き残れるかもしれない。だが、二つ以上になると、大きな、大きな問題になってしまう」。昆虫に対する関心が低いことを考えると、こうした改革は主に他の動機（おそらくは私たち自身の健康のためや気候変動対策のためなど）によって促されることが必要であり、そうした動機が昆虫の保護と一致することを期待するしかない。

だが、ちょっと目を凝らしてみると、昆虫の危機への対処は意外に簡単なものであることがわかる。つまり、特定のことをやめればいいのだ。何もしないで、少し放置するだけでいい。アポロ一一号に匹敵するようなものを作って打ち上げたり、まったく新しいクリーンなエネルギー網を設計したり、世界を麻痺させたパンデミックのワクチンを大急ぎで探したりする必要はないのだ。幸いなことに、この任務には、それらよりはるかに多くの怠慢が含まれる。

この〝特定のことをやめる〟プランの議論を呼びそうな部分は、特定の化学物質の使用を制限することや、様々な野生の植物が育つための土地を(たとえ畑の端の土地であっても)昆虫に明け渡して、再繁殖する余地を与えることだろう。一方、芝を刈る回数や草取りの回数を減らす、まぶしい外灯を使わないようにするといった、家庭でふつうにできることも多い。さらに一歩進めば、そもそも秩序立って手入れされた芝生がはたして必要なのかと考えるようにもなるだろう。昆虫学者のメイ・ベレンバウムは、このアプローチを「アクション・プランではなく、インアクション・プラン」であると表現する。私たちは細かいことにこだわって、崩壊する時点まで環境を作り変えてきてしまった。今こそ、手を出さないで自然にチャンスを与え、私たちの目の前で花開くものを見てみるときにきているのかもしれない。

これらを実際にやってみたら、どんなふうになるのだろうか？　一部の環境保護主義者は、イングランド南東部の一角で静かに進行しているエコロジー革命の例を見るように勧める。ヨーロッパ有数の人口密度の高い地域に位置する約一四〇〇ヘクタールの農場「クネップ」は、集約農業により昆虫や他の無数の生物が削減されることのない世界を垣間見せてくれる。実のところ、クネップは多くの意味で農場とは言えない。人間の介入を最小限に抑えて自然に土地を形成させるという野心的で遠大なプロジェクトに農地を明け渡したからだ。

クネップのオーナーであるチャーリー・バレルとイザベラ・トゥリー夫妻は、長年にわたり、大型の農業機械や農薬に投資して正統派の耕作農場を経営しようと努力してきたが、夏には岩盤のように固くなり、冬には汚泥のようにドロドロになるローワー・ウィールドの粘土と石灰岩からなる土壌のために、利益の出る作物を育てるのに苦労していた。北極圏の先住民が雪を表わす言葉を何十種類も持っているように、サセックスの地元の人々には泥を表わす方言が三〇語以上もある。厳しい環境と大規模な工業化農場を経営する競合他社の存在により、クネップの負債は増大していった。そこでついに二〇〇〇年、夫妻は所有地の財政破綻を防ぐために農機具と乳牛の売却を決めたのだった。

すると突然、摂理が立ち現われた。農場の一角が生物保護資金を得て耕作地から原野に復元されると、すぐに野生動物が集まり始め、中でも昆虫が先陣を切ってやってきたのだ。「羽音や通奏低音を耳にして、まわりじゅうに昆虫がいるという感覚にわくわくしました」とトゥリーは振り返る。膝ほどの高さの自生種の草やデイジーの中を歩けば、一歩ごとにバッタが跳びあがった。「突然、違う場所になったように思えたのです。目からウロコが落ちたみたいでした」。オランダの生態学者フランス・ヴェラの研究にヒントを得たバレルとトゥリーは、農場全体にわたって作物の栽培をやめ、草食動物を放牧して生態系を改善することにした。土地には一切農薬が使われず、在来のエクスムーアポニー、タムワースピッグ、四〇〇頭の牛を含む動物たちには抗生物質も、他の化学物質も与えていない。クネップは、年間七五トンの有機飼育された肉を販売するほか、エコツーリスト用の有料キャンプ場や、かつての農場の建物を貸し出すことなどにより、この取り組みの中で何とか収益を上げている。結局のところ、バレルとトゥリーが犯しかねなかった最大のリスクは、以前と同じように農業を続けることだったのだ。

低木の茂みが育ち、枯れ木は地面の上で朽ちるに任されている。一般的な農家にとっては見苦しい光景だろうが、昆虫にとっては胸の躍る景色だ。クネップでは、五〇年間サセックス州で見られなかったヴァイオレット・ドーア・ビートル〔*Geotrupes mutator*、センチコガネの一種〕をはじめ、六〇〇種以上の無脊椎動物の生息が確認されている。トゥリーによると、一つの牛の糞から、二〇種以上の糞虫が発見されたそうだ。オークの古木の柔らかな切り株から見つかった幼虫は稀少なコメツキムシに育ち、キラキラと輝く澄んだ池や湖ではカゲロウやトンボが飛び交う。英国のごく一部の場所にしか生息していない青い目のトンボ、スカース・チェイサー（*Libellula fulva*）も繁殖している。ここに生息するイリスコムラサキは英国最大の個体数を誇り、毎年夏になると大勢の愛好家たちがやってきて、この見つけにくい特異な蝶をおびき出そうと、腐った魚や臭いチーズ、汚れたおむつなどを振り回す。「野生生物が戻ってくるスピードには驚かされます。中でも昆虫たちは真っ先に戻ってきます」とトゥリーは言う。

昆虫復活の恩恵を明らかに得たのは鳥類で、コキジバトやサヨナキドリ（ナイチンゲール）など、国の絶滅危惧種に指定されている鳥類がクネップでは定期的に見られる。だが、そこには最も非感傷的な農業経営者の興味をも惹くべき、もう一つの利点がある。それは、増殖した糞虫が動物の糞尿を地中に引き込んで、土壌に栄養分を補給してくれることだ。これらの昆虫は、世界的に見ても驚異的な速さで失われつつある土壌に足掛かりを築くのに役立っている。国連の推計によると、集約的な作物栽培、耕作、化学物質の撒布などの影響により、毎年、世界で四〇〇億トンもの表土が浸食によって失われているという。[3]「昆虫を受け入れ、さらには昆虫を増やすことを含めた自然に基づく農場管理に切り替えれば、利益が向上します。なぜなら、何も足さず、土壌を破壊することもなく、より高く売れる有機栽培の作物が生産できるからです」とトゥリーは言う。「土壌を回復させることは、気候問題を含め、現在私たちが直面しているほとんどすべての危機の解決につながります。問題は、人々がこのことに早く気づき、これ以上の被害を防ぐことができるかどうかです」

トゥリーは、たとえ土地を完全に所有していなくても、周囲に魅力的なグランピングの風景がなくても、農機具のハンドルから手を離して、少しだけ自然を侵入させることは、あらゆるタイプの農業従事者にできると言い切る。クネップの試みは、最もよく知られている意味の〝再野生化（リワイルディング）〟ではない。クネップは、一九九〇年代に米国のイエローストーン国立公園の再構築を成功させたオオカミのような頂点捕食者を導入したわけでも、近年英国の一部に再導入されたビーバーのような生物を導入したわけでもないからだ。それでも、トゥリーがクネップについて書いた本のタイトルにもあるように、[4]「再野生化」であることには変わりない。それは、絵本に描かれるような厳格な修復ではなく、自然に一片の支配権を委ねることだ。「以前の状態に何かを戻すことが〝再野生化〟だと考えるのは、よくある誤解です」とトゥリーは言う。「環境は、ほんの五〇年前に比べても、完全に変わってしまいました。過去の状態を再構築することは決してできません。再野生化とは、自然の道具を再導入することによって現在の世界にダイナミズムを生み出し、新しい生態系を作ることなのです」

今までとは違う、より健康的なパラダイムは、ワクワクするほどすぐ手の届くところにあるように思える。現代の英国を襲った双子の災害、コロナウイルス・パンデミックとブレグジット（EU離脱）はこの国を苦しめたが、昆虫により優しく、より幸せな状況を提供するという、思いがけない副次的効果をもたらした。パンデミックの影響で、昆虫の重要な生息地となっている道路脇の刈り込みがほとんど行なわれなくなると、野生の花が一斉に盛り返し、野生生物の見事な回復を引き起こしたのだ。ドーセット州の道路脇の細い草むらには、突然、英国の最も小さな蝶、スモールブルー（*Cupido minimus*）をはじめ、国内で知られている蝶の種の半数が生息するようになった。他方、英国の苦渋に満ちたEU離脱は、農業政策に大きな変化をもたらし、EUが行なっていた土地所有者への補助金制度は、土壌の回復、農薬使用の削減、森林の拡大を行なう農業経営者に支払われる国庫補助金に置き換わった。

　こうして、野心的な考え方が芽生え始めた。たとえば、英国の四分の一の地域を自然に戻し、クネップのような作物に適さない地域に再び昆虫やその他の生物が生息できるようにする、というのがその一つだ。熱心な自然保護活動家たちは、一見絶望的な状況さえ蘇らせることに成功している。たとえば、かつてイングランド南部でよく見られたショートヘア・バンブルビー（*Bombus subterraneus*）は、草原の生息地が際限なく破壊されたために、二〇〇〇年に絶滅が宣言されたが、過去一〇年間、スウェーデンから何十匹もの女王蜂が空輸され、ケント州の礫浜（れきはま）と湿地帯からなる岬、ダンジェネスで種を復活させる取り組みが行なわれた。この取り組みに協力した土地所有者が、家畜を新しい牧草地に移動させる、野生の花を復活させるといった少しの変化を加えただけで、ショートヘア・バンブルビーだけでなく、様々な種のマルハナバチが元気に復活したのである。

　とはいえ、産業に食い荒らされた世界に散らばる場所を単に再野生化したり復元したりするだけでは不十分だ。二〇二〇年に発表された昆虫危機への取り組みに関する主要な研究論文が警告しているように、昆虫にとっての大聖堂のような熱帯雨林から、鉄道の引き込み線に生えている雑草の茂みといった付随的な生息地までのあらゆるものを保護することに加えて、こうした昆虫の避難所を確実に結びつけることが必要なのだ。[5]「これまでの保護活動は、カリスマ的メガファウナ、とりわけ鳥類や哺乳類に重点が置かれたもので、生態系のつながりについてはほとんど顧みられてこなかった」と論文の著書らは書いている。これまで野生動物の回廊（コリドー）といえば、イエローストーンのエダツノレイヨウやスウェーデンのトナカイ、あるいはクリスマス島のクリスマスアカガニなどの移動の安全を確保するために、特殊な橋や地下道を建設することを意味していた。だが今や、昆虫もこうした考え方に含まれるようになってきている。昆虫は、遺伝子の多様性を守り、より良い食料資源を見つけ、容赦なく進む気候変動から逃れるために、適切な生息地間を移動する安全な回廊を必要としている。孤立した保護区は、昆虫が化学物質やコンクリートという危険な試練を乗り越えない限り辿り着けないため、その役割が制限されてしまう。

耕作地に昆虫のためのスペースを確保するというアイデアは、最近まであまりにも突飛なものとみなされていたため、それを提唱した科学者のシュテファニー・クリストマンは、一〇年前にそのことを主張した際、農業研究者たちから嘲笑されたという。「頭のおかしい環境保護主義者だと思われたんです。笑い飛ばされました」と彼女は振り返る。だが、笑い声は減ってきた。送粉者の有用性に対する農家の理解が深まりつつある最中に、昆虫危機が襲ってきたからだ。EUは何年も前から、農家に野草の生い茂る細長い一片の土地を作らせるための資金を提供してきたが、土地の所有者が反射的に雑草としか思わない植物の種を蒔かなければならないことに加えて、継続的な経済的利益がないため、その成功にはばらつきがある。

クリストマンは、様々な国にとって、とりわけEUの送粉者計画に参加していない国々にとって青写真になるかもしれない、もっと農家に優しい方法があると考えている。[6] クリストマンは、数年かけてウズベキスタンからモロッコまでの畑を歩き回り、簡単にできるが画期的な結果をもたらす方法について、農家の人たちに話をしてきた。それは、畑の端にある境界や使われていない土地に、ハーブやスパイスや果物を植えたらどうか、という提案だ。作物は、キュウリでも、サワーチェリーでも、イチゴでも、農家が最適なものを選べばいい。だが、どれを選んでも、結果はほぼ同じになる。つまり、送粉者の生息地が格子のように張り巡らされることによって農家の収入が増えることになるのだ。

当初クリストマンは、疑わしい目で見られた。受粉が問題だというなら、なぜミツバチの巣箱を持ってこなかったのか、作物のそばに生えている雑草は、いつになったら金になるんだ、と。だが、一年も経たないうちに、土地の所有者たちは大喜びしていた。「農家の人たちは、自分たちが尊敬され、チームの一員になっていると感じたんです」とクリストマンは言う。「私たちにしてみれば、彼らは送粉者保護対策の主役です」

これらの実験は、野生のハナバチ、ハエ目の昆虫、カリバチや他の送粉者を連れ戻しただけでなく、害虫の数も減らしたのだった。中には、害虫が半分にまで減少した例もある。また別の研究では、ある種の捕食性昆虫を増やせば、害虫に対する自然の盾を築くことができるため、化学薬品を撒布するニーズがなくなることも明らかになった。特に期待が持てるのは、他の昆虫の体や体内に卵を産み付け、最終的に成長した幼虫を殺してしまう寄生捕食者のカリバチやハエ目の昆虫だ。クリストマンの〝ウィン・ウィン〟の取り組みを広く実践するには、まだ説得や資金が必要だろう。また、米国中西部やカリフォルニアのセントラルヴァレーのようにとくに劣化が激しい場所では、昆虫の生命線が再び開通するまでには時間がかかるに違いない。それでも、たとえそのような場所でも、従来とは異なる方法で農業を行なおうとする農家の意欲が芽生えている。そして、オオカバマダラのためにトウワタを数本植えることから、再生農業の信条を受け入れて、耕す回数を減らし、化学肥料や農薬の使用をやめ、被覆作物を植えて土壌を改善し、浸食を防ごうとすることまでの様々なレベルで取り組みが行なわれている。「農業が変わることはわかっている。それは〝もしも〟ではなく〝いつやるか〟の問題だ」と語るのは、科学者から不耕起栽培農家に転身したジョン・ラングレンだ。彼は、そうした い気持ちはあっても正統派の農業をやめることに慎重になっている他の米国人農業経営者たちにこう話している。「僕らに選択肢はないんだ。変わらなかったら、何が犠牲になると思う？　犠牲になるのは、きみの農場だ。きみの孫たちだ。不吉な前兆を感じないかい？　昆虫の黙示録は、その最初の兆候だ」

＊

さらに楽観的に見れば、国内外の保護回廊を包括的にネットワーク化することによって、生物学的に貧弱な土地にも、昆虫の活動が活発に行なわれる毛細血管を作ることができるという考えが浮上する。英国の昆虫保護団体「バグライフ」は、コンピュータモデルと現場での検証を用いて、まさにこの先駆的なモデルを考案し、「Bライン」と名付けた。[7] Bラインは、英国の町や田舎を縫うように走る昆虫の通り道のことで、地図上では高所からトマトソースのスパゲッティを落としてできた山のように見える。政府の様々なレベルや土地所有者との交渉など、手間のかかる作業も多いが、すでに数千件のプロジェクトが進行しており、アイデアはおおむね歓迎されている。バグライフの壮大な目標は、幅三キロの野生の花の生育地からなる昆虫の回廊を、合計五〇〇〇キロにわたってつなげることだ。だが、そのほんの一部を作るだけでも、一部の絶滅危惧種の昆虫にとっては、有害で身動きの取れない過熱した家から逃れるための脱出用ハッチになる。

生息地の断片化の問題は今やあまりにも深刻で、蝶は何世代にもわたって孤立させられたことにより、小さな翅と貧弱な飛翔筋しか育てられなくなっている可能性があると、バグライフの最高責任者、マット・シャードロウは指摘する。彼は、調査した昆虫が減少している原因の一部は、以前より飛び回ることができなくなっているためではないかと疑っている。「生息地を細分化し、その間の場所をあまりにも住み難いところにすることによって、実のところ私たちは、進化が問題に対処するチャンスを減らしているんだ」と彼は言う。「気候変動が襲ってくるなか、私たちはより多くの足掛かりを提供して、種が再び移動できるようにしなければならない」。シャードロウのような昆虫保護主義者は、主に特定の種を局所的な脅威から救う方法を考えるのに多くの時間を費やしているが、次第にその考えは、より壮大なものになりつつある。つまり、国境を越えた昆虫のハイウェイ、化学物質の全面的な使用禁止、土地利用方法の革命、昆虫の世界と私たちの関係についての新たな提携関係などについても思いを馳せているのだ。彼らは思いを巡らす――もし、人間が引き起こした昆虫との戦争を、農村部だけではなくあらゆる場所で、都市のど真ん中でさえ全面停止させることができたとしたら？

＊

ニューヨークの殺風景な地域ほど、ときおり逃げてゆくゴキブリを除き、昆虫にとって住みにくい場所はないだろう。ジェントリフィケーション〔劣悪な地域を再開発して裕福な住民を呼び込むこと〕が急速に進んでいるとはいえ、ブルックリン区の大半は未だに実用的なコンクリートと金属で占められており、ベージュとグレーの色調の中にモミジバスズカケノキ（プラタナス）の木が点在しているだけだ。ピザの味を覚えたニューヨーカーのネズミのように、昆虫たちも変わった方法でこの地に適応している。数年前、ニューヨークの街なかで巣箱の手入れをしていたアマチュア養蜂家が、巣板に琥珀色ではなくショッキングレッドのストライプが入っているのを見て驚いたことがあった。結局、近くの工場に飛んでいったミツバチたちが、マラスキーノチェリージュースに使われている赤い食用色素を集めていたことが判明したのだった。

ニューヨーク市の重工業のザラザラした心臓は、ニュータウン川の傍らで脈打っている。イーストリバー川の支流であるこの川は、六・四キロほどの長さがあり、ブルックリン区とクイーンズ区の境界の一部を形成している。かつてこの地域には、塩分を含んだイースト川に混じる淡水の流れがあり、一万二〇〇〇年前に後退した氷床が残した氷積土の上に潮汐湿地が広がる生態系があった。魚や昆虫が生息していたこの豊かな生態系は、それを取り囲む、現在グリーンポイントと呼ばれている地域が、わずかなビーズや斧と引き換えに入植者によってアメリカ先住民から奪われるまで、ほぼ破壊されることなく存在していた。だがその後、農業が盛んになるにつれ、湿地帯は排水され、埋め立てられていった。そして一九世紀半ばに合衆国初の灯油精製所が、さらに同国初の近代的な石油精製所がこの地に建設された。一九世紀末までには、スタンダード・オイル社のジョン・C・ロックフェラーをはじめとする実業家たちが、海運のために幅と深さを拡げた川の両側に五〇以上の加工工場を建てていた。そして肥料製造から製糖までの産業活動が、巨大な石油精製所と競い合うように展開していった。

産業廃棄物が水路とその周辺の土地に無造作に投棄されたため、このニューヨークの小さな地域は、急速に世界で最も汚染された悪臭のする場所の一つになってしまった。そんななか、一九七八年に、さらなる災難が明らかになった。合衆国沿岸警備隊の巡視船が、水路に広がる石油のプルームを発見したのである。少なくとも六四〇〇万リットルの石油製品が流出したこの惨事により、川底と川岸は不快な光沢を帯びる黒色に染まった。[8] 川底に溜まった廃棄物と、周辺の土壌の奥深くまで伸びた汚染の触手を除去する修復作業が完了するには、さらに長い年月がかかることだろう。クネップ所有地の崇高な理想を視覚的に否定する場所があるとすれば、それはまさにこの場所をおいてほかにない。

だが、この荒涼とした昆虫の墓場でさえも、政府や自然保護団体の新しいアプローチにより、昆虫復活のためのスペースが確保されつつあり、スワンプローズやウールグラスなど、この地域をかつての湿地帯に結びつける植物が植えられた自然散策路が、川を支配する巨大な工業用ビル群を抜けて走っている。極めつけは、驚くべきヘアピースで飾られたかつてのスタンダード・オイル社の潤滑油工場だ。建物の上にある五つの異なる層の屋根に野草の草原が作られているのだ。それは、人間による無慈悲な支配を示す風景の中にある、目の覚めるように鮮やかな緑地で、昆虫たちに思いがけないオアシスを提供している。

「キングスランド・ワイルドフラワーズ」と呼ばれるその場所をGトレイン〔ニューヨーク市地下鉄G系統〕で訪れたのは、ニューヨークを襲ったパンデミックが少し落ち着いてきたように見えた二〇二〇年の夏のことだった。様々な工場を行き来するトラックの横を歩いていると、ニューヨークのような都市が緑地を取り戻そうとしている理由が、この炎天下にあることを思い知らされる。草や木は、コンクリートや舗装に吸収・放射される都市のうだるような暑さを和らげてくれるのだ。また、プランナーが実務的な名を付けた「グリーン・インフラストレーション」は、大気の質を改善し、住民の精神的健康を高め、下水道が川にあふれる原因となっている豪雨による雨水を吸収してくれる。

キングスランド・ワイルドフラワーズは、かつての工場が再利用されて、今や映画とテレビ番組の制作会社が入居している赤レンガの頑丈な建物の屋上にある。その場所には不釣り合いな新型コロナウイルスの移動式検査場を通り過ぎ、頑丈な金属製の階段を数段上ると、地域密着型のグループ「ニュータウン・クリーク・アライアンス」のリサ・ブラッドグッドが待っていて、教育の中心地であると同時に生態系回復の防波堤にもなっている場所を案内してくれた。その場所が醸し出している美的感覚は特筆すべきものだった。ビルの屋上に野草や咲き乱れる花々からなる緑の絨毯が敷かれている。その背景は、金属スクラップ処理工場や自動車修理工場などの労働力を集約した工場群だ。また、浚渫(しゅんせつ)船が、川に浮かんだ平底船に瓦礫を積み込む様子の背後には、太陽にゆっくりと焙(あぶ)られるマンハッタンの高層ビル群の輪郭線が望まれる。都会の中心にある野の花の飛び地、錆び色の重工業、光り輝く金融と芸術の巨大集約地という三つの異なる環境が、これほどにまで近接している姿には目を見張らされるものがある。

屋根には、ノイチゴ、アキノキリンソウ、トウワタなどの在来種の多年草草本が在来種のイネ科の植物や低木と並んで植えられており、その総面積は約二〇〇〇平方メートルに及ぶ。表面の大部分はセダム〔ベンケイソウ科マンネングサ属の植物〕に覆われており、段々になった屋根に柔らかいスポンジのような外観を与えている。グリーンルーフには、丈の低い植物を育てるために土壌の深さが浅い広域型のものと、木や大きな低木を育てるために土壌の深さが一五センチ以上ある集中型のものがあるが、キングスランド・ワイルドフラワーズは、その両方を備えており、水はけ、根の保護、断熱のための複数の層の膜の上に土壌が敷かれている。それは、野生生物には不向きな場所として簡単に放棄されてしまう可能性があった場所を生物学的に再構築した見事な取り組みだ。

「ここには、たくさんの在来種のハナバチや、たくさんの蝶、たくさんの種類のカリバチが集まってきます」とブラッドグッドは言う。単独性ハナバチの多くは、土壌を掘って自分の住処を作ることができる。集まってくる蛾はコウモリを引き寄せる。昆虫の数が増えるにつれ、マネシツグミ、アマツバメ、タカなどを含め、観察される鳥の種類も急増してきた。「ここは、私のお気に入りの場所の一つです」と、日光浴を楽しんでいる一群れのアラゲハンゴンソウ〔キク科オオハンゴンソウ属の植物〕を見ながら、ブラッドグッドが言う。その向こうには、金属製のエイリアンの卵を四個並べたようなニューヨーク最大の下水処理場が聳え立っている。ブラッドグッドは、太陽の熱にさらされた敷石から、植物に囲まれた別の敷石へと飛び移り、植物の冷却効果について口にした。

屋上にしばらくいると、そこが極めて例外的な場所であることを忘れ、緑地のない他のビルの屋上が物足りなく感じられてくる。むき出しの屋上は妙に不毛なものに思えてくるのだ。私たちは、住宅地、工業地域、商業地、そしてわずかな野生生物の領域を区切ろうとして、地図に秩序立った線を引いてきた——私たちが暮らす世界は相互依存しながら複雑に絡み合っているにもかかわらず。そして私たちは、身の回りから昆虫たちを排除してきた——本来ならば、私たちの生活に欠かせないものを健全に保ち、生態系が略奪された都市や農場のわずかな場所にさえ美しさをもたらしてくれる彼らを招き入れるべきなのに。遅ればせながら、私たちは自らの愚かさに目を覚ましつつある。ニューヨークでは、新たにビルを建てる際に屋上緑化の設置を検討することが義務付けられ、デトロイトでは廃墟となった地区にミツバチの巣箱を設置した。ミュンヘンでは、花を咲かせる植物が育つ細長い土地を整備したところ、わずか一年の間に地元の昆虫種の三分の一が生息するようになった。またユトレヒトでは、バス待合所をハナバチの保護区に変えている[9]〔二〇一九年七月の時点で、三一六カ所のバス待合所の屋根に野の花や草が植えられている〕。前述した生態学者のロエル・ファン・クリンクの比喩を借りれば、私たちは、沈めた丸太からちょっと足を浮かして、昆虫たちが立ち直れるようにする方法を少しずつ学んでいるのかもしれない。「私たちは、十分すぎる破壊をもたらしてきました。森は消滅し、塩性湿地はなくなり、牧草地も草原も消えました」とブラッドグッドは嘆く。「それらを少しでも回復させることができれば。これはとても重要な取り組みです。ここはニューヨークの下腹部であり、内臓部です。ニュータウン川のような場所で、このようなビルの上に繁茂する草原が作れるというのなら、それは他のどんなところでもできるはずです」

*

だが、昆虫の危機の深刻さが摑めていないのと同様に、それがどこまで回復できるのかも定かではない。昆虫は並外れた繁殖能力を持ち、近くに流れてきたどのような環境上の〝救命ボート〟にもしがみつこうとする。だが、私たちは環境の中にあるそのような救命具をあまりにも多く根絶してしまったため、昆虫たちが以前の多様性を盛り返せるかどうかは不確かだ。たとえ気候活動家の政治家たちが主導して、化学物質を使用しない、生態学的に結びついた世界を構築したとしても、私たちが大切にしているいくつかの種は生き延びられないだろう。マット・シャードロウの言葉を借りれば、「丸太から足を離すことはできても、丸太が消えてしまったら、どこにも浮かべなくなってしまう」。「種が戻ってくる保証はない」

昆虫が直面している絡み合った脅威はあまりにも多く、それらから簡単に逃れることは不可能だ。農場をクネップのような自然の宝庫（コルヌコピア）に変えるというユートピア的なヴィジョンでさえ、たとえば、悪影響の少ない有機的な野生生物の保護地になるように土地を回復させながら、膨れ上がる世界人口にどう食糧を供給してゆくかといった現実的な問題に直面する。ヨーロッパの富裕国では破壊的な農法を改めることができたとしても、大量の食糧を輸入し続けることになれば、世界的な農地需要の増加に伴って、ヨーロッパ地域外の熱帯雨林が失われるリスクは依然として残る。昆虫学者のディヴィッド・ワグナーは、気候変動や森林破壊によって熱帯地方に生息する昆虫の宝庫が脅かされていることに「死ぬほど恐怖を感じている」と言う。「八〇億人から一〇〇億人もの人たちに食糧を供給しなければならないとすれば、耕起栽培農地を地球上に作らないなどということは不可能だ。私たちは、あらゆる種類の農業を行なうことが必要になるだろう。地球上の特定の地域を集約的な農地にして、さらに多くの化学物質を投入したり遺伝子操作を増やしたりすることにより、土地の収穫量を増大させる必要がある。ヨーロッパで試みられていることは、善意に基づくものであるとはいえ、首をかしげざるを得ない」

実際、昆虫にとって安定していた状態が突然壊滅したというわけでもないし、昆虫が戻ることとのできる涅槃というものが存在していたわけでもない。生物多様性を回復するために地球表面の半分を人間のいない自然保護区にするというE・O・ウィルソンが提唱した「ハーフ・アース」のような近年における最も壮大な自然保護構想でさえ、地球をただ再生することになるわけではなく、根本から変えてしまうことになるだろう。私たちは、気候の危機と政府やライフスタイルの気まぐれな変化により歪められ続ける、根本的に異なる世界で新たな道を切り拓いてゆかねばならない。生息地の回復や農薬使用量の削減は必要だが、これらの変化は、より大局的な社会的枠組みの中で機能するものにすることが欠かせない。私たちは変わりゆく環境に適応し続けてゆかなければならないが、今度こそ、その歩みに昆虫も一緒に連れて行くことが必要なのだ。

「人新世（アントロポセン）の究極的な概念は、人類が地球の新たな状態に移行したというものだが、それは静的な状態ではない」と言うのは、ヨーク大学の生物学者、クリス・トマスだ。私たちは、沸点と氷点の間にある温度計の目盛りのような連続体の上にいる。人間が周囲の世界に気づいて以来、温度は目盛りの上を上下してきた。だが、現在の恐ろしい違いは、過去数百万年間起きてきたことを超える現実に向かって傾きつつあることだ。「重要なのは、私たちが変化のどのような速度、方向、種類を選択するかであり、もはや変化するか、しないかの問題ではない」とトマスは言う。

昆虫と人間が直面している危機を乗り越えるためのより壮大な視点は、三四〇〇万点もの昆虫標本を所蔵するロンドンの自然史博物館で得られる。ヴィクトリア朝時代に築かれた堂々とした建物の中にあるこの博物館は、長いことエントランスホールに陳列されてきたディプロドクスの骨格で有名だが（二〇一七年に、シロナガスクジラの骨格に変えられた）、他の機関と同様に、数百年前までは昆虫、とりわけ一般的な昆虫を収集することは稀だったという負のレガシーに悩まされている。それ以降でさえ、この分野は、最も興味深い種や最も美しい種に焦点を当てる趣味人により長い間支配されてきた。時間的な問題は、種の個体数の少なさによって悪化させられている。この博物館は既知のハエの種の約半数の標本を所有しているが、そのコレクションのほとんどは完模式標本（ホロタイプ）と呼ばれる、一種につき一個体の標本だけで構成されているのだ。

それでもこのコレクションには、幾何学的な線や形で埋め尽くされたカンバスのような翅を持つタナバタユカタヤガ〔英語名はピカソ・モス〕などの魅力的な宝物が含まれている。また、葉っぱのようにしか見えないナナフシや、驚くようなオレンジ色の毛を生やした青緑色の玉虫、生きているときには腐肉や果物を好んで食べていた真紅の巨大な蝶などもいる。さらには、一六八〇年にハンプトン・コートで女王の庭師によって捕えられ、本のページの間に押し込まれていた大昔のムシヒキアブの標本さえ含まれている。[10]

だが、昆虫の個体数の動向を徹底的に調査することについては、その手段もなければ、そうする意志もなかった。そもそも、そんなことに何の意味があるのか、と思われていたのだ。そのため、昆虫の減少という突然の事態を迎えた博物館は、歴史的な背景が辿れず、ぶざまにも身動きがとれなくなってしまった。「最大の問題は、資金の調達です。小さなブユにパンダと同じくらいの価値があると説得しなくちゃならないんですから」と昆虫学キュレーターのエリカ・マカリスターは言う。「昆虫の世界に問題が起きていることがわかったとたんに、一般の人たちが〝データはいったいどうなっているんだ？〟って言い出します。〝冗談もほどほどにしてよ〟って言いたくなりますね」

気候科学者は、樹木の年輪を読み取って過去の干ばつの時期を究明したり、グリーンランドや南極大陸の氷床に穴を開けて一六〇〇メートルもの長さの氷の柱を取り出し、何十万年も前の気温や大気組成、さらには風のパターンさえ知ったりすることができる。だが、昆虫の個体数に関する過去の気まぐれな変動を教えてくれる自然の宝庫はなく、どれほど優れたコレクションであっても、どこか行き当たりばったりの感がある。たとえば、ロンドンの自然史博物館では、昆虫の採集地が「サリー州」、「ヨークシャー州」、「スコットランド」などと記されているが、それらを越えた地域になると曖昧になり、単に「アフリカ」と記されたものもある。マカリスターの個人的なベストは、ブレグジットの時代にふさわしく、単に「外国」と記された蝶だという。

そこで昆虫学者たちは、こうしたギャップを埋めようと、ますますビッグデータや遺伝学の進歩に頼るようになった。様々な国の博物館では、昆虫たちの周囲にある種の歴史的な足場を築くため、昆虫学コレクションのデータをデジタル化して共有し始めている。ゲノムの調査からも、さらなる知見が得られる。環境要因に応じた微妙な遺伝子の変化は、時代や地域による昆虫の個体数の変化を教えてくれるし、ハナバチの花粉や蚊の血液を採取することによって、いつ、何を採取していたのかがわかる。

昆虫からDNAを抽出する作業は、場合にもよるが、作業の中では易しいほうだ。危険なのは、その最中に標本を壊してしまうことである。稀少種や絶滅した昆虫の脚を切り落としてしまうようなことは「まさに私たち学芸員にとっての悪夢」だとマカリスターは言う。彼女は、ケンブリッジシャー州にあるゲノミクスと遺伝学における研究機関「ウエルカム・サンガー研究所」の専門家とともに共同研究を行なっている。デリケートな標本へのダメージを最小限に抑えるための方法の一つとして、数匹の蚊をエタノールベースの溶液と、標本に残っている遺伝子を除去する一種の緩衝剤を使って優しく洗うことにより、歴史的DNAが抽出できるかどうかを調べているのだ。

洗浄後には、臨界点乾燥装置と呼ばれる機械にかけると、デリケートな標本が完全なまま保たれるだけでなく、目玉がつぶれたり、翅が変形したり、腹部が縮んだりしている死骸の見た目を多少なりとも回復させることができる。「簡単に言うと、私たちは高級美容院を設立したってわけです」とマカリスターは言う。「サンガー研究所が標本を洗い、私がブローする。私たちは、博士号で美化された単なる美容師なんです」

どの種がどこに生息しているかを記述するために、このような緻密な作業が行なわれているにもかかわらず、昆虫に関する記録にむらがあるため、昆虫が地球上でかつてないほどの減少に見舞われていると結論づけることはできない。それでも科学者たちには、現在の危機が深刻で苦悩に満ちたものであり、私たちが行なっている日常的な活動の多くが、大半の昆虫に持続不可能な状況をもたらしていることを示す証拠がある。過去の苦難は今日の苦難よりましかどうかと考えるのは、昆虫の減少は私たちをどこに導くことになるのか、手遅れになる前にそれを軌道修正することができるのかという、はるかに緊急性の高い問題に比べれば、いささか無意味なことに思える。

この軌道が一連の激変のティッピングポイントをもたらすことになるかどうかは、科学者の間でも意見が分かれるところだが、「誰にとってのティッピングポイントなのか？」という補足的な疑問は、状況をより鮮明にするのに役立つだろう。昆虫界は、トコジラミや蚊が増え、マルハナバチやオオカバマダラが減るという不幸な状態に向かっているものの、将来のシフトをくぐりぬけて生き延びる手段を見つけることだろう。トマスが指摘するように、総合的な昆虫個体数は減少しているが、人間中心の世界にうまく対応できる約三分の一の種は個体数を増やしており、昆虫がゼロになりつつあるわけではない。

一方、人類は、私たちが減少を招いてしまった種類の昆虫のことを考えると、同じほどの回復力を持つとは思えない。すでに食糧難に陥っている人々、環境の健全性、そして私たちを支え、魅了する生命のネットワークに対する不安は、昆虫との関係を早急に改善しない限り、高まる一方だろう。

このような見通しは、好ましい変化があれば増殖する可能性のある、より愛されていない昆虫の熱心な擁護者をも不安にさせる。イエバエをピーマンの受粉に優れているとして断固擁護するマカリスターも、ハエが様々な表面を歩き回り、その脚を介して排泄物やバクテリアを撒き散らす可能性があることを考えると、ハエの大群を作る手助けはしないほうがいいと認める。

「私にだって自己保存の面はあります」とマカリスターは言う。「私も生き延びたい。でも、本当に大きな変化が、私たちが生きている間に起こる、というか、もうすでに起きてしまっていることが心配なんです……いずれティッピングポイントに至って、みんなものすごいショックを受け、〝ああ、あれを軽減していなかった、これを軽減していなかった〟って言うようになるでしょう。現状は良くありません。本当に良くない状態だから、早急に対処することが必要なんです」

9．人類の緊急事態

だが、もし私たちの対応が遅すぎたとしたら？　昆虫の小さな帝国が崩壊することにより生態系全体が崩壊し、世界は機能しているというこれまでの確信が覆されたら、何が起こるのだろうか？

社会の不平等な性質を考えると、特定の食品の供給が減少したり野生生物の個体数が激減したりすれば、貧困層や弱者が連鎖的な苦しみに襲われることは容易に想像がつく。さらには、基盤となる資源が乏しくなれば、恨みやナショナリズムの火種にさえなるかもしれない。また、私たち自らが生み出した混乱を解決するため、反射的に技術的な解決策に手を伸ばすことも十分に考えられる。自業自得の問題を手っ取り早く解決したいという熱意は、一部の者に、気候変動は巨大な機械で大気中の二酸化炭素を吸い込めば解決できるとか、パンデミックは新しいワクチンの調合で簡単に撃退できるとかといった自信を持たせたり、イーロン・マスクをして、タイの洞窟に閉じ込められた子供たちを救うには、宇宙ロケットから作った「子供サイズの小さな潜水艦」で安全な場所に運べばいいと言わしめたりしている。拡張現実やハドロン衝突型加速器やパンを四枚同時に焼けるトースターが発明できる文明なら、いくらかのハナバチに代わるものなど容易に作れるはずだ、と私たちは自らを安心させるだろう。

まだ始まったばかりではあるものの、病気や化学物質に耐性を持つ送粉者を遺伝子組み換えによって作製したり、花粉を植物に向けて発射する小さな大砲を搭載した機械を作ったりするプロジェクトには、すでに期待が高まっている。創意工夫の能力を、飛翔昆虫の形と機能の再現に駆使する科学者たちもいる。ハーヴァード大学の研究者たちは、水の中を泳いだ後に、水中から飛び出し、壁や他の障害物にぶつかっても、柔らかい人工筋肉によって安全に跳ね返ることができる小型ロボットを開発した。オランダの科学者たちは、つましいミバエからヒントを得て、スペースブランケット〔NASAが開発した防寒・防暑用のアルミシート〕の素材であるマイラーでできた翅を持つロボットにより、ミバエの高速の羽ばたき動作を再現している。デルフト工科大学が作製したこの「デルフライ(DelFly)」は、ホバリングもできるし、ピッチ軸とロール軸を中心とした三六〇度の回転も可能で、人間のスプリント速度にまで加速するには数秒しかかからない。

このプロジェクトの研究者であるマチェイ・カラーセクは、デルフライの開発を始めるずっと以前から、昆虫の敏捷性や空間認識能力に魅了されてきたと言う。「外を歩いていて昆虫を見かけると、〝どうやったら、こんなことができるんだろう〟と、つい考えてしまうんだ」。カラーセクのロボットは、ハエやハナバチの完全な代用品ではない。まず何と言っても、翅の幅がミバエの五五倍に相当する三三センチもある。また、操縦性を失わずに大きな花粉という荷物を運ばなければならないという難題があるため、本物の横で羽音を立てるにはまだ至っていない。だが、私たちの多くが抱いている「テクノロジーは社会の難題を解決する」という確信は、いつかその日が訪れるという思いに自信を抱かせる。

もしかしたら解決策は、それより大きい、ヘリコプターのようなドローン軍隊にあるのかもしれない。米国のドロップコプター社は、二〇一八年にニューヨークにあるリンゴ園で、初めての自動受粉を行なった。[1] 解決策はまた、高性能のロボットアームにあるかもしれない。これは、カメラ、車輪、人工知能を駆使して、人間のように疲れたり飽きたりすることなく、植物の位置を特定し、手作業で受粉を行なうことができる装置だ。米国農務省は、このような取り組みの一つに資金を提供している。この分野の専門家であるワシントン州立大学のマナージ・カーケーによると、このロボットは「自然の受粉プロセスに真に取って代わるもの」であり、「ミツバチのような自然の送粉者と同等かそれ以上の効果が期待できる」という。[2]

昆虫学者は、テクノロジーが受粉昆虫に匹敵できるというどのような示唆も本能的に軽んじる。そのことは、基本的な物流レベルの問題についても変わらない。生物学者のデイヴ・グールソンは、およそ一億二〇〇〇万年前から腕を磨いてきたミツバチは、花の受粉にかなり長けていると言い、世界には八〇〇〇万箱のミツバチの巣箱があり、その一つずつに数千匹のミツバチがいて、無料で採餌と繁殖を行なっていることを指摘する。「彼らをロボットに置き換えるには、どれだけコストがかかるというのか。この点が改善できると考えるのは、驚くべき傲慢さだ」とグールソンは言う。[3] 昆虫の特性を人間のために利用することに献身的な努力を傾注している科学者たちに公平を期して言うと、彼らはみな、ハエやハナバチが素晴らしい進化を遂げたことに畏敬の念を抱いている。そして、学術的好奇心の蛇行を、堕落した生活様式の潜在的な救済法と捉える時点にまで人々を追い込んだ昆虫の危機自体を喜んでいる者はほぼいない。技術的な解決策を考慮する際には、その供給について批判するのではなく、そもそもそうした需要が存在する理由を批判することに時間を割くべきだろう。

とはいえ、より虐待しないですむ方法で昆虫と関わるには、新たな発想が必要だ。野生生物にスペースを明け渡すために、より狭い場所で集中的に農業を行なおうとするなら、土や農薬の代わりにLED照明と水耕法を使って倉庫や輸送用コンテナの中で一年中作物を作る垂直農法の増加は、オリジナルの昆虫版ロボットがうまくいかなくても、ロボット送粉機との組み合わせとなじんで、うまく機能する可能性がある。

欧米社会は、昆虫を救うために昆虫を食べるという、逆説的なコンセプトにも取り組む必要があるかもしれない。私たちが生物多様性の砂漠にしてしまった広大な土地は、多くの場合、人間に直接食糧を供給してさえいない。耕作可能な全農地の三分の一は家畜の飼料生産に使用されており、家畜自体も地球上の氷に覆われていない居住環境の四分の一を占有しているからだ。狭い場所でも大量に増殖させることができる優れたタンパク源のミールワーム〔ゴミムシダマシ科の甲虫の幼虫〕やコオロギは、欧米の伝統的な食生活の代わりとなる環境破壊度の低い食料にすることができるため、気候変動、化学物質の使用、土地の劣化といった、昆虫を苦しめている農業による圧力の緩和に役立つ。「昆虫を食べれば、環境問題ははるかに少なくなる。それに美味だ」と、これまで二〇種類の昆虫を食べてきたオランダの昆虫学者、アーノルト・ファン・ハウスは言う。彼のお気に入りは、シロアリのローストと、イナゴを揚げてチリを添えたものだそうだ。

英国のパン職人や、ベルギーの菓子職人がやっているように、パンやワッフルといった身近な食材に昆虫を砕いて入れることも、文化的な抵抗感の壁を取り払う一歩となる。もちろん、シリコンヴァレーも一枚加わり、職人技の光るコオロギのプロテインバーを開発したり、自分用の食用昆虫の飼育ができるミニ農園を提供したりするスタートアップ企業が現われてきた。一方、欧米のレストランも、アジアやアフリカで古くから使われてきたが、これまでタブーとされてきた昆虫の食材に手を出すようになった。畜産は「環境に多大な負担をかけるため、環境コストの低い補完タンパク源や代替タンパク源が必要となります。昆虫を使いましょう」と言うのは、ウェールズで昆虫研究のためのビジター・アトラクションを立ち上げた昆虫学者のサラ・ベイノンだ。そこには、昆虫を常時メニューに載せている英国初のレストランも併設されている。[4]

いつの日か、ロボットミツバチが私たちの食糧供給を支え、私たちの食生活に革命が起こって、世界の輝かしい生命のアーカイブの加速度的な破壊は食い止められるかもしれない。だが、昆虫の危機を回避するための成功の基準は、もう少し高く設定すべきだろう。何と言っても、最後のキタシロサイやベンガルトラとは違い、最後の昆虫が消えてゆく姿を見ることにはならないからだ。昆虫に対してどれだけ残酷なことをしたとしても、昆虫は必ず存在し続けることだろう。シカゴの窓辺の植木鉢の上を這っていたり、ヴェトナムの水田の縁で稲をかじっていたり、オーストラリアのユーカリの木を焼く炎から慌てて逃げ出したりする姿が見られるはずだ。たとえ、生き残った目につく昆虫が、昆虫界のゴールデンレトリバー、すなわち人との暮らしになじんでいるゴキブリやナンキンムシだけになったとしても、昆虫には数と多様性の重みがある。おそらくは、ロボットミツバチが受粉のために必要になることもないだろう。なぜなら、私たちは野生のハナバチがいなくなった大きな穴を埋めるために、さらに力を振り絞ってミツバチの数を増やそうとするだろうからだ。今や世界の哺乳類の九六パーセントが人間と牛と豚で占められているのと同じように、[5]ミツバチもまた、重要であるとはいえ、単なる農業の道具として、その数をどんどん増やしてゆくだろう。多大な犠牲を払いながらも、人間は何とか乗り切る方法を見つけるに違いない。

悲劇は、私たちが環境的にも精神的にも道徳的にも、ひどく貧しくなってしまうことだ。マルハナバチは、サッカーを学んでプレイすることができ、睡眠を削って巣の子供の世話をし、良い経験と悪い経験を思い出すことができる。これはある種の思考能力が備わっていることを示唆するものだ。バイオリンムシは、その名の通りバイオリンのような形をしているが、横から見るとほとんど目に見えないほど平たい。オオカバマダラは美しく、脚で花の蜜を味わうことができる。あらゆる昆虫が失われるわけではないが、これほど見事な生き物たちが剝ぎ取られていくとすれば、それはわずかな慰めにしかならないだろう。「将来の世界の生物相は非常に単純化されたものになるだろう」と昆虫学者のデイヴィッド・ワグナーは言う。「虫はいるだろうが、大きな派手なものはいなくなる。子供たちは、縮んだ世界を手にすることになるだろう。それこそ、私たちが次の世代に与えようとしているものなんだ」

環境という骨から生命の髄が吸い取られ、残った土壌から食物を何とか作り出そうとする機械の音しか聞こえないという農村地域のわびしい姿は、昆虫の小さな帝国の崩壊を心に留めなかった場合に私たちが直面することのなかで、まだましなほうのシナリオだろう。最新の研究によると、ハナバチの減少は、リンゴ、ブルーベリー、サクランボなどの主要な食用作物の供給にすでに影響をきたし始めているという。[6] また、昆虫を餌にする鳥たちは、変化の乏しいフランスの野原だけでなく、アマゾン川流域の熱帯雨林の奥地でさえ数を減らしている。[7] ワグナーと共同研究者らは最近、世界中の多くの昆虫の個体数が毎年一〜二パーセントずつ減少していることを確認した。[8] ワグナーはこの傾向を「恐ろしい」と表現している。この状況はさらに悪化する可能性があり、ほぼ間違いなくそうなるだろう。この大惨事はやがてある種の底に落ちるだろうが、まだそこに至ってはいないようだ。私たちはまだ、どこかに向かう下り坂を滑り落ちているのである。

*

私たちが生きる時代の歴史的な重みは、ワシントンDCにあるスミソニアン国立自然史博物館が所蔵する三五〇〇万点の昆虫標本を監督しているフロイド・ショックリーの心情に影響を与えている。

ホワイトハウスのギフトショップと時折見られる抗議者たちから徒歩で数分離れたところにあるナショナル・モールに聳えるこの博物館は、ドリス様式の柱とドームで飾られた新古典主義様式の巨大な建造物だ。昆虫標本は、この建物の五層にわたって設えられた巨大な金属製の収納キャビネットの引き出しの中に収められている。二〇一九年一一月にショックリーのオフィスを訪ねた私の目にまず映ったのは、壁に貼られたコガネムシのポスターだった。短く尖ったひげを蓄えた愛想のいいショックリーは甲虫の専門家である。「これを見た人は、そのサイズと色に驚いて〝わあっ〟って言うんだ」と、彼はコガネムシに手を振りながら言う。「私は茶色の、もっと小さな連中に興味があるんだがね。多様性のほとんどは、ちょこちょこ動く五ミリ以下のものから成り立っているんだ」

ぎっしり並ぶ昆虫標本に向かって歩きながら、ショックリーは、手入れされた芝生に対する米国人のこだわりや、野生のハナバチよりミツバチをセレブ扱いしていることなどを声高に非難し、個体数の趨勢はおろか、全昆虫種の把握など不可能なことだと言った。この研究機関の巨人が収蔵する昆虫コレクションは膨大だ。一三万四〇〇〇杯の引き出し、三万三〇〇〇本の瓶やバイアルに、水生昆虫から、絶滅した蛾、体長わずか〇・五ミリのアザミウマまでの昆虫がぎっしり詰まっているが、その大部分は展示されていない。スミソニアンには、既知の全昆虫種の約三分の一の標本が保管されており、研究者たちはその数をさらに増やすために、たとえば南米の熱帯雨林の樹冠といった場所を綿密に調べている。このような旅は、昆虫が減少していることについて積み上がりつつある証拠を補強することがよくある。ショックリーは「昆虫の黙示録」という呼び名が好きではないが、その理由はただ、この言葉が、始まりと終わりのある限定された出来事を示唆するものであり、現在進行中の絶え間ない劣化を表してはいないからだという。現在の状況は、稲妻のようなものというより、徐々に沸騰しつつあるポットの湯に似ている。「私たちは今、絶滅レベルの大事件が始まるところにいる。人類が何も変えないことを選択するなら、事態は悪化するだけだろう」とショックリーは言う。
スミソニアン博物館の有名な恐竜ホールで常設展示されている「ディープ・タイム」展に足を踏み入れると、現在の危機が卑小なものに思えてくる。この広大な展示では、曲がりくねる通路を進みながら、四六億年前に地球が誕生した時点から時間軸に沿って地球の歴史を辿ってゆくことになる。最初の陸生昆虫が登場するのは、約四億一〇〇〇万年前の時点だ。この化石、リニオグナタ・ヒルスティ（*Rhyniognatha hirsti*）は、スコットランドの砂岩の中で、ぺちゃんこになっているところを発見された。[9]他の生命体も繁栄してゆくなか、昆虫は、植物が消化できるようになった最初の生物のうち、最も早く空を飛んだ生物であり、初期の捕食者から身を隠すカモフラージュ技術のパイオニアでもあった。およそ三億年前の石炭紀から中生代にかけて、酸素濃度の高まりと熱帯条件が重なったことにより、昆虫の多くは巨大化した。当時のイリノイ州の沼地の森を再現した想像図では、トンボのような昆虫メガネウラの姿を見ることができる。その翼幅（よくふく）は現代のマガモに匹敵する七一センチもあった。[10]
スミソニアン博物館では、地質学的な時間の流れを辿ってゆく経路を、現在までに地球上で起こった五回の大量絶滅の柱で区切っている。昆虫は、これらの墓石に記されているすべてのボトルネックを生き延びた生物で、恐竜よりも先に存在し、恐竜が絶滅したあとも存在し続けてきた。六六〇〇万年前に生じた現代に最も近い大量絶滅は、幅九・七キロの小惑星が現在のメキシコに衝突したことが原因で、山火事、津波、酸性雨、そして最終的に恐竜の滅亡を引き起こしたと考えられているが、昆虫については、「好みのうるさい植食者」の種を絶滅させたと、柱に記されている。だがその後、哺乳類が、そして後には人類が地球の支配を目論んでせめぎ合い始めるなか、昆虫は回復して多様性を増した。現在に至る地球の歴史の最後のあえぎの中で人類が〝ピュロスの勝利〟〔犠牲が多くて引き合わない勝利〕を収めたことにより、全宇宙で唯一判明している生命を宿す惑星に大打撃を与える大絶滅が、初めてたった一つの種によって引き起こされることになるだろう。「このような大絶滅はおよそ六〇〇〇万年から七〇〇〇万年ごとに起こる。だから、もうその時期にきているんだ」と、タイムラインの終点に近づきながらショックリーは言う。その先のロタンダ〔ドーム状の屋根を持つ円形広場〕には、サヴァンナを再現した場所に一頭の象が堂々と立っている。「人間は、たった二〇〇年足らずの活動を通して、地球に甚大な影響を与えてきた。さすがの昆虫も、これほど急激な絶滅の危機に対応することはできないだろう」

昆虫の危機における最大の不安の一つは、私たちに何が起こるのかがわからないことだ。昆虫は、地質時代における大変動を穏やかにくぐり抜けて地球の隅々を占めるに至った不定形の生命の雲であり、大いなる生存者として称えられるにふさわしい。だが、だからといって、現在生じている大量抹殺についてもそうなると安心できる保証はない。二〇二〇年一二月三一日、苦悩の一年を締めくくる日にふさわしく、懸念に満ちた研究論文が発表された。[11] 論文の著者である、古生物学と地質学を専門とする二人の米国人研究者は、六回目の大量絶滅という現代的な文脈の中で、過去五回の大量絶滅が昆虫にとって何を意味したかを考察した。彼らは、化石の記録から昆虫の生息数を判断するのは困難だとしながらも、過去に起きた昆虫の多様性の喪失は最小限だったことが証拠から推測されるとしている。二億五〇〇〇万年前に起きたペルム紀の大絶滅では、地球上に生息する全生物種の九〇パーセントが絶滅したが、昆虫にとっては絶滅というよりも「動物相の入れ替わり」のようなものだったと研究者たちは書いている。これが指し示すことは、深刻な結論だ。つまり、昆虫は今、その全歴史において経験したことのないほどの存続をおびやかす脅威にさらされているのである。なぜなら、彼らは今まで一度も、このようなことに耐える必要はなかったからだ。「これは昆虫にとっての六回目の大量絶滅ではない。実のところ、最初の大量絶滅になる可能性がある」と論文の著者らは指摘している。

周囲の風景を平らにして毒を盛り、大気の化学組成を変え、進歩と耽美のために生物学的な砂漠を作ることにより、私たちは恐ろしいリスクを伴う危険な実験を行なっている。昆虫の久遠（くおん）の歴史が、地球における人類の短いけれども変革的な存在と重なったのは、今だけだ。昆虫が私たち以前に存在していたことは確かであり、何らかの形で私たちより長く生き延びる可能性も高い。私たちが生息地を破壊している昆虫の多様性なしに、人間が六回目の大量絶滅を無傷で乗り切れると考えるのは傲慢な思い込みだ。私たちは、昆虫が人間を必要とする以上に、昆虫を必要としている。昆虫の危機は、私たちの利己的な視点から見ても、人類の緊急事態なのだ。

ハナバチの代替ロボットという夢を極端に発展させると、一部の人から現実的な脱出ポッドとして歓迎されているSF的思考に辿りつく。すなわち、人類は荒廃した地球を捨てて火星やその他の惑星に完全移住し、そこの不毛な岩肌をテラフォーミング〔地球と同じ環境に変えること〕して、戦争や汚染や愚かさのない新たな技術的ユートピアを作るというものだ。ショックリーは、このような突飛な戦略に関する会話が、近くにある米国政府のホールで行なわれていることは大いに想像できるとしても、この極端な宇宙時代の空想の中でさえ、人類が昆虫との依存関係を断ち切ることができるとは思わないという。

「食物を育てたいところには、どこだってハナバチが必要になるだろう」。観光客が象の下で自撮りをしている姿を見ながら、彼は思いを馳せる。[12]「おそらく人間は、別の惑星を植民地化する最初の侵略的な種になるだろうが、ナンバー2になるのはハナバチだろう」

謝辞

初めての本を書くというのは、歴史的なパンデミックの最中に行なうという追加の困難を抜きにしても、十分に手ごわい挑戦だった。だから、程度の差こそあれ、多くの人がトラウマを抱えてもがいているなかで、この本を書き終えることができたことに感謝し、安堵している。

昆虫の世界を含め、環境に関してものを書くには、生態系の景色、音、匂いに浸ったあとで手掛けるのが一番だが、有意義な旅にシャッターが下ろされる直前に、本書執筆のための素晴らしい旅をいくつかすることができたのは幸運だった。

これらの場所を案内してくれた人々には、特別な感謝を捧げたい。クアウテモック・サエンス＝ロメロは、メキシコ中央部にある山間部でオヤメルモミやオオカバマダラを歩き見る機会にいざなってくれた。また、現地で「ドン・パンチョ」と呼ばれて親しまれていたラミレス・クルスの家では、親切なもてなしを受けた。メキシコ旅行からわずか八カ月後に彼ががんで亡くなったことを知り、悲しみに暮れている。

フロイド・ショックリーは、国立自然史博物館の広大な昆虫の保管庫を博識と親切心をもって案内してくれた。ジェイ・エヴァンスは、私の質問や養蜂服を着る際の空回りの努力に的確に対応してくれたし、デニーズ・クォールは、彼女の見識とアーモンド一袋を提供してくれ、カリフォルニアのセントラルヴァレーでミツバチと過ごした一日の黄昏時に顔を刺されたときには優しい言葉をかけてくれた。実直な養蜂家のジョージ・ハンセンは、気さくさと歯に衣着せない意見の持ち主だった。そのことは、アート・シャピロも同様で、共に過ごした一日は蝶こそいなかったものの、楽しい散歩となった。

　昆虫のように多面的でありながら多くの場合不明瞭な生物の生態を書くには、専門家の指導が数多く必要になり、正確さという基本を保つために協力してくれた多くの昆虫学者や科学者に感謝している。とりわけ、マット・フォリスター、アレックス・リーズ、エリカ・マカリスター、デイヴ・グールソン、サイモン・ポッツ、アレックス・ゾムチェク、アナス・ペイプ・ムラー、クリス・ルーニー、シュテファニー・クリストマンらには、時間と忍耐を割いてくださったことに御礼申し上げる。また、殺し屋スズメバチに襲われたときの様子についての度重なる質問に耐えてくれたコンラッド・ベルベ、そしてゴキブリについて粘り強く弁護してくれたコービー・シャルにも感謝している。

　本書の誕生には、ゾーイー・パグナメンタと彼女の素晴らしいチームの直観と努力が大いに関与しており、本書の形と構造には偉大なクイン・ドーが巧みに影響を行使してくれた。このプロセスの後半は、ノートン社のメラニー・トートロリが巧みに監督してくれた。これらの人々のアドバイスと指導に感謝している。

　本書は世界の広大な地域をカバーしているが、その大半はブルックリンの小さなアパートで書かれた。アパートの外は猛威を振るうウイルスと反人種差別の抗議活動に攪乱され、中は二人の幼い子供と神経質なソーセージ犬〔ダックスフント〕のせいで大混乱に陥っていた。そのため、最大の感謝と称賛は、愛とサポートを授けてくれ、ひたすら耐え忍んでくれた私の素晴らしい妻、リンドルに捧げたい。

訳者あとがき

本書は英国の高級紙《ザ・ガーディアン》の環境問題担当記者、オリヴァー・ミルマン氏が二〇二二年に上梓した『The Insect Crisis: The Fall of the Tiny Empires That Run the World』の全訳である。『昆虫絶滅』という邦題は、いささか大げさにすぎると思われる向きもあるかもしれないが、むしろ、そんなことが起こりかねない事態に直面しているとは思ってもみなかったという方のほうが多いのではないだろうか。恥ずかしながら、訳者もその一人だった。二〇〇六年ごろに始まり大きなニュースになったミツバチの蜂群崩壊症候群（ＣＣＤ）にまつわるミツバチの苦境については、拙訳書『ハチはなぜ大量死したのか』（ローワン・ジェイコブセン、中里京子訳、文春文庫、二〇一一年）を通してあらかた知ってはいたものの、実は昆虫界全体が激減・絶滅の危機に陥っており、そうした状況が現在進行形でどんどん悪化しているとは。著者が筆を執ったのも、まさにそうした事態を世の人に広く知ってもらいたかったからだ。

考えてみれば、子供だったころに比べて、確かに虫が減っているような気がする。私は運転しないので、フロントガラスに衝突する昆虫の数が減ったということについては実感がわかないが、「ウィンドシールド・エフェクト」として知られるようになったこのムラー氏の研究結果に、ピンと来る方もいることだろう。

恐竜より早くから地球に存在し、現在地球に暮らす全生物種の四分の三を占め、E・O・ウィルソンが「この世を動かしている小さき者たち」と呼んだ昆虫は、私たちが暮らしている世界の要だ。昆虫は送粉者として顕花植物の受粉を担い、排泄物や朽ちた植物を分解して土壌に栄養分を与え、自らが他の生物の食物になって生態系を維持している。昆虫がいなくなれば、大部分の食料生産ができなくなり、栄養不足に陥る人々が増大する。現在でも、送粉昆虫の減少が原因で年間推定五〇万人が早死にしているという。また、直接生死にかかわらないとしても、人々の生活を豊かにしているチョコレートもカカオの木が受粉できなくなって消えるし、アルファルファも受粉できなくなって、それを餌にする牛も減り、その結果、クリームやアイスクリームも食べられなくなる。排泄物や腐敗物の担い手もいなくなるから、世の中は糞や死体にまみれるようになる。何より、私たちの日々の暮らしに鮮やかさを添えている色や羽音が消えて、世界は殺伐とした場所になるだろう。

国連が二〇一九年に発表した報告では、今後数十年のうちに動物界全体で一〇〇万種が絶滅の危機に直面するという。その半数が昆虫だ。

その原因を作っているのは私たち人間である。原因は大きく分けて三つある。まず一つは、生息地の喪失。農地、宅地、工業用地などの開発で住処がなくなっているうえに、多くの農地は単一作物が一面に広がる場所だ。「手に入る食べ物がフライドポテトだけになってしまったようなもの。すべての人にフライドポテトだけが提供されるんです。たとえあなたがフライドポテトを食べない人だったとしても」という比喩は言いえて妙である。

二つめは農薬使用の増大。とりわけネオニコチノイド系殺虫剤の毒性は、DDTの七〇〇〇倍に達すると言われている。農薬の無秩序な使用は、害虫以外の昆虫に巻き添え被害をもたらし、かえって害虫発生を助長している。

三つめの原因は気候変動だ。中には長距離移動ができるものもいるとはいえ、概して昆虫は狭い地域に生息するため、気候変動から逃れることができない。また、気候変動は温暖化だけでなく、開花のタイミングもずらしてしまっている。植物と昆虫が長い間育んできた共依存関係が崩れ出しているのだ。

では、私たちには何ができるのだろう。著者は、様々な取り組みに加えて、通常の「アクション・プラン（行動計画）」の逆を行く「インアクション・プラン」というコンセプトを紹介する。手を抜くことによって、自然を加工することをやめ、自然に息を吹き返すチャンスを与えるというものだ。その例として挙げられているのが、イングランド南東部にある農場「クネップ」である。この農場に関する詳細については『英国貴族、領地を野生に戻す』（イザベラ・トゥリー、三木直子訳、築地書館、二〇一九年）をお読みいただきたい。

本書にたびたび登場するサセックス大学生物学教授デイヴ・グールソン氏の著書も素晴らしい邦訳が出ている。『サイレント・アース　昆虫たちの「沈黙の春」』（デイヴ・グールソン、藤原多伽夫訳、NHK出版、二〇二二年）。また、生き生きとした言動で本書を賑わせてくれているエリカ・マカリスター氏の著書も邦訳されている。『蠅たちの隠された生活』（エリカ・マカリスター、桝永一宏監修、鴨志田恵訳、エクスナレッジ、二〇一八年）。

本書はジャーナリスト、ミルマン氏の本領が発揮されており、事実を綿密に積み重ねてゆくなかに、はっとするほど抒情的な描写や、皮肉なひねりの加わったユーモアなどが盛り込まれている。もしそのあたりがうまく伝わっていなかったとしたら、それはひとえに訳者の力不足によるものだ。

ミルマン氏は多くの取材にも快く応じており、動画をいくつか観ることができる。それらを通して、誠実で気取らない人柄を感じ取っていただきたい。

●ＮＰＲ（ナショナル・パブリック・ラジオ）
https://www.npr.org/transcripts/1082752634

●ＭＰＲ（ミネソタ・パブリック・ラジオ）
https://www.mprnews.org/episode/2023/04/28/environmental-journalist-oliver-milman-on-the-insect-crisis

●Skeptical Inquirer
https://skepticalinquirer.org/video/insects-in-crisis-oliver-milman/

この訳者あとがきを書いている最中、自宅近くの歩道の上を二匹のアオスジアゲハがじゃれ合うように飛んでいた。この蝶を目にしたのは久しぶりで、何か得をしたような気分になった。本書には、ものを見る基準が世代間で徐々に変化してゆく「シフティング・ベースライン症候群」の話が出てくるが、こうした美しい小さな生き物が身近にいる喜びを感じるのは当たり前であるということを、これからの世代に伝えていかなければと思った次第である。

本書の訳出については、早川書房書籍編集部一ノ瀬翔太氏および山本純也氏に大変お世話になりました。この場を借りて厚く御礼申し上げます。

二〇二三年　初冬

原　注

1．精妙なダンス

1. Edward O. Wilson, “The Little Things That Run the World (The Importance and Conservation of Invertebrates),” *Conservation Biology* 1, no. 4 (1987): 345.
2. David Britton, “Why Most Animals Are Insects,” Australian Museum, 2020, accessed February 25, 2021, https://australian.museum/learn/animals/insects/why-most-animals-are-insects/.
3. Janet Fang, “Ecology: A World without Mosquitoes,” *Nature* 466 (2010): 432–434, https://www.nature.com/news/2010/100721/full/466432a.html.
4. K. Y. Mumcuoglu, “Clinical Applications for Maggots in Wound Care,” *American Journal of Clinical Dermatology* 2, no. 4 (2001): 219.
5. Qing Li et al., “From Organic Waste to Biodiesel: Black Soldier Fly, *Hermetia illucens*, Makes It Feasible,” *Fuel* 90, no. 4 (2011): 1545.
6. Dave Hone, “Moth Tongues, Orchids and Darwin—The Predictive Power of Evolution,” *The Guardian*, October 2, 2013, accessed February 25, 2021, https://www.theguardian.com/science/lost-worlds/2013/oct/02/moth-tongues-orchids-darwin-evolution.
7. Jennifer Welsh, “Bootylicious Fly Gets Named Beyoncé,” *Live Science*, January 13, 2012, accessed February 25, 2021, https://www.livescience.com/17903-gold-butt-beyonce-fly.html.
8. Erik Thomas Frank et al., “Saving the Injured: Rescue Behavior in the Termite-Hunting Ant *Megaponera analis*,” *Science Advances* 3, no. 4 (2017), accessed February 25, 2021, doi:10.1126/sciadv.1602187.
9. Scarlett R. Howard et al., “Numerical Ordering of Zero in Honey Bees,” *Science* 360, no. 6393 (2018): 1124.
10. Transcript of Edith Patch speech, *Bulletin of the Brooklyn Entomological Society*, February 1938, accessed February 25, 2021, https://archive.org/stream/bulletino323319371938broo/bulletino323319371938broo_djvu.txt.
11. Nigel E. Stork, “How Many Species of Insects and Other Terrestrial Arthropods Are There on Earth?,” *Annual Review of Entomology* 63 (2018): 31.
12. Paul D. N. Hebert et al., “Counting Animal Species with DNA Barcodes: Canadian Insects,” *Philosophical Transactions of the Royal Society B 371*, no. 1702 (2016), accessed February 25, 2021, doi.org/10.1098/rstb.2015.0333.
13. “Numbers of Insects (Species and Individuals),” National Museum of Natural History, Smithsonian Institution, accessed February 25, 2021, https://www.si.edu/spotlight/buginfo/bugnos.
14. Matt McGrath, “Trillions of High-Flying Migratory Insects Cross over UK,” BBC

News, December 22, 2016, accessed February 25, 2021, https://www.bbc.com/news/science-environment-38406491.
15. Yinon M. Bar-On, Rob Phillips, and Ron Milo, "The Biomass Distribution on Earth," *Proceedings of the National Academy of Sciences of the USA* 15, no. 25 (2018): 6506.
16. Larry Pedigo and Marlin Rice, *Entomology and Pest Management*, 6th ed. (Long Grove, IL: Pearson College Division, 2008), 1.
17. Ian Johnston, "Bumblebees Set New Insect Record for High-Altitude Flying," *The Independent*, October 23, 2011, accessed February 25, 2021, https://www.independent.co.uk/news.
18. Damian Carrington, "Humanity Must Save Insects to Save Ourselves, Leading Scientist Warns," *The Guardian*, May 7, 2019, accessed February 25, 2021, https://www.theguardian.com/environment.
19. Rodolfo Dirzo et al., "Defaunation in the Anthropocene," *Science* 345, no. 6195 (2014): 401.
20. Brigit Katz, "Insect with 'Wacky Fashion Sense' Named after Lady Gaga," *Smithsonian Magazine*, March 17, 2020, accessed February 25, 2021, https://www.smithsonianmag.com/smart-news/insect-wacky-fashion-sense-named-after-lady-gaga-180974435/.
21. Emilia Bona, "Flying Ant Scenes 'Like a Horror Film' as Swarms of Insects Plague Merseyside," *Liverpool Echo*, July 12, 2020, accessed February 25, 2021, https://www.liverpoolecho.co.uk/news/liverpool-news/flying-ant-scenes-like-horror-18585600.
22. Caspar A. Hallmann et al., "More Than 75 Percent Decline over 27 Years in Total Flying Insect Biomass in Protected Areas," *PLOS One* 12, no. 10 (2017), accessed February 25, 2021, doi.org/10.1371/journal.pone.0185809.
23. Cover of *National Geographic*, May 2020 issue, accessed February 25, 2021, https://nationalgeographicpartners.com/2020/04/magazine-highlights-may-2020/.
24. Thierry Hoquet, "Compassion pour le charançon! Vers une nouvelle philosophie de l'insecte," *Le Monde*, November 24, 2017, accessed February 25, 2021, https://www.lemonde.fr/idees/article/2017/11/24/compassion-pour-le-charancon-vers-une-nouvelle-philosophie-de-l-insecte_5219507_3232.html.
25. Eric Campbell, " 'Insect Armageddon': Europe Reacts to Alarming Findings about Decline in Insects," ABC News, October 14, 2019, accessed February 25, 2021, https://www.abc.net.au/news/2019-10-15/insect-armageddon-europe-reacts-to-alarming-insect-decline/11593538.
26. Pedro Cardoso et al., "Scientists' Warning to Humanity on Insect Extinctions," *Biological Conservation* 242, no. 108426 (2020), accessed February 25, 2021, doi.org/10.1016/j.biocon.2020.108426.
27. Jonathan Watts, "Human Society under Urgent Threat from Loss of Earth's Natural Life," *The Guardian*, May 6, 2019, accessed February 25, 2021, https://www.

theguardian.com/environment/2019/may/06/human-society-under-urgent-threat-loss-earth-natural-life-un-report.
28. United Nations, UN Report: "Nature's Dangerous Decline 'Unprecedented'; Species Extinction Rates 'Accelerating,' " May 6, 2019, accessed February 25, 2021, https://www.un.org/sustainabledevelopment/blog/2019/05/nature-decline-unprecedented-report/.
29. Bradford C. Lister and Andrés García, "Climate-Driven Declines in Arthropod Abundance Restructure a Rainforest Food Web," *Proceedings of the National Academy of Sciences of the USA* 115, no. 44 (2018): E10397–E10406, accessed February 25, 2021, doi.org/10.1073/pnas.1722477115.
30. Francisco Sánchez-Bayo and Kris Wyckhuys, "Worldwide Decline of the Entomofauna: A Review of Its Drivers," *Biological Conservation* 232 (2019): 8.
31. Sebastian Seibold et al., "Arthropod Decline in Grasslands and Forests Is Associated with Landscape-Level Drivers," *Nature* 574 (2019): 671.

2. 勝者と敗者

1. Sydney A. Cameron et al., "Patterns of Widespread Decline in North American Bumble Bees," *Proceedings of the National Academy of Sciences of the USA* 108, no. 2 (2011): 662.
2. Robbin Thorp, "Franklin's Bumble Bee," Xerces Society, accessed February 25, 2021, https://www.xerces.org/endangered-species/species-profiles/at-risk-bumble-bees/franklins-bumble-bee.
3. Victoria J. MacPhail, Leif L. Richardson, and Shiela R. Colla, "Incorporating Citizen Science, Museum Specimens, and Field Work into the Assessment of Extinction Risk of the American Bumble bee (*Bombus pensylvanicus* De Geer 1773) in Canada," *Journal of Insect Conservation* 23 (2019): 597.
4. "Expert Warns of 'Huge Decline' in Canada's Bug Population," CTV News, October 4, 2017, accessed February 25, 2021, https://www.ctvnews.ca/canada/expert-warns-of-huge-decline-in-canada-s-bug-population-1.3618579.
5. Jennifer E. Harris, Nicholas L. Rodenhouse, and Richard T. Holmes, "Decline in Beetle Abundance and Diversity in an Intact Temperate Forest Linked to Climate Warming," *Biological Conservation* 240 (2019), accessed February 25, 2021, doi.org/10.1016/j.biocon.2019.108219.
6. Tyson Wepprich et al., "Butterfly Abundance Declines over 20 Years of Systematic Monitoring in Ohio, USA," *PLOS One* 17, no. 7 (2019), accessed February 25, 2021, doi.org/10.1371/journal.pone.0216270.
7. Ellen A. R. Welti et al., "Nutrient Dilution and Climate Cycles Underlie Declines in a Dominant Insect Herbivore," *Proceedings of the National Academy of Sciences of the*

USA 117, no. 13 (2020): 7271.
8. Emma Pelton, "Thanksgiving Count Shows Western Monarchs Need Our Help More Than Ever," Xerces Society, January 23, 2020, accessed February 25, 2021, https://xerces.org/blog/western-monarchs-need-our-help-more-than-ever.
9. Phillip M. Stepanian et al., "Declines in an Abundant Aquatic Insect, the Burrowing Mayfly, across Major North American Waterways," *Proceedings of the National Academy of Sciences of the USA* 117, no. 6 (2020): 2987.
10. Arco J. Van Strien et al., "Over a Century of Data Reveal More Than 80% Decline in Butterflies in the Netherlands," *Biological Conservation* 234 (2019): 116.
11. Kerry Lotzof, "Walter Rothschild: A Curious Life," Natural History Museum, accessed February 25, 2021, https://www.nhm.ac.uk/discover/walter-rothschild-a-curious-life.html.
12. Patrick Barkham, "British Moths in Calamitous Decline, Major New Study Reveals," *The Guardian*, February 1, 2013, accessed February 25, 2021, https://www.theguardian.com/environment/2013/feb/01/british-moths-calamitous-decline.
13. Richard E. Walton et al., "Nocturnal Pollinators Strongly Contribute to Pollen Transport of Wild Flowers in an Agricultural Landscape," *Biology Letters* 16 (2020), accessed February 25, 2021, doi.org/10.1098/rsbl.2019.0877.
14. Callum J. Macgregor et al., "Moth Biomass Increases and Decreases over 50 Years in Britain," *Nature Ecology & Evolution* 3 (2019): 1645.
15. Richard Fox et al., "Long-Term Changes to the Frequency of Occurrence of British Moths Are Consistent with Opposing and Synergistic Effects of Climate and Land-Use Changes," *Journal of Applied Ecology* 51, no. 4 (2014): 949–957, accessed February 25, 2021, doi.org/10.1111/1365-2664.12256.
16. Damian Carrington, "Widespread Losses of Pollinating Insects Revealed across Britain," *The Guardian*, March 26, 2019, accessed February 25, 2021, https://www.theguardian.com/environment/2019/mar/26/widespread-losses-of-pollinating-insects-revealed-across-britain.
17. Dave Goulson et al., "Reversing the Decline of Insects," Wildlife Trusts, July 2020, accessed February 25, 2021, https://www.wildlifetrusts.org/sites/default/files/2020-07/Reversing%20the%20Decline%20of%20Insects%20FINAL%2029.06.20.pdf.
18. Yao-Hua Law, "Collectors Find Plenty of Bees but Far Fewer Species Than in the 1950s," *Science News*, January 22, 2020, accessed February 25, 2021, https://www.sciencenews.org/article/collectors-find-plenty-bees-fewer-species-than-1950s.
19. David B. Lindenmayer, Maxine P. Piggott, and Brendan A. Wintle, "Counting the Books While the Library Burns: Why Conservation Monitoring Programs Need a Plan for Action," *Frontiers in Ecology and the Environment* 11, no. 10 (2013): 549–555, accessed February 25, 2021, doi.org/10.1890/120220.
20. Jeff Sparrow, "The humming of Christmas beetles was once a sign of the season.

Where have they gone?," *The Guardian*, December 22, 2019, accessed February 25, 2021, https://www.theguardian.com/environment/2019/dec/23/the-humming-of-christmas-beetles-was-once-a-sign-of-the-season-where-have-they-gone.
21. Lisa Cox, "Bogong Moth Tracker Launched in Face of 'Unprecedented' Collapse in Numbers," *The Guardian*, September 17, 2019, accessed February 25, 2021, https://www.theguardian.com/environment/2019/sep/17/bogong-moth-tracker-launched-in-face-of-unprecedented-collapse-in-numbers.
22. Andrea Wild, "Australian Researchers Call for Help to Save Our Insects," CSIRO, December 2, 2019, accessed February 25, 2021, https://www.csiro.au/en/News/News-releases/2019/Australian-researchers-call-for-help-to-save-our-insects.
23. Kate Baggaley, "World's Longest Insect Is Two Feet Long," *Popular Science*, May 6, 2016, accessed February 25, 2021, https://www.popsci.com/introducing-worlds-longest-insect/.
24. Filipe M. França et al., "El Niño Impacts on Human-Modified Tropical Forests: Consequences for Dung Beetle Diversity and Associated Ecological Processes," *bioTropica* 52, no. 2 (2020): 252.
25. Danielle M. Salcido, "Loss of Dominant Caterpillar Genera in a Protected Tropical Forest," *Scientific Reports* 10 (2020): 422.
26. Daniel H. Janzen and Winnie Hallwachs, "Perspective: Where Might Be Many Tropical Insects?," *Biological Conservation* 233 (May 2019): 102–108, https://www.sciencedirect.com/science/article/abs/pii/S0006320719303349.
27. Raphael K. Didham et al., "Interpreting Insect Declines: Seven Challenges and a Way Forward," *Insect Conservation and Diversity* 13, no. 2 (2020): 103.
28. Manu E. Saunders et al., "Moving On from the Insect Apocalypse Narrative: Engaging with Evidence-Based Insect Conservation," *BioScience* 70, no. 1 (2019): 80.
29. Graham A. Montgomery et al., "Is the Insect Apocalypse upon us? How to Find Out," *Biological Conservation* 241 (2020), accessed February 25, 2021, doi.org/10.1016/j.biocon.2019.108327.
30. Atte Komonen et al., "Alarmist by Bad Design: Strongly Popularized Unsubstantiated Claims Undermine Credibility of Conservation Science," *Rethinking Ecology* 4 (2019): 17.
31. Matthew L. Forister, Emma M. Pelton, and Scott H. Black, "Declines in Insect Abundance and Diversity: We Know Enough to Act Now," *Conservation Science and Practice* 1, no. 8 (2019): e80.
32. Damian Carrington, "Insect Numbers Down 25% Since 1990, Global Study Finds," *The Guardian*, April 23, 2020, accessed February 25, 2021, https://www.theguardian.com/environment/2020/apr/23/insect-numbers-down-25-since-1990-global-study-finds.
33. "Hearing Before the Subcommittee On Horticulture and Organic Agriculture,"

official government ed. (Washington, DC: US Government Printing Office, 2007): 8.
34. Loren McClenachan, "Documenting Loss of Large Trophy Fish from the Florida Keys with Historical Photographs," *Conservation Biology* 23, no. 3 (2009): 636.

3．〝ゼロ・インセクト・デイ〟

1. Anders Pape Møller, "Parallel Declines in Abundance of Insects and Insectivorous Birds in Denmark over 22 Years," *Ecology and Evolution* 9, no. 11 (2019): 6581.
2. Diana E. Bowler, "Long-Term Declines of European Insectivorous Bird Populations and Potential Causes," *Conservation Biology* 33, no. 5 (2019): 1120.
3. Fabian Schmidt, "Insect and Bird Populations Declining Dramatically in Germany," DW, October 19, 2017, accessed February 25, 2021, https://www.dw.com/en/insect-and-bird-populations-declining-dramatically-in-germany/a-41030897.
4. Agence France-Presse, " 'Catastrophe' as France's Bird Population Collapses Due to Pesticides," *The Guardian*, March 21, 2018, accessed February 25, 2021, https://www.theguardian.com/world/2018/mar/21/catastrophe-as-frances-bird-population-collapses-due-to-pesticides.
5. Jens Rydell et al., "Dramatic Decline of Northern Bat *Eptesicus nilssonii* in Sweden over 30 Years," *Royal Society Open Science* 7, no. 2 (2020), accessed February 25, 2021, doi.org/10.1098/rsos.191754.
6. Nilima Marshall, "Urban Bird Populations Need Insects," *The Ecologist*, May 18, 2020, accessed February 25, 2021, https://theecologist.org/2020/may/18/urban-bird-populations-need-insects.
7. Gábor Seress et al., "Food Availability Limits Avian Reproduction in the City: An Experimental Study on Great Tits *Parus major*," *Journal of Animal Ecology* 89, no. 7 (July 2020): 1570–1580.
8. Philina A. English, David J. Green, and Joseph J. Nocera, "Stable Isotopes from Museum Specimens May Provide Evidence of Long-Term Change in the Trophic Ecology of a Migratory Aerial Insectivore," *Frontiers in Ecology and Evolution* 6, no.14 (2018), accessed February 25, 2021, doi.org/10.3389/fevo.2018.00014.
9. Simon G. Potts et al., "Safeguarding Pollinators and Their Values to Human Well-Being," *Nature* 540, no. 7632 (2016): 220.
10. Sean M. Webber et al., "Quantifying Crop Pollinator-Dependence and Pollination Deficits: The Effects of Experimental Scale on Yield and Quality Assessments," *Agriculture, Ecosystems & Environment* 304 (2020), accessed February 25, 2021, doi.org/10.1016/j.agee.2020.107106.
11. Lauren Seabrooks and Longqin Hu, "Insects: An Underrepresented Resource for the Discovery of Biologically Active Natural Products," *Acta Pharmaceutica Sinica B* 7, no. 4 (July 2017): 409–426.

12. Stefan U. Vetterli et al., “Thanatin Targets the Intermembrane Protein Complex Required for Lipopolysaccharide Transport in *Escherichia coli*,” *Science Advances* 4, no. 11 (2018), accessed February 25, 2021, doi.org/10.1126/sciadv.aau2634.
13. Elizabeth A. Tibbetts et al., “Transitive Inference in *Polistes* Paper Wasps,” *Biology Letters* 15, no. 5 (2019), accessed February 25, 2021, doi.org/10.1098/rsbl.2019.0015.
14. Brian Wallheimer, “Rapid Cross-Resistance Bringing Cockroaches Closer to Invincibility,” Purdue University, June 25, 2019, accessed February 25, 2021, https://www.purdue.edu/newsroom/releases/2019/Q2/rapid-cross-resistance-bringing-cockroaches-closer-to-invincibility.html.
15. “Cockroach Brains... Future Antibiotics?,” University of Nottingham, September 29, 2010, accessed February 25, 2021, https://exchange.nottingham.ac.uk/blog/cockroach-brains-future-antibiotics/.
16. Stephen Chen, “A Giant Indoor Farm in China Is Breeding 6 Billion Cockroaches a Year. Here’s Why,” *South China Morning Post*, April 19, 2018, accessed February 25, 2021, https://www.scmp.com/news/china/society/article/2142316/giant-indoor-farm-china-breeding-six-billion-cockroaches-year.
17. Daniel A. H. Peach, “The Bizarre and Ecologically Important Hidden Lives of Mosquitoes,” *The Conversation*, December 2, 2019, accessed February 25, 2021, https://theconversation.com/the-bizarre-and-ecologically-important-hidden-lives-of-mosquitoes-127599.
18. “Florida Mosquitoes: 750 Million Genetically Modified Insects to Be Released,” BBC News, August 20, 2020, accessed February 25, 2021, https://www.bbc.com/news/world-us-canada-53856776.
19. Rund Abdelfatah and Ramtin Arablouei, “‘Throughline’: The Mosquito’s Impact on the Shaping of the U.S.,” NPR, April 28, 2020, accessed February 25, 2021, https://www.npr.org/2020/04/28/846919774/throughline-the-mosquitos-impact-on-the-shaping-of-the-u-s.

４．殺虫剤のピーク

1. Ben Johnson, “Castleton, Peak District,” Historic UK, accessed February 25, 2021, https://www.historic-uk.com/HistoryMagazine/DestinationsUK/Castleton-Peak-District/.
2. D. A. Ratcliffe, “Post-Medieval and Recent Changes in British Vegetation: The Culmination of Human Influence,” *New Phytologist* 98, no. 1 (1984): 73.
3. Robert A. Robinson, “Post-War Changes in Arable Farming and Biodiversity in Great Britain,” *Journal of Applied Ecology* 39, no. 1 (2002): 157.
4. “What’s Special about Chalk Grassland?,” National Trust, accessed February 25, 2021, https://www.nationaltrust.org.uk/features/whats-special-about-chalk-grassland.

5. Amy Fleming, "Accidental Countryside: Why Nature Thrives in Unlikely Places," *The Guardian*, March 13, 2020, accessed February 25, 2021, https://www.theguardian.com/environment/2020/mar/13/accidental-countryside-why-nature-thrives-in-unlikely-places.
6. Barbara M. Smith et al., "The Potential of Arable Weeds to Reverse Invertebrate Declines and Associated Ecosystem Services in Cereal Crops," *Frontiers in Sustainable Food Systems* 3, no. 118 (2020), accessed February 25, 2021, doi.org/10.3389/fsufs.2019.00118.
7. "Bird Populations in French Countryside 'Collapsing,' " Phys.org, March 20, 2018.
8. Patrick Barkham, "Ants Run Secret Farms on English Oak Trees, Photographer Discovers," *The Guardian*, January 24, 2020, accessed February 25, 2021, https://www.theguardian.com/environment/2020/jan/24/ants-run-secret-farms-on-english-oak-trees-photographer-discovers.
9. Rachel Carson, *Silent Spring* (Boston: Houghton Mifflin, 1962).〔邦訳『沈黙の春』レイチェル・カーソン、青樹簗一訳、新潮社、2001年（新装版）〕
10. Gregory S. Cooper et al., "Regime Shifts Occur Disproportionately Faster in Larger Ecosystems," *Nature Communications* 11, no. 1175 (2020), accessed February 25, 2021, doi.org/10.1038/s41467-020-15029-x.
11. Marcelo A. Aizen et al., "Global Agricultural Productivity Is Threatened by Increasing Pollinator Dependence without a Parallel Increase in Crop Diversification," *Global Change Biology* 25, no. 10 (2019): 3516.
12. Kendall R. Jones et al., "One-Third of Global Protected Land Is under Intense Human Pressure," *Science* 360, no. 6390 (2018): 788.
13. Adam G. Dolezal et al., "Native Habitat Mitigates Feast-Famine Conditions Faced by Honey Bees in an Agricultural Landscape," *Proceedings of the National Academy of Sciences of the USA* 116, no. 50 (2019): 25147–25155, accessed February 25, 2021, doi.org/10.1073/pnas.1912801116.
14. James M. MacDonald and Robert A. Hoppe, "Large Family Farms Continue to Dominate U.S. Agricultural Production," USDA, March 6, 2017, accessed February 25, 2021, https://www.ers.usda.gov/amber-waves/2017/march/large-family-farms-continue-to-dominate-us-agricultural-production/.
15. Stephen B. Powles, "Gene Amplification Delivers Glyphosate-Resistant Weed Evolution," *Proceedings of the National Academy of Sciences of the USA* 107, no. 3 (2010): 955.
16. Erick V. S. Motta, Kasie Raymann, and Nancy A. Moran, "Glyphosate Perturbs the Gut Microbiota of Honey Bees," *Proceedings of the National Academy of Sciences of the USA* 115, no. 41 (2018): 10305–10310, accessed February 25, 2021, doi.org/10.1073/pnas.1803880115.
17. Scott H. McArt et al., "Landscape Predictors of Pathogen Prevalence and Range

Contractions in US Bumblebees," *Proceedings of the Royal Society B* 284, no. 1867 (2017), accessed February 25, 2021, doi.org/10.1098/rspb.2017.2181.
18. Jeffrey S. Pettis et al., "Crop Pollination Exposes Honey Bees to Pesticides Which Alters Their Susceptibility to the Gut Pathogen *Nosema ceranae*," *PLOS One* 8, no. 7 (2013), accessed February 25, 2021, doi.org/10.1371/journal.pone.0070182.
19. Tao Zhang et al., "A Nationwide Survey of Urinary Concentrations of Neonicotinoid Insecticides in China," *Environment International* 132 (2019), accessed February 25, 2021, doi.org/10.1016/j.envint.2019.105114.
20. Bernhard Warner, "Invasion of the 'Frankenbees': The Danger of Building a Better Bee," *The Guardian*, October 16, 2018, accessed February 25, 2021, https://www.theguardian.com/environment/2018/oct/16/frankenbees-genetically-modified-pollinators-danger-of-building-a-better-bee.
21. Pedro Grigori, "Um em cada 5 agrotóxicos liberados no último ano é extremamente tóxico," *Publica*, January 16, 2020, accessed February 25, 2021, https://apublica.org/2020/01/um-em-cada-5-agrotoxicos-liberados-no-ultimo-ano-e-extremamente-toxico/.
22. L. W. Pisa et al., "Effects of Neonicotinoids and Fipronil on Non-Target Invertebrates," *Environmental Science and Pollution Research* 22 (2014), accessed February 25, 2021, doi.org/10.1007/s11356-014-3471-x.
23. "Neonicotinoids at 'Chronic Levels' in UK Rivers, Study Finds," BBC News, December 14, 2017, accessed February 25, 2021, https://www.bbc.com/news/uk-england-suffolk-42354947.
24. Thomas James Wood and Dave Goulson, "The Environmental Risks of Neonicotinoid Pesticides: A Review of the Evidence Post 2013," *Environmental Science and Pollution Research International* 24 (2017): 17285–325, accessed February 25, 2021, doi.org/10.1007/s11356-017-9240-x.
25. Michelle L. Hladik, Anson R. Main, and Dave Goulson, "Environmental Risks and Challenges Associated with Neonicotinoid Insecticides," *Environmental Science & Technology* 52, no. 6 (2018): 3329.
26. Saija Piiroinen and Dave Goulson, "Chronic Neonicotinoid Pesticide Exposure and Parasite Stress Differentially Affects Learning in Honeybees and Bumblebees," *Proceedings of the Royal Society B* 283, no. 1828 (2016), accessed February 25, 2021, doi.org/10.1098/rspb.2016.0246.
27. Daniel Kenna et al., "Pesticide Exposure Affects Flight Dynamics and Reduces Flight Endurance in Bumblebees," *Ecology and Evolution* 9, no. 10 (2019): 5637.
28. Felipe Martelli et al., "Low doses of the neonicotinoid insecticide imidacloprid induce ROS triggering neurological and metabolic impairments in Drosophila," *Proceedings of the National Academy of Sciences of the USA* 117, no. 41 (2020): 25840.
29. G. E. Budge et al., "Evidence for Pollinator Cost and Farming Benefits of

Neonicotinoid Seed Coatings on Oilseed Rape," *Scientific Reports* 5 (2015), accessed February 25, 2021, doi.org/10.1038/srep12574.

30. Gemma L. Baron et al., "Pesticide Reduces Bumblebee Colony Initiation and Increases Probability of Population Extinction," *Nature Ecology & Evolution* 1, no. 9 (2017): 1308.
31. B. A. Woodcock et al., "Country-Specific Effects of Neonicotinoid Pesticides on Honey Bees and Wild Bees," *Science* 356, no. 6345 (2017): 1393.
32. E. A. D. Mitchell et al., "A Worldwide Survey of Neonicotinoids in Honey," *Science* 358, no. 6359 (2017): 109.
33. Dylan B. Smith et al., "Insecticide Exposure during Brood or Early-Adult Development Reduces Brain Growth and Impairs Adult Learning in Bumblebees," *Proceedings of the Royal Society B* 287, no. 1922 (2020), accessed February 25, 2021, doi.org/10.1098/rspb.2019.2442.
34. D. Susan Willis Chan et al., "Assessment of Risk to Hoary Squash Bees (*Peponapis pruinosa*) and Other Ground-Nesting Bees from Systemic Insecticides in Agricultural Soil," *Scientific Reports* 9 (2019), accessed February 25, 2021, doi.org/10.1038/s41598-019-47805-1.
35. Margaret L. Eng, Bridget J. M. Stutchbury, and Christy A. Morrissey, "A Neonicotinoid Insecticide Reduces Fueling and Delays Migration in Songbirds," *Science* 365, no. 6458 (2019): 1177.
36. Caspar A. Hallmann et al., "Declines in Insectivorous Birds Are Associated with High Neonicotinoid Concentrations," *Nature* 511 (2014): 341.
37. Masumi Yamamuro et al., "Neonicotinoids Disrupt Aquatic Food Webs and Decrease Fishery Yields," *Science* 366, no. 6465 (2019): 620.
38. Michael DiBartolomeis et al., "An Assessment of Acute Insecticide Toxicity Loading (AITL) of Chemical Pesticides Used on Agricultural Land in the United States," *PLOS One* 14, no. 8 (2019): e0220029.
39. Margaret R. Douglas et al., "County-Level Analysis Reveals a Rapidly Shifting Landscape of Insecticide Hazard to Honey Bees (*Apis mellifera*) on US Farmland," *Scientific Reports* 10 (2020), accessed February 25, 2021, doi.org/10.1038/s41598-019-57225-w.
40. Spyridon Mourtzinis et al., "Neonicotinoid Seed Treatments of Soybean Provide Negligible Benefits to US Farmers," *Scientific Reports* 9 (2019), accessed February 25, 2021, doi.org/10.1038/s41598-019-47442-8.
41. Martin Lechenet et al., "Reducing Pesticide Use While Preserving Crop Productivity and Profitability on Arable Farms," *Nature Plants* 3 (2017), accessed February 25, 2021, doi.org/10.1038/nplants.2017.8.
42. Jeffrey S. Pettis et al., "Pesticide Exposure in Honey Bees Results in Increased Levels of the Gut Pathogen *Nosema*," *Naturwissenschaften* 99, no. 2 (2012): 153.

43. Lee Fang, "The Playbook for Poisoning the Earth," *The Intercept*, January 18, 2020, accessed February 25, 2021, https://theintercept.com/2020/01/18/bees-insecticides-pesticides-neonicotinoids-bayer-monsanto-syngenta/.
44. Bayer Crop Science, "Bayer for More TRANSPARENCY: Environmental Safety," YouTube video, 2:58, posted by Bayer Crop Science, October 30, 2018, https://www.youtube.com/watch?v=IIk0-aanjUY&feature=youtu.be.
45. Bayer Crop Science, "Bayer for More TRANSPARENCY: Is Our Food SAFE?," YouTube video, 2:46, posted by Bayer Crop Science, May 3, 2018, https://www.youtube.com/watch?v=ZDlHkMTD0lY.
46. Damian Carrington, "Firms Making Billions from 'Highly Hazardous' Pesticides, Analysis Finds," *The Guardian*, February 20, 2020, accessed February 25, 2021, https://www.theguardian.com/environment/2020/feb/20/firms-making-billions-from-highly-hazardous-pesticides-analysis-finds.
47. Food and Agriculture Organization of the United Nations, "2050: A Third More Mouths to Feed," September 23, 2009, accessed February 25, 2021, http://www.fao.org/news/story/en/item/35571/icode/.
48. Ronda Kaysen, "One Thing You Can Do: Reduce Your Lawn," *New York Times*, April 10, 2019, accessed February 25, 2021, https://www.nytimes.com/2019/04/10/climate/climate-newsletter-lawns.html.
49. Phoebe Weston, "Help Bees by Not Mowing Dandelions, Gardeners Told," *The Guardian*, February 1, 2020, accessed February 25, 2021, https://www.theguardian.com/environment/2020/feb/01/help-bees-not-mowing-dandelions-gardeners-told-aoe.
50. Bernard Coetzee, "Light Pollution: The Dark Side of Keeping the Lights On," *The Conversation*, April 3, 2019, accessed February 25, 2021, https://theconversation.com/light-pollution-the-dark-side-of-keeping-the-lights-on-113489.
51. Aisling Irwin, "The Dark Side of Light: How Artificial Lighting Is Harming the Natural World," *Nature*, January 16, 2018, accessed February 25, 2021, https://www.nature.com/articles/d41586-018-00665-7.

5．迫りくる気候変動のもとで

1. National Park Foundation, "America's Last Remaining Glaciers," accessed February 25, 2021, https://www.nationalparks.org/connect/blog/americas-last-remaining-glaciers.
2. Myrna H. P. Hall and Daniel B. Farge, "Modeled Climate-Induced Glacier Change in Glacier National Park, 1850–2100," *BioScience* 53, no. 2 (2003): 131.
3. Glacier Bear Retreat, "John Muir's Thought on Glacier National Park," accessed February 25, 2021, https://glacierbearretreat.com/john-muirs-thought-on-glacier-

national-park/.

4. J. Joseph Giersch et al., “Climate-Induced Glacier and Snow Loss Imperils Alpine Stream Insects,” *Global Change Biology* 23, no. 7 (2016): 2577.
5. Chi Xu et al., “Future of the Human Climate Niche,” *Proceedings of the National Academy of Sciences of the USA* 117, no. 21 (2020): 11350–55, accessed February 25, 2021, doi.org/10.1073/pnas.1910114117.
6. Damian Carrington, “Climate Change on Track to Cause Major Insect Wipeout, Scientists Warn,” *The Guardian*, May 17, 2018, accessed February 25, 2021, https://www.theguardian.com/environment/2018/may/17/climate-change-on-track-to-cause-major-insect-wipeout-scientists-warn.
7. Pierre Rasmont et al., “Climatic Risk and Distribution Atlas of European Bumblebees,” *BioRisk* 10 (2015): 1–236, accessed February 25, 2021, http://www.step-project.net/files/DOWNLOAD2/BR_article_4749.pdf.
8. Tim Gardiner and Raphael K. Didham, “Glowing, Glowing, Gone? Monitoring Long-Term Trends in Glow-Worm Numbers in South-East England,” *Insect Conservation and Diversity* 13, no. 2 (2020): 162.
9. Viktor Baranov et al., “Complex and Nonlinear Climate-Driven Changes in Freshwater Insect Communities over 42 Years,” *Conservation Biology* 34, no. 5 (2020): 1241.
10. Peter Soroye, Tim Newbold, and Jeremy Kerr, “Climate Change Contributes to Widespread Declines among Bumble Bees across Continents,” *Science* 367, no. 6478 (2020): 685.
11. University of Ottawa, “Why Bumble Bees Are Going Extinct in Time of ‘Climate Chaos,’” February 6, 2020, accessed February 25, 2021, https://media.uottawa.ca/news/why-bumble-bees-are-going-extinct-time-climate-chaos.
12. James B. Dorey, Michael P. Schwarz, and Mark I. Stevens, “Review of the Bee Genus *Homalictus* Cockerell (Hymenoptera: Halictidae) from Fiji with Description of Nine New Species,” *ZooTaxa* 4674, no. 1 (2019), accessed February 25, 2021, doi.org/10.11646/zootaxa.4674.1.1.
13. Charles Darwin to J. D. Hooker, April 7, 1874, ed. Darwin Correspondence Project, *The Correspondence of Charles Darwin*, vol. 22 (Cambridge, UK: Cambridge University Press), accessed February 25, 2021, http://cudl.lib.cam.ac.uk/view/MS-DAR-00095-00321/1.
14. James R. Bell et al., “Spatial and Habitat Variation in Aphid, Butterfly, Moth and Bird Phenologies over the Last Half Century,” *Global Change Biology* 25, no. 6 (2019): 1982.
15. Angela Fritz, “Spring Is Running 20 Days Early. It’s Exactly What We Expect, but It’s Not Good,” *Washington Post*, February 27, 2018, accessed February 25, 2021, https://www.washingtonpost.com/news/capital-weather-gang/wp/2018/02/27/spring-is-running-20 -days-early-its-exactly-what-we-expect-but-its-not-good/.

16. Richard Fox, Twitter, April 24, 2020, accessed February 25, 2021, https://twitter.com/RichardFoxBC/status/1253723902007824384.
17. Patrick Barkham, "UK Butterfly Season Off to Unusually Early Start after Sunniest of Springs," *The Guardian*, June 6, 2020, accessed February 25, 2021, https://www.theguardian.com/environment/2020/jun/06/uk-butterfly-season-off-to-unusually-early-start-after-sunniest-of-springs.
18. Coline Jaworski, Benoit Geslin, and Catherine Fernandez, "Climate Change: Bees Are Disorientated by Flowers' Changing Scents," *The Conversation*, June 26, 2019, accessed February 25, 2021, https://theconversation.com/climate-change-bees-are-disorientated-by-flowers-changing-scents-119256.
19. Curtis A. Deutsch et al., "Increase in Crop Losses to Insect Pests in a Warming Climate," *Science* 361, no. 6405 (2018): 916.
20. Dave Goulson et al., "Predicting Calyptrate Fly Populations from the Weather, and Probable Consequences of Climate Change," *Journal of Applied Ecology* 42, no. 5 (2005): 795.
21. Vicky Stein, "How Climate Change Will Put Billions More at Risk of Mosquito-Borne Diseases," PBS, March 28, 2019, accessed February 25, 2021, https://www.pbs.org/newshour/science/how-climate-change-will-put-billions-more-at-risk-of-mosquito-borne-diseases.
22. Gordon Patterson, *The Mosquito Wars* (Gainesville, FL: University Press of Florida, 2004): foreword.
23. Mike Baker, " 'Murder Hornets' in the U.S.: The Rush to Stop the Asian Giant Hornet," *New York Times*, May 2, 2020, accessed February 25, 2021, https://www.nytimes.com/2020/05/02/us/asian-giant-hornet-washington.html.
24. Patton Oswalt, Twitter, May 2, 2020, accessed February 25, 2021, https://twitter.com/pattonoswalt/status/1256634924997607424.
25. Jeanette Marantos, "Panicked over 'Murder Hornets,' People Are Killing Native Bees We Desperately Need," *Los Angeles Times*, May 8, 2020, accessed February 25, 2021, https://www.latimes.com/lifestyle/story/2020-05-08/panicked-over-murder-hornets-people-are-killing-the-native-bees-we-desperately-need.
26. Chris Luo, "Wave of Hornet Attacks Kills 28 in Southern Shaanxi," *South China Morning Post*, September 26, 2013, accessed February 25, 2021, https://www.scmp.com/news/china-insider/article/1318293/wave-hornet-attacks-kills-28-southern-shaanxi.
27. Natural History Museum, "The Schmidt sting pain index," accessed February 25, 2021, https://www.nhm.ac.uk/scroller-schmidt-painscale/#intro.
28. Entomological Society of British Columbia, "Giant Alien Hornet Invasion!," poster, accessed February 25, 2021, http://entsocbc.ca/wp-content/uploads/2019/10/Asian-Giant-Hornet-poster-2019.pdf.

29. Melissa Davey, "NSW bushfires: Doctors Sound Alarm over 'Disastrous' Impact of Smoke on Air Pollution," *The Guardian*, December 10, 2019, accessed February 25, 2021, https://www.theguardian.com/environment/2019/dec/10/nsw-bushfires-doctors-sound-alarm-over-disastrous-impact-of-smoke-on-air-pollution.
30. Pallab Ghosh, "Climate Change Boosted Australia Bushfire Risk by at Least 30%," BBC News, March 4, 2020, accessed February 25, 2021, https://www.bbc.com/news/science-environment-51742646.

6．ミツバチの苦役

1. "California's Central Valley," United State Geological Survey, accessed February 25, 2021, https://ca.water.usgs.gov/projects/central-valley/about-central-valley.html.
2. Robert Rodriguez, "Almond Acreage in California Grows to Record Total," *The Fresno Bee*, April 26, 2018, accessed February 25, 2021, https://www.fresnobee.com/news/business/agriculture/article209894464.html.
3. "Pollinators Vital to Our Food Supply under Threat," Food and Agriculture Organization of the United Nations, February 26, 2016, accessed February 25, 2021, http://www.fao.org/news/story/en/item/384726/icode/.
4. Daniel Cressey, "EU States Lose Up to One-Third of Honeybees per Year," *Nature*, April 9, 2014, accessed February 25, 2021, https://www.nature.com/news/eu-states-lose-up-to-one-third-of-honeybees-per-year-1.15016.
5. Ivy Scott, "French Honey at Risk as Dying Bees Put Industry in Danger," France 24, June 27, 2019, accessed February 25, 2021, https://www.france24.com/en/20190627-french-honey-bees-climate-change-pesticides-farming.
6. University of Reading, "Sustainable Pollination Services for UK Crops," accessed February 25, 2021, https://www.reading.ac.uk/web/files/food-security/cfs_case_studies_-_sustainable_pollination_services.pdf.
7. "A World Without Bees," cover of *Time*, August 19, 2013, accessed February 25, 2021, http://content.time.com/time/covers/0,16641,20130819,00.html.
8. Harvard University, "Use of Common Pesticide Linked to Bee Colony Collapse," April 5, 2012, accessed February 25, 2021, https://www.hsph.harvard.edu/news/press-releases/colony-collapse-disorder-pesticide/.
9. Peter Hess, "Bee Collapse: The *Varroa* Mite Is More Destructive Than Scientists Ever Knew," *Inverse*, January 18, 2019, accessed February 25, 2021, https://www.inverse.com/article/52529-scientists-finally-understand-why-varroa-mites-kill-bees.
10. Susie Neilson, "More Bad Buzz for Bees: Record Number of Honeybee Colonies Died Last Winter," NPR, June 19, 2019, accessed February 25, 2021, https://www.npr.org/sections/thesalt/2019/06/19/733761393/more-bad-buzz-for-bees-record-numbers-of-honey-bee-colonies-died-last-winter.

11. University of Hawaii, "To Bee, or Not to Bee, a Question for Almond Growers," February 28, 2020, accessed February 25, 2021, https://www.hawaii.edu/news/2020/02/28/to-bee-or-not-to-bee/.
12. Eugene V. Ryabov et al., "Dynamic Evolution in the Key Honey Bee Pathogen Deformed Wing Virus: Novel Insights into Virulence and Competition Using Reverse Genetics," *PLOS Biology* 17, no. 10 (2019): e3000502.
13. S. G. Potts, V. L. Imperatriz-Fonseca, and H. T. Ngo, eds., *The Assessment Report on Pollinators, Pollination and Food Production of the Intergovernmental Science-Policy Platform on Biodiversity and Ecosystem Services* (Bonn, Germany: IPBES, 2016).
14. Minna E. Mathiasson and Sandra M. Rehan, "Status Changes in the Wild Bees of North-Eastern North America over 125 Years Revealed through Museum Specimens," *Insect Conservation and Diversity* 12, no. 4 (2019): 278.
15. Kelsey Kopec and Lori Ann Burd, "Pollinators in Peril," Center for Biological Diversity, March 1, 2017, accessed February 25, 2021, https://www.biologicaldiversity.org/campaigns/native_pollinators/pdfs/Pollinators_in_Peril.pdf.
16. Dave Goulson, "Bumblebees," in *Silent Summer: The State of Wildlife in Britain and Ireland*, ed. Norman Maclean (Cambridge, UK: Cambridge University Press, 2010), 416.
17. Helen Briggs, "Bees: Many British Pollinating Insects in Decline, Study Shows," BBC News, March 26, 2019, accessed February 25, 2021, https://www.bbc.com/news/science-environment-47698294.
18. Samantha A. Alger et al., "RNA Virus Spillover from Managed Honeybees (*Apis mellifera*) to Wild Bumblebees (*Bombus* spp.)," *PLOS One* 14, no. 6 (2019): e0217822.
19. David T. Peck et al., "*Varroa destructor* Mites Can Nimbly Climb from Flowers onto Foraging Honey Bees," *PLOS One* 11, no. 12 (2016): e0167798.
20. Palko Karasz and Christopher F. Schuetze, "Bees Swarm Berlin, Where Beekeeping Is Booming," *New York Times*, August 11, 2019, accessed February 25, 2021, https://www.nytimes.com/2019/08/11/world/europe/berlin-bees-swarm.html.

7. 君主の旅

1. Henrik Mouritsen and Barrie J. Frost, "Virtual Migration in Tethered Flying Monarch Butterflies Reveals Their Orientation Mechanisms," *Proceedings of the National Academy of Sciences of the USA* 99, no. 15 (2002): 10162.
2. Elizabeth Pennisi, "Mysterious Monarch Migrations May Be Triggered by the Angle of the Sun," *Science*, December 18, 2019, accessed February 25, 2021, https://www.sciencemag.org/news/2019/12/mysterious-monarch-migrations-may-be-triggered-angle-sun.
3. Eric Sorensen, "Monarch Butterflies Disappearing from Western North America,"

Washington State University news, September 7, 2017, accessed February 25, 2021, https://news.wsu.edu/2017/09/07/monarch-butterflies-disappearing/.
4. Darryl Fears, "The Monarch Massacre: Nearly a Billion Butterflies Have Vanished," *Washington Post*, February 9, 2015, accessed February 25, 2021, https://www.washingtonpost.com/news/energy-environment/wp/2015/02/09/the-monarch-massacre-nearly-a-billion-butterflies-have-vanished/.
5. Cuauhtémoc Sáenz-Romero et al., "*Abies religiosa* Habitat Prediction in Climatic Change Scenarios and Implications for Monarch Butterfly Conservation in Mexico," *Forest Ecology and Management* 275 (2012): 98.
6. Meryl Theng et al., "A Comprehensive Assessment of Diversity Loss in a Well-Documented Tropical Insect Fauna: Almost Half of Singapore's Butterfly Species Extirpated in 160 Years," *Biological Conservation* 242 (2020), accessed February 25, 2021, doi.org/10.1016/j.biocon.2019.108401.
7. "Drastic Decline in Japan's Butterfly Population; Other Wildlife Also Feared Endangered," *The Mainichi*, November 17, 2019, accessed February 25, 2021, https://mainichi.jp/english/articles/20191116/p2a/00m/0na/023000c.〔「オオムラサキ、絶滅の危機　ノウサギ、ゲンジボタルも　環境省など報告」2019年11月13日付毎日新聞〕
8. "Populations of Grassland Butterflies Decline Almost 50% over Two Decades," European Environment Agency, July 17, 2013, accessed February 25, 2021, https://www.eea.europa.eu/highlights/ populations-of-grassland-butterflies-decline.
9. "*Pontia daplidice* (circa 1702) [OUMNH]," UK Butterflies, accessed February 25, 2021, https://www.ukbutterflies.co.uk/album_photo.php?id=14265.
10. Martin S. Warren et al., "The Decline of Butterflies in Europe: Problems, Significance, and Possible Solutions," *Proceedings of the National Academy of Sciences of the USA 118*, no. 2 (2020): e2002551117.
11. "The State of the UK's Butterflies," Butterfly Conservation, 2015, accessed February 25, 2021, https://butterfly-conservation.org/butterflies/the-state-of-britains-butterflies.
12. Patrick Barkham, "The Butterfly Effect: What One Species' Miraculous Comeback Can Teach Us," *The Guardian*, May 27, 2019, accessed February 25, 2021, https://www.theguardian.com/environment/2019/may/27/butterfly-miraculous-comeback-save-planet-duke-burgundy.
13. "The State of Britain's Larger Moths 2013," Butterfly Conservation, 2013, accessed February 25, 2021, https://butterfly-conservation.org/sites/default/files/1state-of-britains-larger-moths-2013-report.pdf.
14. Andre S. Gilburn et al., "Are Neonicotinoid Insecticides Driving Declines of Widespread Butterflies?," *PeerJ* 3 (2015), accessed February 25, 2021, doi.org/10.7717/peerj.1402.
15. Elizabeth Howard, "Farewell, Dr. Lincoln Brower," Journey North, July 23, 2018,

accessed February 25, 2021, https://journeynorth.org/monarchs/news/spring-2018/071718-dr-lincoln-brower.

８．インアクション・プラン

1. Kate Connolly, “Bavaria Campaigners Abuzz as Bees Petition Forces Farming Changes,” *The Guardian*, February 14, 2019, accessed February 25, 2021, https://www.theguardian.com/world/2019/feb/14/bavaria-campaigners-abuzz-as-bees-petition-forces-farming-changes.
2. Aldo Leopold, *The River of the Mother of God and Other Essays by Aldo Leopold*, ed. Susan L. Flader and J. Baird Callicott (Madison, WI: The University of Wisconsin Press, 1991), 254.
3. Food and Agriculture Organization of the United Nations, “Status of the World’s Soil Resources,” 2015, accessed February 25, 2021, http://www.fao.org/3/i5228e/I5228E.pdf.
4. Isabella Tree, *Wilding* (London: Picador, 2018).〔邦訳『英国貴族、領地を野生に戻す：野生動物の復活と自然の大遷移』イザベラ・トゥリー、三木直子訳、築地書館、2019 年〕
5. Pedro Cardoso et al., “Scientists’ Warning to Humanity on Insect Extinctions,” *Biological Conservation* 242 (2020), accessed February 25, 2021, doi.org/10.1016/j.biocon.2020.108426.
6. Stefanie Christmann et al., “Farming with Alternative Pollinators Increases Yields and Incomes of Cucumber and Sour Cherry,” *Agronomy for Sustainable Development* 37, no. 24 (2017), accessed February 25, 2021, doi.org/10.1007/s13593-017-0433-y.
7. Buglife, “B-Lines,” accessed February 25, 2021, https://www.buglife.org.uk/our-work/b-lines/.
8. Newtown Creek Alliance, “Greenpoint Oil Spill,” accessed February 25, 2021, http://www.newtowncreekalliance.org/greenpoint-oil-spill.
9. Michiel de Gooijer, “Dutch City Transforms Bus Stops into Bee Stops,” *EcoWatch*, July 8, 2019, accessed February 25, 2021, https://www.ecowatch.com/dutch-city-bus-stops-into-bee-stops-2639127437.html.
10. Erica McAlister, “Celebrating Robber Flies—Big, Beautiful Venomous Assassins,” Natural History Museum, April 30, 2018, accessed February 25, 2021, https://naturalhistorymuseum.blog/2018/04/30/celebrating-robber-flies-big-beautiful-venomous-assassinscurator-of-diptera/.

９．人類の緊急事態

1. Christina Herrick, “New York Apple Orchard Claims World First in Pollination by Drone,” *Growing Produce*, June 12, 2018, accessed February 25, 2021, https://www.

growingproduce.com/fruits/apples-pears/new-york-apple-orchard-claims-world-first-in-pollination-by-drone/.
2. Scott Weybright, "Robotic Crop Pollination Awarded $1 Million Grant," Washington State University, June 19, 2020, accessed February 25, 2021, https://news.wsu.edu/2020/06/19/robotic-crop-pollination-goal-new-1-million-grant/.
3. Dave Goulson, "Are Robotic Bees the Future?," University of Sussex blog, accessed February 25, 2021, http://www.sussex.ac.uk/lifesci/goulsonlab/blog/robotic-bees.
4. Sarah Benyon, "Bug Burgers, Anyone? Why We're Opening the UK's First Insect Restaurant," *The Conversation*, October 22, 2015, accessed February 25, 2021, https://theconversation.com/bug-burgers-anyone-why-were-opening-the-uks-first-insect-restaurant-49078.
5. Damian Carrington, "Humans Just 0.01% of All Life but Have Destroyed 83% of Wild Mammals—Study," *The Guardian*, May 21, 2018, accessed February 25, 2021, https://www.theguardian.com/environment/2018/may/21/human-race-just-001-of-all-life-but-has-destroyed-over-80-of-wild-mammals-study.
6. J. R. Reilly et al., "Crop Production in the USA Is Frequently Limited by a Lack of Pollinators," *Proceedings of the Royal Society B: Biological Sciences* 287, no. 1931 (2020), accessed February 25, 2021, doi.org/10.1098/rspb.2020.0922.
7. Daniel Grossman, "Nine Insect-Eating Bird Species in Amazon in Sharp Decline, Scientists Find," *The Guardian*, October 26, 2020, accessed February 25, 2021, https://www.theguardian.com/environment/2020/oct/26/nine-insect-eating-bird-species-in-amazon-in-sharp-decline-scientists-find.
8. David L. Wagner et al., "Insect Decline in the Anthropocene: Death by a Thousand Cuts," *Proceedings of the National Academy of Sciences of the USA* 118, no. 2 (2021): e2023989118.
9. Paul Rincon, "Oldest Insect Delights Experts," BBC News, February 11, 2004, accessed February 25, 2021, http://news.bbc.co.uk/2/hi/science/nature/3478915.stm.
10. Ker Than, "Giant Bugs Eaten Out of Existence by First Birds?," *National Geographic*, June 5, 2012, accessed February 25, 2021, https://www.nationalgeographic.com/animals/article/120601-insects-birds-giant-prehistoric-clapham-proceedings-science-bugs.
11. Sandra R. Schachat and Conrad C. Labandeira, "Are Insects Heading Toward Their First Mass Extinction? Distinguishing Turnover from Crises in Their Fossil Record," *Annals of the Entomological Society of America* (2020), accessed February 25, 2021, doi.org/10.1093/aesa/saaa042.
12. "African Bush Elephant," National Museum of Natural History, Smithsonian Institution, accessed February 25, 2021, https://naturalhistory.si.edu/exhibits/african-bush-elephant.

昆虫絶滅（こんちゅうぜつめつ）

2023年12月10日　初版印刷
2023年12月15日　初版発行

＊

著　者　オリヴァー・ミルマン
訳　者　中里京子（なかざときょうこ）
発行者　早　川　　浩

＊

印刷所　株式会社亨有堂印刷所
製本所　株式会社フォーネット社

＊

発行所　株式会社　早川書房
東京都千代田区神田多町2－2
電話　03-3252-3111
振替　00160-3-47799
https://www.hayakawa-online.co.jp
定価はカバーに表示してあります
ISBN978-4-15-210289-8　C0040
Printed and bound in Japan
乱丁・落丁本は小社制作部宛お送り下さい。
送料小社負担にてお取りかえいたします。

アナロジア
AIの次に来るもの

ジョージ・ダイソン
服部桂監訳
橋本大也訳
ANALOGIA
46判上製

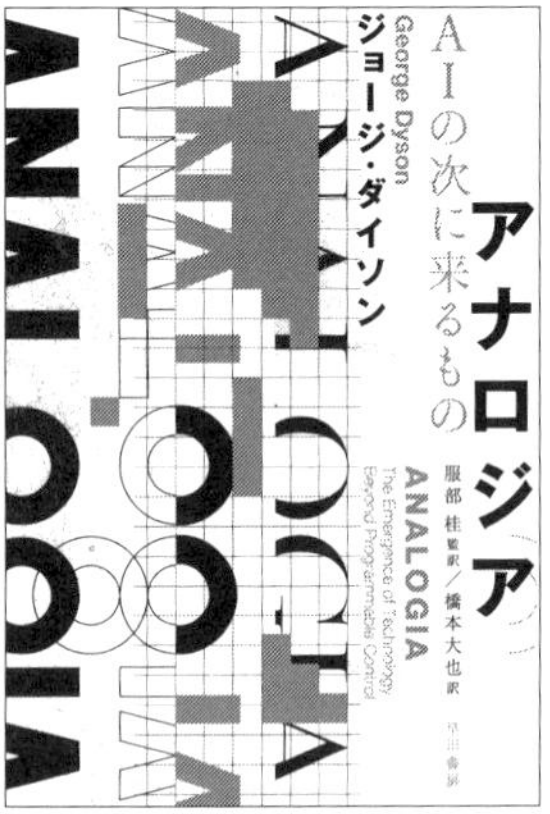

世界は連続体(アナログ)である。この事実に、震えよ！
0と1で世界のすべてを記述することは本当に可能か。デジタルの限界が露わになる時、アナログの秘めたる力が回帰する――。カヤックビルダーとしても著名な科学史家が博覧強記を揮い、ライプニッツからポストAIまで自然・人間・機械のもつれあう運命を描く

ハヤカワ・ノンフィクション

宇宙に質量を与えた男 ピーター・ヒッグス

ELUSIVE
フランク・クローズ
松井信彦訳
46判並製

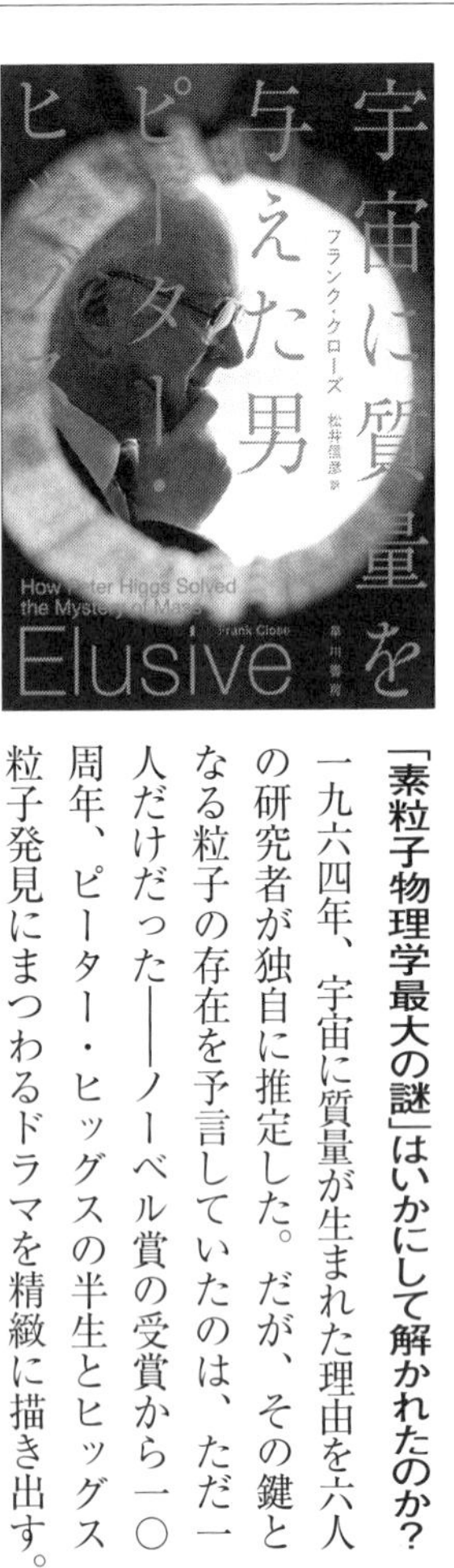

「素粒子物理学最大の謎」はいかにして解かれたのか？
一九六四年、宇宙に質量が生まれた理由を六人の研究者が独自に推定した。だが、その鍵となる粒子の存在を予言していたのは、ただ一人だけだった――ノーベル賞の受賞から一〇周年、ピーター・ヒッグスの半生とヒッグス粒子発見にまつわるドラマを精緻に描き出す。